宋代雕版印刷与文化

于兆军 / 著

山西出版传媒集团
山西人民出版社

图书在版编目（CIP）数据

宋代雕版印刷与文化 / 于兆军著. -- 太原 : 山西人民出版社, 2023.10
ISBN 978-7-203-13006-2

Ⅰ. ①宋… Ⅱ. ①于… Ⅲ. ①木版水印—印刷史—中国—宋代②文化史—中国—宋代 Ⅳ. ①TS872-092 ②K244.03

中国国家版本馆CIP数据核字（2023）第171090号

宋代雕版印刷与文化

著　　者：于兆军
责任编辑：魏美荣
复　　审：崔人杰
终　　审：梁晋华
装帧设计：谢蔓玉

出 版 者：山西出版传媒集团·山西人民出版社
地　　址：太原市建设南路21号
邮　　编：030012
发行营销：0351-4922220　4955996　4956039　4922127（传真）
天猫官网：https://sxrmcbs.tmall.com　电话：0351-4922159
E-mail：sxskcb@163.com　发行部
　　　　sxskcb@126.com　总编室
网　　址：www.sxskcb.com

经 销 者：山西出版传媒集团·山西人民出版社
承 印 厂：三河市元兴印务有限公司

开　　本：660mm×960mm　1/16
印　　张：17.25
字　　数：290千字
版　　次：2023年10月　第1版
印　　次：2023年10月　第1次印刷
书　　号：ISBN 978-7-203-13006-2
定　　价：79.80元

如有印装质量问题请与本社联系调换

序

一直以来，西方印刷史总是强调德国古登堡发明的活字印刷对世界文明的重要作用。其实，早在一千多年前就出现的雕版印刷为中国、东亚乃至世界文化的传播都做出了举足轻重的贡献。两宋雕版印刷的繁荣使印本替代了抄本，成为知识传播的主流形式，对宋代文化产生了重要的影响。宋代的雕版印刷既是宋代文化的重要组成部分，同时也是宋代文化登峰造极的重要助因。然而一直以来对宋代雕版印刷的研究并不深入，研究专著更是屈指可数。兆军的这部《宋代雕版印刷与文化》虽然不是最早研究宋代雕版印刷的专著，但应该是研究宋代雕版印刷与文化论著中较有分量的一部。

十年多年以前兆军跟我读博士，由于其在图书馆工作，对图书和文化传播有一种特殊的情感，或者说是使命感。所以撰写博士论文时，兆军就敏锐地将当时国内刚刚兴起的传播学理论引入宋代雕版印刷与文学的研究课题中，令人有耳目一新之感。当时其博士论文《版印传媒繁荣与两宋文学的传播、嬗变》长达 40 多万字，是国内较系统地运用现代传播学理论，研究雕版印刷与宋代文学关系的学位论文。毕业答辩时，5 位委员全票通过，且一致推荐为优秀论文。本书是兆军 10 年前撰就的博士论文之部分内容的别裁与延展。通读全书，感觉本书具有以下特点：

本书的第一个特点是视角独特，不管是理论的运用还是得出的结论都较为新颖。书籍是文化的载体，多少年来，“书籍”这一概念在人们记忆中久已凝固不变，认为书籍不过是用文字或其他信息符号将知识记录于一定形式材料之上的著作物。然而从现代传播学的角度看，书籍则是一种传播媒介，亦即插入知识传播过程的中介。在我国数千年书籍的演变史中，甲骨、金石、简牍、帛书、写本、印本等多种形式的“书籍”，其实都是知识传播的中介，是用以扩大并延长知识传送的工具。用新兴的传媒理论来阐释传统的“书籍”这一概念，无疑加深和拓展了我们对“书籍”的理解与认知，令人颇有新颖之感。在本书中，作者还指出宋代雕版印刷“无疑是书籍传媒生产的巨大革命”，历来研究雕版印刷的论著不胜枚举，然而从“传媒生产革命”这样的高度来评价宋代雕版印刷的巨大作用与贡献的少之又少。在宋代，中央机关的国子监、崇文院、秘书监、司天监，各地方政府之转运司、安抚司、提刑司、茶盐司、仓台、计台，州学、府学、县学、书院，遍布各大都市的鳞次栉比的书坊，以及无法准确统计的家刻、私刻，等等，无不踊跃绣梓印书，而麻沙书坊刊印的书籍，更是远销全国各地，甚至流往海外。据本书估计，两宋刊印的各种书籍至少也在200万册以上。宋代书籍生产的这一壮观景象，用“传媒生产的巨大革命”来评判，既贴切新颖，又名实相符。像这样的新见，书中尚有不少。

本书架构合理，阐述也深刻臻到。下面以第五章“宋代的雕版印刷与图书革命”为例略作说明。本章作者为了论证宋代雕版印刷所引起的图书领域的巨大变革，将本章分为四节十个小题。第一节“宋代版印技术与传媒革命”着重论述雕版印刷是宋代书籍生产技术的巨大变革。印刷术，说到底只是图书生产五要素中的生产技术与工艺之一种要素，然而对书籍生产的影响却非同凡响。大量实例表明，以手抄生产书籍，不仅抄者十分辛苦，且效率极低，易生舛误。而以雕版印刷生产书籍，苏东坡赞为“日传万纸”，较之手工，速度惊人，可见雕版印刷的广泛使用确是书籍生产领域的巨大革命。第二节“雕版印刷与宋人的图书编刊”主要论述了雕版印刷激起了宋人立言不朽的热望，促进了文集编刊由自发向自觉转变，这大大激发了宋人著书立说的积极性，遂使宋人著述的数量远超唐人，加之宋代喜刊唐集，所以宋代图书的出版量剧增。同时因雕印图书需要搜集、编纂与校勘，于是历史上从来没有的编辑出现了。在第三节“宋代版印传媒的传播方式”中，作者指出因为印本图书需求亟增，宋代的图书刊刻和贸易十分繁荣，再加上版印图书的赐赠和借阅，共同促进了宋代社会图书的传播和流通。第四节“宋代版印图书的传播优势”主要论述了印本的价格便宜，只有写本的十分之一，因而更具流通优势。雕版印刷还促进了图书的版式和装帧革命，蝴蝶装、包背装比唐代以前的卷轴装更便于携带、传播、庋藏和阅读；同时由于印本上版前需再三校勘，遂使图书承载的知识更加准确。综以上四节所述，宋代雕版印刷带来的图书生产、图书传播、图书庋藏和阅读等各个方面的巨大变化，都是唐前漫长的写本时代所未曾有的。本章如此论述，有理有据，从而全面深入地说明了雕版印刷的确是宋代图书领域的一场“巨大革命”。至于本书其他各章，都有精辟的论述之处，这里就不再一一赘述。所以立论周全系统，阐释深刻臻到是本书的第二个特点。

本书的第三个特点是征引丰富，扎实确凿。为了增强说服力，本书还使用了大量数据，且作者亲手统计的数据就有近20组，如两宋刊印的唐人别集，作者据《古籍版本题记索引》统计为443种，513版种，今存者73版种。又如两宋所刊宋人文集1000多版种，今存者126家，162版种，亦是作者据《古籍版本题记索引》亲自统计出来的，确凿扎实，难能可贵。本书还列有表格5种，另附录王国维《五代两宋监本考》北宋国子监刻书一览表，《五代两宋监本考》南宋国子监刻书一览表。这些精心制作的表格，数据确凿，增加了论证的可信度和说服力。

当然，在这里须指出的是，本书的一些书证和语段，若就全书整体来看似略显重复，然而如果就每一论题的局部而言，则又为论证所必需，并不觉其重复，这一点是需要向读者说明的。由于对图书馆工作十分热爱，博士毕业后兆军又回到图书馆工作。然而这方面的研究并没有停下来，随着工作和研究的深入，其学术视域亦进一步开阔，其对雕版印刷引发的宋代印本生产、流通、庋藏等图书领域的一系列深刻变革，对雕版印刷为宋代文化昌盛所产生的强大驱动力，有了更加深刻的体会和认知。于是，将当年论文中的相关内容别裁而出，加以延展与充实，洋洋洒洒地撰就了这部新著。值此书即将面世之际，兆军问序于我，我欣然允诺，遂命笔以为是序。

齐文榜

2023年8月24日于河南大学新民苑寓所

目录

Contents

绪 论

一、研究的缘起

当你轻点手指就能自由获取全球最新发展资讯的时候，当你坐在电脑前就能跟大洋彼岸的亲人“面对面”愉快交流的时候，你是否意识到现代传媒技术，更准确地说是网络改变了世界、改变了我们的生活？加拿大传播学家麦克卢汉40多年前的预言如今变成了现实，地球已经变成了一个小小的村落。从20世纪90年代到今天，我们有幸亲身感受网络媒介给我们的生活方式带来的巨大改变。其实早在近千年前，一种新的传播媒介的普及给宋人带来的冲击一点也不亚于网络传媒给现代人带来的震撼，这种新的传播媒介技术就是雕版印刷。

我国的雕版印刷肇始于唐，发展于五代，极盛于两宋。雕版印刷术的发明和使用，是中华民族对人类的重大贡献之一，它促使各类文献能够批量、便捷地复制，从而大大推进了世界文明的进程。美国学者卡特就曾指出：“中国的发明物中，以影响于欧亚文化的程度而言，当以造纸和印刷术最著名。”[1] 李约瑟博士说：“我以为在全部人类文明中没有比造纸史和印刷史更加重要的了。”[2] 加拿大传播学派的奠基人哈罗德·伊尼斯曾指出：“不同的文明依赖的传播媒介各有不同”[3]，并且“一种新媒介的长处，将导致一种

[1] [美] 卡特著，吴泽炎译：《中国印刷术的发明和它的西传》，北京：商务印书馆，1957年版，第10页。

[2] [英] 李约瑟：《中国科学技术史》第五卷第一分册《纸和印刷》序言，北京：科学出版社，上海：上海古籍出版社，1990年版。

[3] [加] 哈罗德·伊尼斯著，何道宽译：《帝国与传播》，北京：中国人民大学出版社，2003年版，第8页。

新文明的产生。”[1] 印刷术的发明使人类社会发生了翻天覆地的变化，在人类文化史乃至文明史上都具有划时代的意义，因此印刷术历来被称为“文明之母”。在西方，印刷传媒还被称为“变革的推手”。可见，印刷术的发明为世界文明做出了巨大贡献，而“中国印刷术的发明，可说是世界各国印刷术的先驱”[2]。

用现代传播学观点来看，书籍是一种大众传媒，两宋时期雕版、活版印刷的大量书籍报章都可以称之为“版印传媒”。宋代版印的威力虽然远不能和今天的网络传媒相提并论，然而在当时它却极大地促进了书籍传媒的生产。在如今的读屏时代，只要你愿意，阅读和呼吸新鲜空气一样轻松自然。在我国古代，尤其是在纸和印刷术发明以前，书籍生产非常困难，金石、竹简、帛书等书写媒介只在上层社会流传，所以知识往往被王公贵族垄断。由于手抄书籍数量极其有限，一般人很难得到图书，实际上就连当时上层贵族想博览群书也不是一件容易的事。随着雕版印刷在两宋的普及和繁荣，这种情况发生了翻天覆地的变化。

天水一朝以文为治，所以书籍一事尤为用心。而宋代经济的繁荣、技术的进步使两宋的雕版印刷空前繁荣，中央机关不仅国子监刻印经史群书，崇文院、秘书监、德寿殿、太史局、左廊司局等也大力刻书。地方各级政府、各路使司、各类学校等也竞相效仿。到了南宋，民间书坊、书铺刻书变得更加繁荣，并且把版印技术发挥到了极致。所以宋代是我国雕印出版的黄金时代，这已经成了专家学者的共识。钱存训先生谈到宋代印刷时就曾指出：“印刷术经过最初阶段由简到繁的变化，至宋代（960—1279）成长为完美而精湛的艺术。技术的改进，新方法的采用，以及印刷范围的扩大，在这一时期飞跃进展。印刷术不但向东、西与南方各地流传，而且，第一次传到了北方地区的一些少数民族，并且由此越过中国疆界向更西传播。宋代

[1] [加]哈罗德•伊尼斯著，何道宽译：《传播的偏向》，北京：中国人民大学出版社，2003 年版，第 28 页。

[2] 钱存训著，郑如斯编订：《中国纸和印刷文化史》，桂林：广西师范大学出版社，2004 年版，第 6 页。

卓越的雕版印刷技术，成为后世印工的楷模，宋代发明的活版印刷也成为世界历史上最重要的发明之一。宋代实为中国印刷术的黄金时代，这时期所刊印的书籍与欧洲三四百年之后刊印的‘摇篮本’书籍占有同样重要的地位。”[1] 从某种意义上来说，宋代的版印传媒如同当今的网络传媒一样对当时的社会产生了不可估量的影响。它大大提高了图书的生产效率，加快了知识的传播速度，同时也降低了图书的成本，繁荣了图书市场。雕版印刷的兴盛还极大地调动了宋代文人著书立说的积极性，使图书的种类和数量都迅速增长，为传播和保存古代文化发挥了重要作用。

图书和文化发展相辅相成。图书是一个时代文化的重要结晶，是一个时代文化兴衰的重要标志。同时图书本身也是文化的重要组成部分，是促进文化兴盛的重要因素。宋代文化的发达有口皆碑，历代学人对宋代文化赞叹有加。朱熹说："国朝文明之盛，前世莫及。自欧阳文忠公，南丰曾公巩，与公（苏轼）三人，相继迭起，各以其文擅名当世。然皆杰然自为一代之文……"[2] 史尧弼也认为："惟吾宋二百余年，文物之盛跨绝百代。"[3] 陆游《吕居仁集序》中指出："宋兴，诸儒相望，有出汉唐之上者。"[4] 这绝不是宋人自吹自擂，后人对宋代文化的评价更是有过之而无不及。近人陈寅恪先生说："华夏民族之文化，历数千载之演进，造极于赵宋之世。"[5] 又云："天水一朝之文化，竟为我民族遗留之瑰宝。"[6] 宋代"右文崇儒"的文化政策以及文化事业的发达，促进了图书编撰以及雕版印刷的繁荣，在"右文"政策的指引下，宋代皇帝更是率先垂范，身体力行，号召劝勉士人读书学习。这样一来，倾心学术、精心文章、崇尚文化之风日益兴盛，并逐渐形

[1] 钱存训著，郑如斯编订：《中国纸和印刷文化史》，桂林：广西师范大学出版社，2004 年版，第 143 页。

[2]〔宋〕朱熹：《楚辞集注》，上海：上海古籍出版社，1979 年版，第 300 页。

[3]〔宋〕史尧弼：《莲峰集》卷三，文渊阁四库全书本。

[4]〔宋〕陆游：《陆游集》第五册，北京：中华书局，1976 年版，第 2102 页。

[5] 陈寅恪：《邓广铭〈宋史职官志考证〉序》，《金明馆丛稿二编》，北京：三联书店，2001 年版，第 277 页。

[6] 陈寅恪：《寒柳堂集·赠蒋秉南序》，上海：上海古籍出版社，1980 年，第 162 页。

成一种社会风尚。在这种背景下，宋代学术思想变得空前活跃，文化事业也更加繁荣昌盛，著书立说者比比皆是，从而促进了宋代图书事业的发展，而宋代图书事业兴盛反过来又促进了宋代文化的空前繁荣。

当然，宋代文化登峰造极是多种因素共同作用的结果，宋代版印传媒的繁荣是其中不容忽视的重要因素之一。牛继清先生就曾指出："毋庸置疑，宋代文化的高度繁荣，主要是我国中古时期文化发展进步长期积淀的自然结果，与很多政治、社会、经济因素相关。可是，雕版印刷术的出现与日渐普及应该是宋代文化发展一个重要的推手。"[1] 何忠礼先生在谈到宋代文化时也曾指出，雕版印刷业的发展，社会经济的繁荣，重文抑武的政策，科举的大兴是宋代文化繁荣的重要原因。[2] 张元济在《宝礼堂宋本书录》序言中有一段更为精辟的论述："文化之源，系于书契；书契之利，资于物质。结绳既废，漆书竹简而已；笔墨代兴，乃更缣帛。后汉蔡伦造纸，史称莫不从用，然书必手写，制为卷轴，事涉繁重，功难广远。越八百余年，而雕版兴。人文蜕化，既由朴而华；艺术演进，亦由粗而精。故昉于晚唐，沿及五代，至南北宋而极盛。西起巴蜀，东达浙、闽，举凡国监、官廨、公库、郡斋、书院、祠堂、家塾、坊肆无不各尽所能，而使吾国文化日趋于发扬光大之境。"[3] 由此可见，宋代雕版印刷在我国书籍史上乃至文化史上都有着不可替代的重要作用。

然而一直以来，对宋代雕版印刷乃至印刷史的研究多局促在狭小的天地里，很少上升到文化的层面。钱存训先生把近代以来中外学者对于印刷史的研究归纳为三个主流：其一是传统的目录版本学研究，范围偏重在图书的形制、鉴别、著录、收藏等方面的考订和探讨上；其二是对书籍作纪传体的研究，注重图书本身发展的各种有关问题，如历代地方刻书史、刻书人或机构、活字、版画、套印、装订等专题的叙述和分析；还有一个是

[1] 周生杰：《鲍廷博藏书与刻书研究·序》，合肥：黄山书社，2011 年版，第 1 页。
[2] 何忠礼：《科举制度与宋代文化》，《历史研究》，1990 年第 5 期。
[3] 张元济：《宝礼堂宋本书录·序》，《张元济全集》（第 8 卷），北京：商务印书馆，2009 年版，第 9 页。

印刷文化史的研究，即对印刷术的发明、传播、功能和影响等方面的因果加以分析，进而研究其对学术、社会、文化等方面所引起的变化和产生的后果。这一课题是要结合社会学、人类学、科技史、文化史和中外交通史等专业才能着手的一个新方向。[1]笔者认为书籍是文化的密码，从印刷传媒的角度来研究文化是解读文化兴衰的不二法门，应该成为今后印刷术研究，尤其是宋代雕版印刷研究的主流方向，然而诚如钱存训先生所言，直到今天这方面的研究仍然进展缓慢，亟待深入。

二、研究的意义

中国的雕版印刷被称为人类文明史上划时代的创造，对中国乃至世界的文化发展做出了不可磨灭的贡献。雕版印刷代替古老的手工抄写，彻底改变了我国书籍的生产、流通与文字传播的方式，使得书籍数量迅速增加，传播途径趋于简化，流通范围不断扩大，知识的传播更加方便快捷，学者也因此能够相对方便地得到书籍，这就极大地促进了文化教育的发展，从而推动思想、学术研究的日益繁荣。耿相新在谈到我国雕版印刷术的贡献时曾说："人类文明之所以能够数千年绵延不绝、推陈出新，主要得益于文字、纸、印刷术与书的发明。文字的发明将人类从蒙昧与野蛮引向文明，纸的发明使人类记录自己的理想与抱负、思想与行为变得简单而易行，印刷术的发明则是孕育人类现代文明的'文明之母'，而书的发明为人类文明的进阶与加速奔跑立下了汗马功劳。"[2]

天水一朝是我国雕版印刷全面繁荣的黄金时期，是我国古代书籍由写本向印本全面转化的一个时期，也是我国古代传播事业空前发达的一个时期。"宋代纸张产量的激增和雕版印刷业的勃兴，是我国古代书籍演进和文

[1] 钱存训著，郑如斯编订：《中国纸和印刷文化史》，桂林：广西师范大学出版社，2004 年版，第 20—21 页。

[2] 耿相新：《书与出版及其影响力》，《寻根》，2010 年第 5 期。

化传播史上的一次伟大革命。其于经济、文化、社会乃至世界文明的巨大影响，为中外学者所公认。”[1] 漆侠先生在谈到宋代雕版印刷时也说:“宋代的雕版印刷业确实发展到一个新的高度……既保存宋以前的传统文化，又推动了宋代创造的新文化，宋代雕版印刷业起了不可估量的作用。”[2]

毋庸置疑，宋代雕版印刷事业的繁荣，是中国古代文化传播史上的一次最重要的革命。正如科学技术是第一生产力一样，先进的传播媒介技术也是文化繁荣的重要生产力。纵观人类媒介史，其实就是一部媒介科技史。每一次重大的科技进步，都会推动媒介的发展与变革。版印传媒不仅是宋代最先进、最具影响力的媒介，也是宋代诸多传播媒介中的主导媒介。宋代版印传媒的繁荣不仅使宋代朝廷获得了传播皇权文化的强大工具，也使得宋人获得了理解文化、创造文化与传播文化的利器。雕版印刷作为一种媒介生产技术，降低了文化传播的门槛，扩大了文化的传播范围，提高了文化的生产力，增强了文化的影响力，从而使文化这一“旧时王谢堂前燕”飞入“寻常百姓家”，继而引发了通俗文化的兴起。由此可见，兴盛于宋代的版印传媒为中国古代文化传播与发展做出了不朽的贡献。宋以前的文化之所以能够被宋人很好地传承，宋代文化之所以能够取得辉煌成就，并能够走下“神坛”走向市井这更加广阔的天地，最终形成与“唐音”不同的“宋调”，这一切都与宋代繁荣兴盛的雕版印刷关系密切。因此，研究版印传媒与文化的关系必将是一件有意义的事。

美国传播学家施拉姆认为媒介就是插入传播过程之中，用以扩大并延伸信息传送的工具。麦克卢汉在其名著《理解媒介：论人的延伸》中就提出“媒介即讯息”[3]，雕版印刷之于文学乃至文化的影响主要是其自身所具有的传播优势。传播学产生于20世纪三四十年代的美国，1948年美国学者拉斯韦尔在《社会传播的结构与功能》一文中明确提出传播过程及其5

[1] 葛金芳：《南宋手工业史》，上海：上海古籍出版社，2008年版，第246页。
[2] 漆侠：《宋代经济史》（下），北京：中华书局，2009年版，第720—721页。
[3] [加]麦克卢汉：《理解媒介：论人的延伸》，南京：译林出版社，2011年版，第24页。

个基本构成要素，即谁（who），说什么（what），对谁说（to whom），通过什么渠道（in which channel），取得什么效果（with what effect）。直到20世纪80年代传播学才传入我国，传播学的引进为文化研究开辟了一个新领域，这就是文化传播研究，近20年来文化传播研究成为文化研究的一个新的增长点。从广义上来说，经学、史学和文学都是一种具有审美意义的信息，具有特殊的传播机制。文化传播就是文化生产者借助于一定的物质媒介和传播方式赋予文化信息以物质载体，并将文化信息或文化作品传递给接受者的过程。

文字是文明的结晶，书籍是文化的载体，在文化发展和传承过程中，印本传媒发挥着不可取代的作用。宋代雕版印刷既是宋代文化的重要组成部分，也是宋代文化兴盛、文化高峰形成的重要助因。钱存训先生在谈到印刷术对社会产生的影响时曾说："从19世纪以来，世界各国的学者对于印刷史的研究，每多偏重它的发明、传播和史实，而忽略了它对社会功能和影响的分析。直至最近一二十年间，才有少数学者开始对印刷术在西方社会所产生的影响加以研究。至于对中国学术、思想和社会上所具有的功能或产生何种影响，则还没有作出具体和深入的分析。"[1] 究其原因，可能还是传统思想在作怪，吴夏平先生就曾指出："与科学技术相比，人们或许更愿意将学术与政治环境或社会思潮等'心理'活动联系在一起，而忽视与'物理'之科技的对接。比如梁启超先生概论清代学术，借用生、住、异、灭等佛教术语来论述时代思潮对学术整合分化的影响，其着眼点即在于精神活动。但事实上，科技对学术进程的影响巨大。"[2] 可喜的是，近年来，宋代版印传媒文化的研究已经开始启动，并且取得一定的进展，产生了周宝荣的《走向大众：宋代的出版转型》、杨玲的《宋代出版文化》、田建平

[1] 钱存训：《中国古代书籍纸墨及印刷术》，北京：北京图书馆出版社，2002年版，第262页。

[2] 吴夏平：《谁在左右学术——论古籍数字化与现代学术进程》，《山西师大学报（社会科学版）》，2010年第3期。

的《宋代书籍出版史研究》等研究成果，然而这一领域的研究还有待深入。

宋代经学、史学、文学都是宋代文化的重要组成部分，从传播媒介发展入手，考察宋代版印对宋代图书生产和传播之功，深入分析研究宋代雕版印刷对文化，尤其是对经学、史学和文学的贡献一定是非常有意义的事。对这一课题的研究必将推动宋代印刷文化研究的深入，并为宋代版印文化的研究提供方法上的借鉴。同时本研究还能让人们从文化传播的角度，重新审视我国雕版印刷对当时世界的贡献。一直以来，西方的印刷史、书籍史、传播史等著作在谈到印刷术这一问题时，总是过多地渲染德国古登堡发明的活字印刷在世界文明史中的作用，而对中国的雕版印刷和活字印刷则轻描淡写，甚至只字不提。平心而论，我们承认机械活字印刷作为一项更先进的印刷技术，对当时西方的文艺复兴和工业革命都产生了深远影响，但并不能因此而否定雕版印刷的功劳。宋代的雕版印刷也曾产生过“日传万纸”的传播轰动效应，从史学意义上来说，作为“活字印刷之母”的宋代雕版印刷，是当时世界上最先进的传媒技术，它促进了中国和周边国家的文化交流以及汉文化圈的形成。在东亚地区文学、文化的传播和保存上，宋代的版印传媒功莫大焉。

第一章　宋代雕版印刷兴盛的背景及原因

宋朝的建立，结束了五代十国割据纷争的局面，国家的统一安定给宋代社会各行各业的发展提供了新的契机。伴随着宋代经济和文化的发展，宋代的雕版印刷也渐入佳境，并开创了我国雕版印刷史上的黄金时代。雕版印刷在我国古代又称刻书。宋代刻书官刻、私雕并举，印刷种类齐全，校勘精审，纸墨优良，刻印俱佳。宋代刻书地区分布广泛，形成了没有一路不刻书的情景，上自帝王将相，下到平民百姓都热爱读书、刻书，并乐此不疲。宋代雕版印刷事业乃至宋代文化之所以能取得这样的巨大成就，与宋代统治阶级的政策以及当时社会的政治、经济、文化的发展有密不可分的关系。田建平在谈到宋代书籍出版时就曾指出："宋代书籍出版业的发展和繁荣，是政治、经济、社会与文化全面发展的产物。社会的进步，为出版业的发展提供了良好的空间、环境及条件和因素。"[1] 接下来我们就从四个方面探讨一下宋代雕版印刷兴盛的背景及原因。

第一节　崇文抑武　重视刻藏

宋朝建立之初，通过"陈桥兵变"获得政权的赵匡胤就认真总结并汲取五代十国以来的经验教训。为防止唐末五代以来藩镇权重、君弱臣强的情形再次上演，彻底结束武将篡权的祸乱局面，实现天下长治久安，宋太

[1] 田建平：《宋代书籍出版业发展与繁荣原因探析》，《出版发行研究》，2010年第2期。

祖赵匡胤接受了宰相赵普对武将“惟稍夺其权，制其钱谷，收其精兵”[1]的建议，制定并实施了“抑武”策略，来强化君权。并确立与之相对应的“右文”的基本国策，“以文化成天下”。这就是李焘所谓的“兴文教，抑武事”[2]。

五代以来，中央禁军统归殿前都点检指挥和调遣。宋朝建立后，首先分散禁军的统辖权，由三司分别统辖。而三司只是负责禁军平时的管理和训练，其调遣权归枢密院，由皇帝直接指挥。宋太祖从“杯酒释兵权”开始，通过一系列“抑武”措施，解除和收夺了高级将领的兵权，并逐步把藩镇的兵权、政权、财权收归朝廷。这样宋朝统治者就解除了将帅专权、藩镇拥兵割据以至于动摇皇权的威胁，使秦汉以来建立的中央集权制度进一步加强。

宋朝统治者在推行“抑武”政策的同时，还大力起用文官执政，实行了较唐朝更为完善的文官制度。不但用文臣担任中央和地方行政长官，而且任用文臣掌握军队。宋朝政府不但在政治上重用文臣，树立文臣的权威，让文官掌握中央和地方的大权；同时在经济上也给文官非常优厚的待遇，宋代官员的俸禄较汉代增加了近10倍，较唐代也增加了2～6倍。[3]宋代文官俸禄之丰厚为历代少有，蔡襄就曾发出耐人寻味的感慨：“今世用人，大率以文词进。大臣，文士也；近侍之臣，文士也；钱谷之司，文士也；边防大帅，文士也；天下转运使，文士也；知州郡，文士也。”[4]这就变过去武将的天下为文人的天下，形成宋代皇帝所谓的“与士大夫治天下”的政治局面，自然就形成了“满朝朱紫贵，尽是读书人”[5]的情景。

宋代理学大师朱熹谈到这一问题时曾一针见血地指出：“本朝鉴五代藩镇之弊，遂尽夺藩镇之权，兵也收了，财也收了，赏罚刑政一切收了，州

[1]（宋）李焘：《续资治通鉴长编》卷二，北京：中华书局，2004年版，第49页。
[2]（宋）李焘：《续资治通鉴长编》卷一八，北京：中华书局，2004年版，第394页。
[3] 苗春德：《宋代教育》，开封：河南大学出版社，1992年版，第59页。
[4]（宋）蔡襄：《蔡襄全集》卷一八，福州：福建人民出版社，1999年版，第432页。
[5] 宋洪，乔桑：《蒙学全书》，长春：吉林文史出版社，1991年版，第1602页。

郡遂日就困弱。靖康之祸，虏骑所过，莫不溃散。”[1] 宋朝政府对内不断加强君主专制和中央集权，对外则不惜以钱绢来换取边防地区的暂时安宁，这一政策大大削弱了宋朝的国防力量，让两宋三百余年外患不断并因此走向灭亡也是不争的事实。然而客观上它不仅根除了武臣专权、藩镇割据带来的威胁，同时也是“右文”政策的发端，促进了宋代文化教育事业的勃兴。正如《宋史・文苑传》序所云：“自古创业垂统之君，即其一时之好尚，而一代之规模，可以豫知矣。艺祖革命，首用文吏而夺武臣之权，宋之尚文，端本乎此。”[2]

宋太祖为加强和巩固中央政权，对武将夺权收兵、百般防范，而对文臣则高官厚禄、笼络利用。这种用人路线使得宋代文官的地位陡然提升，于是倾心学术、精心文章、崇尚文化之风在社会上兴盛起来，图书编纂和刊印等文化事业也因此变得更加繁荣。曹之先生在谈到宋代图书事业繁荣的原因时就曾指出：“偃武修文的基本国策，是宋代图书繁荣的根本保证。”[3]

在“右文”政策的指导下，宋朝统治者比历代都重视图书。宋太祖就曾说：“夫教化之本，治乱之源，苟无书籍，何以取法？”[4] 大臣韩琦也认为：“历古以来，治天下者莫不以图书为急，盖万务之根本，后世之模法，不可失也。”[5] 宋初统治者就很用心地搜集图籍，以充实内府藏书。宋太祖乾德元年（963）征服荆南，把那里的图书全部运到汴京。乾德三年（965）征服后蜀，收取后蜀的图书 13000 余卷。开宝八年（975）平定南唐，在金陵“籍其图书，得二万余卷”[6]，其中有不少精本。太平兴国三年（978），吴越王钱俶归顺大宋，其收藏的图书全部被送到汴京充入三馆。另外，宋政府还广

[1]（宋）黎靖德编：《朱子语类》卷一二八，北京：中华书局，1986 年版，第 3070 页。
[2]（元）脱脱等：《宋史・文苑一》卷四三九，北京：中华书局，1985 年版，第 12997 页。
[3] 曹之：《略论宋代图书事业的繁荣及其原因》，《四川图书馆学报》，2002 年第 6 期。
[4]（宋）李焘：《续资治通鉴长编》卷二五，北京：中华书局，2004 年版，第 571 页。
[5]（宋）李焘：《续资治通鉴长编》卷一八六，北京：中华书局，2004 年版，第 4486 页。
[6]（清）徐松：《宋会要辑稿・崇儒》，北京：中华书局，1957 年版，第 2237 页。

开献书之路。太平兴国九年（984）太宗诏曰："宜令三馆以《开元四部书目》阅馆中所阙者，具列其名，于待漏院出榜告示中外，若臣寮之家有三馆阙者，许诣官进纳。及三百卷以上者，其进书人送学士院引验人材书札，试问公理，如堪任职官者与一子出身，亲儒墨者即与量才安排；如不及三百卷者，据卷帙多少优给金帛；如不愿纳官者，借本缮写毕，却以付之。"[1]此后宋代皇帝还多次下诏向民间各地征求图书，广开献书之路，并视其书籍价值及献书人之能力委以官职。"到宋徽宗宣和四年的一百五十余年之中，曾下诏求书和派专使到地方征集图书，就有十五六次，几乎平均每十年一次。"[2]明代邱浚就曾指出："宋朝以文为治，而于书籍一事，尤切用心，历世相承，率加崇尚，屡下诏书，搜访遗书，或给以赏，或赐以官。凡可以得书者无不留意。"[3]职是之故，到了宋太宗太平兴国年间，正副本图书就达 8 万余卷。后来整理、对比图书，删其重复，"太祖、太宗、真宗三朝，三千三百二十七部，三万九千一百四十二卷"[4]。到北宋末增长到 73877 卷，南宋末达 119972 卷。[5]宋代国家藏书的数量与增长速度远远超过了唐代，为了更好地储藏图书，宋初就建立了昭文、集贤、史馆三馆，宋太宗即位后临幸三馆感到"湫隘卑陋""若此之陋，岂可蓄天下图籍，延四方贤俊耶"[6]！于是下诏将三馆由长庆门东北迁往左升龙门东北旧车辂院，重新建造，并赐名为崇文院。宋太宗端拱元年（988），朝廷又在崇文院中另建秘阁，用来收藏从三馆中调出的万余卷善本和一些书画珍品。北宋政府注重收集图书，重视图书的校印和整理，使国家的藏书质量不断提高。

---

[1]（宋）程俱撰，张富祥校证：《麟台故事校证》，北京：中华书局，2000 年版，第 254 页。

[2] 王晟：《北宋时期的古籍整理》，《史学月刊》，1983 年第 3 期。

[3]（明）邱浚：《大学衍义补》卷九四，北京：京华出版社，1999 年版，第 807 页。

[4]（元）脱脱等：《宋史·艺文一》卷二〇二，北京：中华书局，1985 年版，第 5033 页。

[5] 姚广宜：《宋代国家藏书事业的发展》，《河北大学学报（哲学社会科学版）》，2001 年第 2 期。

[6]（宋）李焘：《续资治通鉴长编》卷一九，北京：中华书局，2004 年，第 422 页。

宋朝统治者重视图书收集并奖励献书的同时，也很重视书籍的刊刻。宋代皇帝经常视察主持刻书的国子监、崇文院等机构，并对编修官、修书人给予奖励。北宋政府还组织刊刻了卷帙繁多、工程浩大的四大类书。在政府鼓励刻书政策的影响下，除中央机关中的国子监、崇文院、秘书监、司天监等刻书外，各地政府机构以及教育机关，如茶盐司、转运司、安抚司、提刑司、左廊司、仓台、计台、州学、郡学、县学等，都大力刻书，除儒家经典外，还遍刻史书、子书、医书、算书、类书和唐宋名家诗文集等。宋代统治者对图书藏刻的重视，必然促进图书的生产和流通。

第二节　崇儒礼士　扩大科举

宋朝的开国皇帝十分清楚“王者虽以武功克定，终须用文德致治”[1]“宰相须用读书人”[2]的道理。于是在立国之初，宋朝统治者就实行了尊孔崇儒，礼待文士的政策，以此来笼络士子之心，巩固统治。宋人陈亮对此曾说道：“艺祖皇帝用天下之士人，以易武臣之任事者，故本朝以儒立国，而儒道之振，独优于前代。”[3]

宋朝开国者认识到儒家思想是促进社会稳定，巩固封建统治的法宝，于是在建立之初就把“崇儒尚文”作为“治世急务”。[4]立国之初，统治者就开始大规模整修孔庙，扩建讲经场所，塑绘先贤先儒像，还多次临幸国子监，拜谒文宣王庙，将祭孔封孔作为尊孔崇儒的重要内容。宋太祖赵匡胤登基后的第二年，就下令贡士举人到国子监谒孔子像，随后成为定例。宋太宗即位后，于太平兴国二年(977)召见孔子后裔，诏其袭封文宣公，并免其所有赋税。真宗于大中祥符元年(1008)追封孔子为“玄圣文宣王”，

[1]〔宋〕李焘：《续资治通鉴长编》卷二三，北京：中华书局，2004年版，第528页。

[2]〔宋〕李焘：《续资治通鉴长编》卷七，北京：中华书局，2004年版，第171页。

[3]〔元〕脱脱等：《宋史·陈亮传》卷四三六，北京：中华书局，1985年版，第12940页。

[4]〔清〕徐松：《宋会要辑稿·崇儒》，北京：中华书局，1957年版，第2243页。

又亲自到泰山封禅，到曲阜孔庙祭奠，并拜谒孔子墓；次年赐孔庙“九经”“二史”，诏立学舍，选儒生讲学，并追封孔子的七十二弟子。宋真宗还亲自撰写《文宣王赞》，称颂孔子为“人伦之表”，称颂儒学是“帝道之纲”；又作《崇儒术论》并刻石立于国子监，指出“儒术污隆，其应实大，国家崇替，何莫由斯”[1]，以此来强化儒学的独尊地位，并使之作为治国的根本准则。

同时，宋代帝王还十分重视对儒家经典的整理和传播。端拱元年（988），宋太宗命孔维等人校正唐代孔颖达《五经正义》；至道二年（996），又命李至等人校定《七经义疏》。咸平三年（1000），宋真宗命翰林侍读学士、判国子监邢昺总领校经之事，于次年九月校定完毕，诏令摹印颁行，并颁之学官，成为国家的法定教材。宋神宗于熙宁六年（1073）任命王安石提举经义局，王安石作《三经新义》，随后镂版颁行。南宋绍兴年间，宋高宗亲笔御书《六经》及《礼记》中的《中庸》《大学》等儒家经典，刻石立于太学，并诏赐拓本颁诸州、县学，以此来促进儒学传播，后称《绍兴御书石经》，皇帝亲自抄写儒经以刻石，这在中国历代王朝中是绝无仅有的。宝庆三年（1227），宋理宗下诏说：“朕观朱熹集注《大学》《论语》《孟子》《中庸》，发挥圣贤蕴奥，有补治道。朕励志讲学，缅怀典刑，可特赠熹太师，追封信国公。”[2]与此同时，宋朝统治者将经学作为科举考试的重要内容。

经过宋朝统治者的大力提倡，儒学的正统地位逐渐确立起来，据《宋史·艺文志》记载：“其时君汲汲于道艺，辅治之臣莫不以经术为先务，学士缙绅先生，谈道德性命之学，不绝于口，岂不彬彬乎进于周之文哉！”[3]这正是宋代崇儒的真实写照。在此需要特别指出的是，宋朝统治者在提倡尊孔崇儒的同时，对佛教和道教也持尊奉的态度。宋代的三教合一，为宋代理学的产生奠定了坚实的基础。

宋代皇帝对学者、儒士也是礼待有加。宋真宗对宿儒就非常敬重，如

---

[1]（宋）李焘：《续资治通鉴长编》卷七九，北京：中华书局，2004年版，第1798页。
[2]（元）脱脱等：《宋史·理宗本纪一》卷四一，北京：中华书局，1985年版，第789页。
[3]（元）脱脱等：《宋史·艺文志一》卷二〇二，北京：中华书局，1985年版，第789页。

翰林侍读学士郭贽卒，“故事，无临丧之制。上以旧学，故亲往哭之，废朝二日”[1]。翰林侍读学士邢昺：“被病请告，诏太医院诊视。上亲临问，赐名药一奁，白金器千两，缯彩千匹。国朝故事，非宗戚将相，无省疾临丧之行，惟昺与郭贽以恩旧特用此礼，儒者荣之。”[2] 宋理宗极力推崇周敦颐、张载、程颢、程颐和朱熹，于淳祐元年（1241）下诏：“朕每观五臣论著，启沃良多，今视学有日，其令学官列诸从祀，以示崇奖之意。”[3]

与“焚书坑儒”的秦代、“罢黜百家”的汉代及文字狱大兴的明清相比，宋代可谓中国封建社会思想文化环境最为宽松的朝代。其主要原因是宋代统治者尚文崇儒，优待文士。宋立国之初，“艺祖有誓约，藏之太庙，誓不杀大臣及言事官，违者不祥”[4]。继太祖之后宋朝历代皇帝也都继承和遵守了这一祖训。文官之臣陷于罗织之罪而蒙冤者有之，被列为奸党而解官削职者有之，因各种原因而被贬官流远者亦有之，但鲜闻有被朝廷诛杀、灭九族的事。南宋末黄震曾说：“自太祖皇帝深仁厚德，保养天下三百余年，前古无比。古者士大夫多被诛夷，小亦鞭笞。太祖皇帝以来，始礼待士大夫，始终有恩矣。”[5] 对此明末清初思想家王夫之亦云：“自太祖勒不杀士大夫之誓以诏子孙，终宋之世，文臣无欧刀之辟。”[6]

为了选拔优秀人才担任各级官吏，宋朝政府大力推行科举制度。“名卿巨公，皆由此选”[7]，宋太宗深谙选拔人才的重要性，他曾说：“国家选才，最为切务。人君深居九重，何由遍识，必须采访。”[8] 他还说：“吾欲科场中

---

[1]〔宋〕李焘：《续资治通鉴长编》卷七三，北京：中华书局，2004 年版，第 1674 页。

[2]〔宋〕李焘：《续资治通鉴长编》卷七三，北京：中华书局，2004 年版，第 1675 页。

[3]〔元〕脱脱等：《宋史·理宗本纪二》卷四二，北京：中华书局，1985 年版，第 821 页。

[4]〔宋〕李心传：《建炎以来系年要录》卷四，北京：中华书局，1988 年版，第 114 页。

[5]〔宋〕黄震：《黄氏日抄·浙东提举引放词状榜》卷八〇，文渊阁四库全书本。

[6]〔明〕王夫之：《宋论》卷一，北京：商务印书馆，1936 年版，第 5 页。

[7]〔元〕脱脱等：《宋史·选举志一》卷一五五，北京：中华书局，1985 年版，第 3611 页。

[8]〔宋〕李焘：《续资治通鉴长编》卷二四，北京：中华书局，2004 年版，第 547 页。

广求俊彦，但十得一二，亦可以致治。”[1] 为了笼络更多优秀人才为朝廷服务，宋朝统治阶级对科举制度进行了一系列的改革。

我国科举制度始于隋，大行于唐。在唐代应举者多为官僚贵族子弟，一般平民百姓很难获得应举资格。以至于晚唐诗人杜荀鹤发出“闭户十年专笔砚，仰天无处认梯媒”[2] 的感慨。宋初统治者鉴于“向者登科名级，多为势家所取，致塞孤寒之路”[3] 这一弊端，指出“贡举重任，当务选擢寒俊”[4]。于是降低科举的门槛，取士不问家世，不讲门第，不分贵贱贫富，只要是读书人均有参试的机会。欧阳修就曾说：“国家取士之制，比于前世，最号至公。盖累圣留心，讲求曲尽。以谓王者无外，天下一家，故不问东西南北之人，尽聚诸路贡士，混合为一，而惟才是择。”[5] 这样一来，寒门之子也能通过科举步入仕途，“朝为田舍郎，暮登天子堂”[6]。据《宋史》统计，北宋 166 年间有传者凡 1533 人，以布衣寒门入仕者占 55.12%；北宋时期一至三品的官员中，布衣出身的约占 53.67%，且北宋一代布衣出身所占的比率逐渐上升，至北宋末已达 64.44%。宋代宰辅大臣中，除了吕夷简、韩琦等少数几人外，如赵普、寇准、范仲淹、王安石等名相，多数出自布衣寒门或低级官员之家。[7]

与此同时，宋代科举还进一步严格考试制度，士子能否及第，“一切以程文为去留”[8]。为防止考官作弊，严禁考官徇私枉法，宋代采取了一系列严格的禁限措施：一是废除公荐制度，不许公卿大臣向考官推荐考生，不

[1]（宋）叶梦得：《石林燕语》，北京：中华书局，1984 年版，第 72 页。
[2]（清）彭定求等：《全唐诗》卷六九二，北京：中华书局，1960 年版，第 7957 页。
[3]（宋）李焘：《续资治通鉴长编》卷一六，北京：中华书局，2004 年版，第 336 页。
[4]（宋）李焘：《续资治通鉴长编》卷四三，北京：中华书局，2004 年版，第 907 页。
[5]（宋）欧阳修：《论逐路取人札子》，《欧阳修全集》卷一一三，北京：中华书局，2001 年版，第 1716 页。
[6]（宋）汪洙：《神童诗》，宋洪、乔桑主编：《蒙学全书》，长春：吉林文史出版社，1991 年版，第 1604 页。
[7] 王水照：《宋代文学通论》，开封：河南大学出版社，1997 年版，第 6—7 页。
[8]（宋）陆游：《老学庵笔记》卷五，北京：中华书局，1979 年版，第 69 页。

准贵族为亲友求赐科名。二是严格考试程式，推行“弥封制”和“誊录法”。三是宋代的主考官是临时差遣，另外还设“权知贡举”若干人，互相监督。四是实行“锁院”对主考官加以限制。五是对官僚子弟入选者进行复试，主考官的子弟亲戚如参加考试，还另设考场，另派考官，进行“别头试”。以上措施的实施，从根本上杜绝了以往取士不公的现象，保证了科举考试的公平。

宋代科举还大幅度增加录取的名额。据统计，太宗一朝的贡举，仅进士科就录取 1368 人。宋代的录取名额一再扩大，有时一榜就录取两三千人。此外，朝廷还对久试不中者表示恩典，规定应举 15 次以上的，不再经过考试，特赐本科出身，称为“特奏名”。两宋“特奏名”多达 50352 人，占两宋科举取士总数的 45% 之多。此举不仅扩充了士人阶层，而且笼络了学子。“国朝科制，恩榜号特奏名本，录潦倒于场屋，以一命之服而收天下士心尔。”[1]张希清先生曾根据《宋会要辑稿》《续资治通鉴长编》《建炎以来系年要录》《文献通考》《宋史》等 14 部史书，对两宋贡举 130 榜的登科人数进行了详细的统计 :“两宋通过科举共取士 115427 人，平均每年 361 人。若除武举、宗室应举之外，亦有 110411 人，平均每年 345 人 ；若再除特奏名之外，正奏名者仍有 60059 人，平均每年 188 人。”[2] 可见，宋代科举取士人数远远超过唐代，元、明、清三代也望尘莫及。具体而言，两宋年均取士人数约为唐代的 5 倍，元代的 30 倍，明代的 4 倍，清代的 3.4 倍。[3] 宋代科举取士之多，可谓空前绝后。

宋代统治者不仅扩大取士名额，还为科举出身者提供了十分便利的升迁条件。进士及第是保证官运亨通的唯一捷径，在宋代科举只要通过了三级考试，不需再试于吏部便可直接授官，并且科举出身为他们以后的仕途铺就了康庄大道。正如《文献通考》所说 :“时天下登第者，不数年辄赫然

[1] （宋）蔡绦:《铁围山丛谈》卷二，北京：中华书局，1983 年版，第 29 页。

[2] 张希清：《论宋代科举取士之多与冗官问题》，《北京大学学报（哲学社会科学版）》，1987 年第 5 期。

[3] 张希清：《论宋代科举取士之多与冗官问题》，《北京大学学报（哲学社会科学版）》，1987 年第 5 期。

显贵。”[1]司马光也曾指出:“国家用人之法，非进士及第者不得美官。”[2]如范仲淹、王安石、寇准、晏殊、韩琦、欧阳修等都是通过科举取士涌现出来的一代名相。据统计，在两宋133名宰相中，由文士科举出身的达123名之多，[3]占宰相总数的92.4%，大大高于唐代的比例，而唐代的这个比例只有39%。柳开曾指出:“到于今，上（宋太宗）凡八试天下士，获仅五千人，上自中书门下为宰相，下至县邑为簿尉，其间台省郡府、公卿大夫，悉见奇能异行，各竞为文武中俊臣，皆上之所取贡举人也。”[4]同时科举考中进士后的待遇也很诱人，每榜录取的新科进士都赐御宴、赐袍笏。状元除赐物外，并于所居之侧立状元额牌，“状元登第，虽将兵数十万，恢复幽蓟，逐出疆寇，凯歌劳旋，献捷太庙，其荣无以加”[5]。《宋史》中还记载这样一个故事。世代经商的许唐，“尝拥商赀于汴、洛间，见进士缀行而出，窃叹曰：‘生子当令如此！’”生子许骧，十三能属文，不识字的许唐“罄家产为骧交当时秀彦”。太宗时许骧廷试果以甲科及第，后官至工部侍郎。[6]从许氏家族的由商入仕我们不难看出，宋代科举给人们的观念带来的巨大冲击。

宋代还扩大了科举取士的途径，科举取士向读书人完全敞开大门。不仅取士的名额大大增加，而且宋代科举改革也使得大量中下层文人有了通过科举走上仕途的机会。据《宋史·选举志一》记载:“三百余年元臣硕辅，

[1]（元）马端临：《文献通考·选举考四》卷三一，北京：中华书局，1986年版，第289页。

[2] 曾枣庄，刘琳：《全宋文》第五五册卷一一八八，上海：上海辞书出版社，合肥：安徽教育出版社，2006年版，第3页。

[3] 诸葛忆兵：《宋代宰辅制度研究》，北京：中国社会科学出版社，2000年版，第52页。

[4] 曾枣庄，刘琳：《全宋文》第六册卷一二三，上海：上海辞书出版社，合肥：安徽教育出版社，2006年版，第329页。

[5]（宋）田况：《儒林公议》，转引自钱穆《国史大纲》，北京：商务印书馆，2010年版，第543页。

[6]（元）脱脱等：《宋史·许骧传》卷二七七，北京：中华书局，1985年版，第9435—9436页。

鸿博之儒，清疆之吏，皆自此出，得人为最盛焉。”[1] 科举及第者能享有丰厚的精神和物质回报，使得宋代参与科举的士人人数急剧增加，社会的学习风气也逐渐浓厚，于是出现了“为父兄者，以其子与弟不文为咎；为母妻者，以其子与夫不学为辱”[2] 的现象。

北宋晁冲之曾有诗云：“老去功名意转疏，独骑瘦马取长途。孤村到晓犹灯火，知有人家夜读书。”[3] 正是因为宋代对于科举仕途的大力推崇，读书才成为当时士人生活乃至生命中不可或缺的部分。宋代书籍刊刻之所以迅速发展和兴盛，科举无疑是最重要的原因。由于宋代大兴科举，使得读书人的数量剧增，不论京畿州县，还是僻远地区，到处都是读书应举之人。这就使得社会对各种经典、类书及应试之书的需求迅速增长，从而使出版刻书的投资人增多，进而客观上促进了宋代版印的发展，[4] 并使其走向商业化道路。钱存训先生就曾指出：“科举制度对儒家经典和对标准教本的需要，对复制更多的教材、参考书和考试用书以及其他的学术文献的需要，确实促进了印刷术的广泛应用，并使它发展到一个更高的水平。”[5]

第三节　读书蔚然成风　学术日益昌隆

宋代实行“右文”国策，皇帝带头读书，再加上“一日之长取终身富贵”的科举的诱惑，使得那些想通过科举“一朝选在君王侧”的莘莘学子，更加热衷于读书。于是读书人的队伍迅速壮大起来，整个社会读书之风大盛。

[1]〔元〕脱脱等：《宋史·选举志一》卷一五五，北京：中华书局，1985 年版，第 3604 页。

[2]〔宋〕洪迈：《容斋随笔》四笔卷五，北京：中华书局，2005 年版，第 683 页。

[3]〔宋〕晁冲之：《晁具茨先生诗集·夜行》卷十二，北京：中华书局，1985 年版，第 53 页。

[4] 刘国钧著，郑如斯订补：《中国书史简编》，北京：书目文献出版社，1982 年版，第 65 页。

[5] 钱存训著，郑如斯编订：《中国纸和印刷文化史》，桂林：广西师范大学出版社，2004 年版，第 12 页。

宋朝君王深知读书学习的重要性，他们大多勤奋好学，喜欢读书。宋太祖就非常喜好读书，史载太祖“独喜观书，虽在军中，手不释卷。闻人间有奇书，不吝千金购之”[1]。太祖还说：“帝王之子，当务读经书，知治乱之大体。”[2] 宋太宗更是以锐意文史的形象见于史册，太宗曾对臣下说：“无所爱，但喜读书”[3]，“朕每退朝，不废观书，意欲酌前代成败而行之，以尽损益也”[4]。据《宋史》记载，宋太宗在一年之内就读完了《太平御览》这部千卷大书。“道遵先志，肇振斯文”的宋真宗也爱好读书，“听政之暇，惟文史是乐，讲论经艺，以日系时”[5]。总之，宋代帝王嗜好读书，其文化修养之高在历代统治者中颇为罕见，这不仅有利于社会读书风气的形成，也为宋代出版事业的发展奠定了坚实基础。

宋朝皇帝不仅自己重视读书，还倡导大臣们读书。宋太祖曾要求：“今之武臣，欲尽令读书，贵知为治之道。”宰相赵普就“初以吏道闻，寡学术，上每劝以读书，普遂手不释卷”[6]。宋真宗更作《劝学诗》来激励士子：富家不用买良田，书中自有千钟粟。安房不用架高梁，书中自有黄金屋。娶妻莫恨无良媒，书中有女颜如玉。出门莫恨无随人，书中车马多如簇。男儿欲遂平生志，六经勤向窗前读。[7] 后成为当时乃至后世莘莘士子读书求学的座右铭。宋代不仅皇帝爱好读书，朝野官僚和士人也都崇尚读书。在整个社会上层倡导下，两宋三百年间，读书之风大盛。对此，宋代文献中也多有记载，绍兴地区“自宋以来，益知向学尊师择友。南渡之后，弦诵

---

[1]（宋）李焘：《续资治通鉴长编》卷七，北京：中华书局，2004 年版，第 171 页。

[2]（宋）司马光：《涑水记闻》卷一，北京：中华书局，1989 年版，第 20 页。

[3]（宋）李焘：《续资治通鉴长编》卷三二，北京：中华书局，2004 年版，第 713 页。

[4]（宋）李焘：《续资治通鉴长编》卷二三，北京：中华书局，2004 年版，第 528 页。

[5]（宋）江少虞：《宋朝事实类苑》卷三，上海：上海古籍出版社，1981 年版，第 25 页。

[6]（宋）李焘：《续资治通鉴长编》卷七，北京：中华书局，2004 年版，第 171 页。

[7]（宋）宋真宗：《劝学诗》，陈汉才：《中国古代教育诗选》，济南：山东教育出版社，1985 年版，第 67 页。

之声，比屋相闻”[1]。福州读书风气更盛，“城里人家半读书”。真可谓“天子重英豪，文章教尔曹。万般皆下品，唯有读书高”[2]。由此可见，宋代在全国都形成了崇尚读书的热潮。而要读书，前提必须是有书可读，这就为宋代刻书和教育事业的兴起提供了千载难逢的良机。

在皇帝的带动下，在科举的刺激下，读书在宋代蔚然成风，于是教育也日渐兴盛，官学、私学、书院等如雨后春笋建立起来。两宋中央官学名目繁多，包括国子学、太学、宗学、四门学、算学、律学、画学、书学等，宋代地方官学包括州学、军学、府学、监学。宋代统治者在重视官学的同时，对私学及书院也采取倡导、扶持的政策。因此，在宋代官学、私学并重，且相互补充。特别是从仁宗至北宋末年的三次兴学运动，极大地推动了宋代教育的普及和发展。

第一次兴学运动在北宋仁宗庆历年间，史称“庆历兴学”，重点是兴建地方学校。庆历四年（1044），仁宗听从范仲淹的建议，诏诸路、府、州、军、监广泛设学，士子 200 人以上的，须置县学，由此地方官学大量建立，作为中央官学的太学也建立起来。并规定只有在学校学习达到一定时限者才具备参加科举考试的资格，这样学校就为政府的科举取士提供了人才保障。第二次兴学运动于北宋神宗熙宁至元丰年间由王安石发起。具体措施是在太学实行“三舍法”。“三舍法”是一种考试升级制度，即通过太学外舍、内舍、上舍三个阶段学习和考试方能毕业。太学所学的内容，也就是科举所考的内容。太学“三舍法”的实施，使太学教育和科举制度真正接轨。另外，王安石还主持编撰《三经新义》作为官学统一教材。这次兴学完善了太学的教学体制，改革了科举制度，设立了专业学校，宋代的科举及官学教育制度由此确立。宋徽宗崇宁年间朝廷发起第三次兴学运动，在这次兴学运动中，政府下诏令天下广置学校，恢复“三舍法”，建立了县学、州

[1]〔清〕董钦德：《康熙会稽县志·风俗志》卷七，台北：成文出版社，1983 年版，第 167 页。

[2]〔宋〕汪洙：《神童诗》，宋洪、乔桑主编：《蒙学全书》，长春：吉林文史出版社，1991 年版，第 1602 页。

学、太学三级学制系统，学生由县学经过考试升入州学，再由州学升入太学。从地方官学到中央官学，由此形成较为完整系统的学制。除此之外，还恢复和创立了医学、算学、书学、画学等专科学校。

宋代三次兴办官学运动表面上虽都以失败告终，但改革成效却是显著的，它极大地推动了各地官学的发展及科举制度的改革，使整个社会对学校的重视程度大大提高。据不完全统计，宋代有州学234所，占宋代州数的72%。经过三次大规模的兴学，逐步形成以中央太学和国子学为中心，诸多专科学校和地方州学以及县学配套的全国性的官学系统。

与此同时，宋政府对于民间私学往往也采取因势利导、奖励扶持的政策，通过赐书、赐田、赐钱等方式对民间私学加以资助。对私人办学，官府往往刻石立碑，加以表彰并资助；对施教有方、德学双馨的名师硕儒政府还封官授职。宋政府通过各种措施促进私学的发展，使之成为官学的有益补充。对于书院宋政府更是给予大力扶持。宋初“惟前代庠序之教不修，士病无所于学，往往相与择胜地，立精舍，以为群居讲习之所，而为政者，乃或就而褒表之”[1]，宋朝统治者还给书院赐学田、赐匾额、赐经籍，并奖励书院创办人。可以说，两宋时期政府对书院的重视是前所未有的，而宋代教育的大兴必然促进刻书业的兴起。

两宋科举取士以及崇尚读书的社会风气使得宋代学术活动非常活跃，两宋的学术也得到前所未有的发展。“北宋时代除去云燕十六州是在契丹的范围不计外，凡是宋家的土地，都有学术可言；到了南宋，文化便也随武备而同时南迁，长江一带，上自四川，下至闽浙，成为政治的领域，也就是文化的领域。”[2] 宋学在学术源流上承上启下，是跨越朝代的一个庞大学术体系。而学术活动的发展则是宋代图书文化兴盛的内在动因。祝尚书先生就曾指出：“作为观念文化重要组成部分的文学、史学、哲学等等，有宋

[1]（宋）朱熹：《朱子文集·衡州石鼓书院记》卷十，北京：中华书局，1985年版，第407页。

[2] 夏君虞：《宋学概要·宋学之以地名派者》，北京：商务印书馆，1934年影印本，第148页。

一代可谓空前发达；而繁荣的文学创作，活跃的学术研究，又促进了印刷业的飞速发展，创造了灿烂辉煌的出版文化。”[1]

宋学在一定意义上作为一种新的文化模式，其所具有的议论、怀疑、创新和开拓的精神使宋朝的整个社会风貌为之一变。而这种社会风尚的变化，又在整个社会价值取向上鼓励更广阔的阶层崇尚文化与读书，使有志于学问的人大大超过前代，从而又促进了学术的发展。宋代学术发展和社会风尚互相影响，促使整个社会对图书的需求大大增加，自然就促进了宋代雕版印刷事业的蓬勃发展。

宋代教育发达，学术活动昌盛。文化传播的日益迅速，使得整个社会都洋溢着一种对知识渴求的热情，这一切都使读书成为新的社会文化生活的重要内容。社会对读书的推崇是宋代出版发展的巨大动力。文化学术的发展，形成了对图书的社会需求，是出版业发展的内在动因，推动了图书出版事业的发展；而图书出版事业的发展，又给更多人从事学术文化活动带来了便利，形成更大的图书社会需求，这也是宋代雕版印刷业繁荣的一个重要原因。朱迎平先生在谈到宋代刻书兴盛的背景时曾指出:“右文崇儒，提倡佛、道，改革科举，兴办学校，整个社会读书成风，使儒、释、道经典和各类书籍的需求激增。宋初文化发展的这一大背景，为刻书产业的兴起造就了最好的机遇。”[2]

第四节　经济日趋繁荣　技术发展进步

宋代之所以能成为雕版印刷的黄金时期，与宋代经济和科技的发展进步是密不可分的。两宋繁荣的经济为雕版印刷业提供了充足的物质条件，而科技的发达和物质的丰富又为雕版印刷提供了有力的技术和物质支持。

宋朝的建立结束了五代十国战乱割据的局面，除北方尚有契丹政权外，

[1] 祝尚书:《宋人别集叙录·前言》，北京：中华书局，1999年版。

[2] 朱迎平:《宋代刻书产业与文学》，上海：上海古籍出版社，2008年版，第28页。

国家再度统一，社会得以稳定，经济也得到迅速发展。宋朝建立后，统治者就采取了一系列有利于恢复和发展农业生产的经济政策，其中最重要的是废除了唐以来按照门阀等级占有土地和农奴的制度，实行租佃制。这种制度一方面加速了土地所有权的转换，催生了庶族地主的大批涌现，另一方面租佃制、雇佣制、徭役制等新政策的实施，消除了农民对地主的人身附属关系，使农民获得更多的人身自由，大大增强了农民的生产积极性，促进了社会生产力的快速发展。

同时，在经济上北宋王朝采取了鼓励垦荒、轻徭薄赋、招徕流亡、兴修水利、改进农具及耕作技术等一系列措施。并且规定垦田即为永业，官不取其租，使部分农民对土地的要求得到满足，土地开垦率大大提高。在这种政策指导下，宋初农业生产很快就得到恢复与发展，人口也迅速增长，到大观年间已达2000余万户，人口突破1亿，为汉唐的2倍，[1]垦田面积约7.2亿亩。[2]

随着农业的发展，宋代的手工业也发达起来。漆侠先生在谈到宋代手工业和农业时说："手工业生产不论是规模上、分工上、技术上，从事生产的手工匠人的数量上，还是各类产品的数量和质量上，都超越了前代。手工业生产取得这样的发展，与农业生产的发展有密切的联系。"[3]宋代的手工业生产比前代有了新的进步：手工业作坊种类繁多，其规模和内部分工的细密均超过了前代，生产技术显著进步，手工业产品的种类和数量也大为增加，从业人数也较前代增加很多。宋代手工业的发展促进了宋代商业的发达和社会经济的全面繁荣。在这种社会经济文化背景下，雕版印刷也具备了自身发展的充要条件。

手工业的发展必然带动商业及城镇的发展。在农业和手工业的引领下，宋代的商业和城市经济也得到极大发展。城市坊市的格局被打破，到处都

---

[1] 徐吉军：《论宋代文化高峰形成的原因》，《浙江学刊》，1988年第4期。

[2] 漆侠：《宋代经济史》，北京：中华书局，2009年版，第60页。

[3] 漆侠：《宋代经济史》，北京：中华书局，2009年版，第27页。

可开店设坊，商业活动场所得以扩大，经营活动日益丰富。宋代的汴京、杭州、扬州、成都等都是工商业发达的大城市。“雕版印刷在宋代走上顶峰，有其特殊的经济基础——宋代最为突出的是城市经济的空前繁荣。”[1]《东京梦华录》《都城纪胜》《西湖老人繁盛录》《梦粱录》《武林旧事》里记录宋代城市繁华的文字比比皆是。北宋汴京城，其人口逾百万，“比汉、唐京邑民庶，十倍其人矣”[2]“八荒争凑，万国咸通”[3]，堪称当时世界第一大都市。汴京不仅是北宋的经济文化中心，也是当时亚洲乃至世界的经济文化交流中心，其大街小巷店铺林立，勾栏瓦舍，热闹非凡，有些商店夜市甚至通宵达旦地营业，宋代张择端的《清明上河图》即是其繁华场景的真实写照。北宋节度使柴宗庆曾赞美它:“曾观大海难为水，除去梁园总是村。”[4]经济的发展促进了城市商业的繁荣，南宋末临安已是拥有38万多户人家，120多万人口，400多种手工行会的世界大都市。吴自牧《梦粱录》记录了当时杭州商业繁荣的盛况：“自融和坊北至市南坊谓之珠子市，如遇买卖，动以万数。又有府第富豪之家质库，城内外不下数十处，收解以千万计……自大街及诸坊巷大小铺席，连门俱是，即无虚空之屋。每日侵晨，两街巷门浮铺，上行百市，买卖热闹……客贩往来，旁午于道，曾无虚日。至于故楮羽毛，皆有铺席发客，其他铺可知矣。”[5]与此同时，南宋的海外贸易也空前繁荣，出现了泉州、广州等著名的港口贸易城市。

农业、手工业、商业的发展，城市经济的繁荣，使宋代整体社会生产水平有了较大的提高。到了南宋，江浙地区一跃成为中国经济、文化的新中心。总的来说，宋代经济在我国经济史上达到了一个新的高度，并成为当时世界经济的中心。正如弗兰克在其《白银资本》中文版的前言里所说，

---

[1] 彭清深:《宋明刻书文化精神之审视》,《故宫博物院院刊》,2001年第4期。
[2]〔宋〕李焘:《续资治通鉴长编》卷三八，北京：中华书局，2004年版，第820页。
[3]〔宋〕孟元老，伊永文笺注:《东京梦华录笺注》，北京：中华书局，2006年版，第1页。
[4]〔宋〕吴曾:《能改斋漫录》卷九，北京：中华书局，1985年版，第236页。
[5]〔宋〕吴自牧:《梦粱录》卷十三，北京：中华书局，1985年版，第113—114页。

只要对世界经济进行客观的考察，就会立刻发现1000年前宋代中国的主宰地位。[1]

宋代生产力的极大发展，给刻书业带来了巨大影响。手工业的发达为宋代版印的发展提供了物质条件。“宋朝阶级关系的新变化、主客户制的确立、租佃制的发展，以及封建城市经济、商品经济及手工业生产的发达，催生了整个社会巨大的物质消费需求与精神消费需求，而这种巨大的物质与精神消费需求反过来又极大地促进了宋朝的经济发展与商品生产。宋代书籍生产与消费的发展、繁荣正是基于这一宏观经济背景的必然产物。”[2]繁华的大都市是宋代文人的荟萃之地，它不仅为书籍生产提供了良好的场所，同时也为书籍消费提供了巨大市场。而商业的繁荣则使宋刻本大批量进入社会流通成为可能。

中国的四大发明有三项是在宋代。英国剑桥大学李约瑟博士在《中国科学技术史》中指出：“每当人们在中国的文献中查找一种具体的科技史料时，往往会发现它的主焦点就在宋代，不管在应用科学方面或纯粹科学方面都是如此。”[3]宋代在数学、天文、印刷、医学、药物学、化学、建筑学、造纸、造船等多方面均取得了前所未有的进步。宋代的雕版印刷进入黄金时代，其主要原因是物质条件和技术条件都日趋成熟，这主要表现在造纸和造墨工艺水平的提高，以及雕版印刷技术自身的发展完善上。

精美的宋刻离不开上等纸墨。宋代刻书产业的兴起离不开“造纸业、制墨业和刻书成品得以实现其交换价值的售书业”[4]。宋代的刻书业和造纸、制墨业相互促进，一方面刻书业的发展极大地刺激了纸墨的生产，另一方

---

[1] 转引自葛金芳：《宋代经济史讲演录》，桂林：广西师范大学出版社，2008年版，第25页。

[2] 田建平：《宋代书籍出版业发展与繁荣原因探析》，《出版发行研究》，2010年第2期。

[3] ［英］李约瑟：《中国科学技术史》（第一卷），北京：科学出版社，1975年版，第287页。

[4] 朱迎平：《宋代刻书产业与文学》，上海：上海古籍出版社，2008年版，第39页。

面纸墨业的发达又为刻书提供了充足的物质基础，成为刻书业的有力支撑。

纸是雕版印刷的三大要素之一。同刻书一样，造纸业在宋代也进入发展的黄金时代。宋代造纸技术日臻成熟，生产的纸张产量高、质量好、品种全、用途广，成为宋代社会生活不可或缺的重要商品。宋代纸张产地几乎遍及各路，纸张种类也大幅增加。苏易简在《文房四谱·纸谱》中就有记载："蜀中多以麻为纸，有玉屑、屑骨之号。江浙间多以嫩竹为纸。北土以桑皮为纸。剡溪以藤为纸，海人以苔为纸，浙人以麦茎稻秆为之者脆薄焉，以麦藁、油藤为之者尤佳。"[1]

宋代两浙造纸业非常发达，其中尤以温州所产最佳。"温州作蠲纸，洁白坚滑，大略类高丽纸。东南出纸处最多，此当为第一焉。由拳皆出其下，然所产少。至和以来方入贡，权贵求索浸广，而纸户力已不能胜矣。"[2]可见当时两浙所造纸成色佳，供不应求。江西造纸业以歙州为盛。歙州山多，产楮、藤，且其水"清澈见底，利以沤楮。故纸之成，振之似玉雪者，水色所为也"[3]。关于四川的造纸业，元代费著《蜀笺谱》云："天下皆以木肤为纸，而蜀中乃尽用蔡伦法。笺纸有玉板，有贡余，有经屑，有表光。……广都纸有四色：一曰假山南，二曰假荣，三曰冉村，四曰竹丝，皆以楮皮为之。其视浣花笺最清洁，凡公私簿书、契券、图籍、文牒皆取给于是。"[4]南宋时印制纸币多用四川楮纸，"物料即精，工制不苟，民欲为伪，尚或难之，至咸淳时，命每年运送2000万张"[5]。

潘吉星在谈到宋元用纸时指出："在宋元书画、刻本和公私文书、契约中，

[1]（宋）苏易简：《文房四谱》卷四，北京：中华书局，1985年版，第53页。

[2]（明）陶宗仪：《说郛》卷二四下，文渊阁四库全书本。

[3]（宋）罗愿：《新安志·货贿》卷二，文渊阁四库全书本。

[4]（元）费著：《蜀笺谱》，《历代文房四宝谱选译》，北京：中国青年出版社，1998年版，第138—141页。

[5]（清）嵇璜等：《钦定续通典·钱币》卷七，上海：上海图书集成局，光绪二十七年版。

有许多是用皮纸。其产量之大、质量之高，大大超过隋唐五代。”[1] 除皮纸外，宋代刻书更多使用竹纸进行印刷。用竹子造纸始于隋唐五代，但竹纸技术的真正发展和成熟是在北宋以后。我国的竹子产量大、分布广，所以竹子的使用使造纸获得了取之不尽用之不竭的资源。宋代使用竹纸印刷的地区通常是印刷业兴盛且又盛产竹子的南方，如闽北造纸业就特别发达，每年谷雨前后，竹农、纸工便上山“杀青”。春夏之交，山村“槽户”进入造纸繁忙季节，“沿溪纸碓无停息，一片春声撼夕阳”，场面极其壮观。

宋代也是我国造纸术全面成熟的时期。宋代的纸浆沤制技术更是超越前代，抄纸技术也有了新的进步，尤其是水碓的使用大大提高了制浆的效率。硬纤维的软化技术极大地丰富了造纸原料的来源，并提高了纸的强度。宋代还开发利用多种植物泡制的纸药，促进了纸品质量的提高。宋代造纸业的进步为宋代刻书业的发展奠定了雄厚的物质基础。

墨也是进行雕版印刷的必要物质条件之一。在版印空前繁荣发达的背景之下，宋代造墨技术也突飞猛进。据张邦基《墨庄漫录》载：“近世墨工多名手，自潘谷、陈瞻、张谷名振一时之后，又有常山张顺、九华朱觐、嘉禾沈珪、金华潘衡之徒，皆不愧旧人。” [2] 北宋的汴京、河东、济源、唐州，南宋的临安、绍兴、金华、歙州均是产墨中心。总的来说，河北的制墨技艺与质量都为上乘。苏易简论墨，“大约易水者为上”[3]。南方制墨业则以安徽歙州墨为最。宋代不只墨工造墨，士大夫亦喜造墨、藏墨，并品墨、斗墨。据史料记载，苏轼蓄佳墨有七十多丸，司马光蓄墨至数百斤。苏轼也曾言：“近世士大夫多造墨，墨工亦尽其技。” [4] 宋代因生产大量好墨，给印书带来了极大的方便，并提高了印刷品的质量。

纸和墨都是雕版印刷必需的材料，对于提高印刷图书的质量、降低成本、增加利润，关系极大。宋代生产了大量的好纸佳墨，故能满足各种印刷之用。

[1] 潘吉星：《中国造纸技术史稿》，北京：文物出版社，1979 年版，第 93 页。
[2]〔宋〕张邦基：《墨庄漫录》，北京：中华书局，2002 年版，第 173 页。
[3]〔宋〕苏易简：《文房四谱》卷五，北京：中华书局，1985 年版，第 67 页。
[4]〔宋〕苏轼：《苏轼文集》卷七十，北京：中华书局，1986 年版，第 2228 页。

“后人对宋版书的评价是校、刻、写、印、纸、墨皆精，这也从一个侧面反映了宋代出版的印刷、造纸、制墨等工艺，都达到了很高的水平。”[1]

雕版印刷技术至迟在初唐已经产生，但当时只不过是流行于民间市井，为僧侣和术士用于传经布道的一种复印技术。经五代用其刊印“九经”，方才登上大雅之堂。到了宋代雕版印刷技术得到了充分广泛的应用，印刷出版事业迅猛发展。在宋代，刻印技术、版画插图和装帧技术都有了很大进步；活字印刷、套色印刷得以发明并运用，纸币和木版年画即创始于斯。宋刊本书法之妙，刻字之精，尤出各代之上。

总之，宋代的版印事业兴旺发达，除了得益于政府的鼓励提倡、社会对图书的强烈需求、民间印刷业的积极响应，以及良好的刊印环境等社会因素外，还得益于造墨、造纸以及刻印技术的进步。多种因素的共同作用，才创造了令后人叹为观止的雕版印刷的黄金时代。

---

[1] 杨玲：《宋代出版文化》，北京：文物出版社，2012 年版，第 42 页。

第二章　北宋刻书事业的迅猛发展

毋庸置疑，宋代是我国雕版印刷的黄金时代。然而宋代版印事业的发展繁荣也有一个过程，它是伴随着宋代政治、文化以及工商业、科技的发展而逐步走向顶峰的。宋初的刻书业并不发达，图籍仍多以手抄流传。洪迈就曾说:“国初承五季乱离之后，所在书籍印板（版）至少。”[1]北宋名臣韩琦“少年家贫，学书无纸……时印板（版）书绝少，文字皆是手写，每借人脱落旧书,必详为节录,以备检阅”[2]。苏轼也曾说:“余犹及见老儒先生，自言其少时，欲求《史记》《汉书》而不可得，幸而得之，皆手自书，日夜诵读，惟恐不及。”[3]在宋代“右文”政策的指导下，科举和教育日渐兴盛，社会对图书的需求也与日俱增，再加上朝廷对刻书业的重视，这样到了宋真宗、宋仁宗以后雕印事业渐成气候。至神宗熙宁时期随着书禁解除，不仅官府刻书蔚为大观，民间书坊也纷纷设立，并逐步成为宋代雕版印刷事业的生力军。

宋代雕版印刷空前繁荣的一个表现就是从中央到地方涌现出众多的刻书机构和刻书从者。官刻、私刻交互分布，在宋代形成一个庞大的刻书出版网络。对于宋代刻书的分类，至今尚未达成一致意见，魏隐儒等继承了叶德辉的划分方法，将宋代刻书分为：官刻、私刻、坊刻，这是比较常见的划分方法。李致忠认为：“宋代的刻书机构，按其投资和经营的性质大体

[1]〔宋〕洪迈：《容斋随笔》五笔卷七，北京：中华书局，2005 年版，第 908 页。
[2]〔明〕焦竑：《焦氏笔乘续集》卷四，上海：上海古籍出版社，1986 年版，第 300 页。
[3]〔宋〕苏轼：《苏轼文集》卷十一，北京：中华书局，1986 年版，第 359 页。

可分为官刻、私刻和民间刻三大系统。”[1] 肖东发先生则将历代刻书划分为六大系统：寺院刻书、民间坊刻、中央政府刻书、地方政府刻书、私家刻书、官私兼办的书院刻书。但笔者认为，把宋代的刻书划分为官府刻书与民间刻书更为简洁明了，且符合逻辑。宋代官府刻书包括中央政府刻书（简称中央官刻）、地方政府刻书（简称地方官刻）。宋代的中央官刻包括中央各殿、院、监、司、局的刻书；地方官刻包括各路盐茶司、安抚司、提刑司、转运司、公使库、仓台、计台，各州学、府学、军学、郡斋、郡庠、学宫、学舍，各县县斋、县学以及书院的刻书。民间刻书包括私宅刻书、书坊刻书以及寺院、道观刻书。南北两宋刻书各有各的特点，现用二、三两章分而述之。

北宋刻书业的迅速兴起得益于宋代统治阶级的高度重视。宋代“右文”政策的实施，使整个社会对图书的需求急剧增加。宋代统治阶级学习了五代后蜀刻印“九经”的经验，让国子监、崇文院和印经院等中央文化教育机构带头刊印图书。中央刻书是北宋官刻的主体，熙宁以后随着刻书政策放宽，地方政府也开始镂版印书。北宋科举教育事业的逐渐兴起，使读书人队伍迅速膨胀。北宋社会对应试必读的儒家经典和各种“参考书”的需求就变得日益迫切，而仅靠北宋官刻又不能满足人们的需要，于是，民间私人刻书在这种情况下应运而生。在北宋官府刻书的带动下，民间刻书业如火如荼。北宋的汴京、杭州、四川和福建都是当时的刻书中心，其民间刻书都非常兴盛。

第一节　北宋的官府刻书

北宋官府雕印书籍始于宋太祖，雕印的图书主要是《大藏经》以及和国计民生关系最密切的刑律和本草。到了宋太宗时期，国子监雕印书籍的

[1] 李致忠：《古代版印通论》，北京：紫禁城出版社，2000 年版，第 90 页。

种类有所扩大，除了“九经三传”及其注文外，还新刊印了史部以及小学类著作，并且开始面向社会出售。真宗即位后，中央刻书雕印业已初具规模，开始进入繁荣期，国子监、崇文院镂雕印刷图籍日臻兴盛。并且真宗以后中央的雕印机构开始增多，且有了一定的分工。国子监、崇文院主要雕印经史类著作，印经院主要是专门雕印佛经典籍。到了神宗、哲宗时代，中央政府设立的从事雕版印刷的部门已有十多处。

随着宋代文化教育事业的日益发达，特别是庆历新政到熙丰变法期间，州县之学蓬勃兴起，对图书教材的社会需求也日益增加，这就促成了雕版印刷业的空前发展。“政和、宣和间，朝廷置书局以数十计。”[1]中央刻书是北宋官刻的主体，熙宁以后随着刻书政策放宽，地方政府也开始镂版印书，并逐步成为北宋官刻的有益补充。

一、以国子监为首的北宋中央官刻

（一）汴京国子监的刻书概况

国子监刻书在五代时就打下了良好的基础，北宋政权建立后，汴京国子监全面负责国家图书的刊刻、出版和发行。汴京国子监还是国家的最高学府兼最高教育管理机构，掌以经术教授诸生，负责管理国子学、太学、辟雍和四门学、广文馆等的日常事务。汴京国子监原来设有掌管印刷事务的钱物所，后因名字不雅，淳化五年（994），判国子监李至上言“乞改为国子监书库官”“置书库监官，以京朝官充。掌印经史群书，以备朝廷宣索赐予之用，及出鬻而收其直以上于官”[2]。

北宋的统治者非常关心国子监刻书。建隆元年（960），刚刚建国的宋太祖即幸国子监；建隆三年（962），又重修国子监。“国子监在太祖朝即是朝

[1]〔宋〕洪迈：《容斋随笔》卷一四，北京：中华书局，2005 年版，第 182 页。
[2]〔元〕脱脱等：《宋史·职官五》卷一六五，北京：中华书局，1985 年版，第 3916 页。

廷刻书的主要机构”[1]，到太宗朝对刻书事业的投入进一步增加。据《玉海》记载，景德二年（1005）太宗幸龙图阁时说："凡亡缺之书，搜求备至……国学馆阁经史未有刊板（版）者，悉令刊。"[2]《宋史•孔维传》还记载，太宗雍熙间，国子监祭酒孔维"受诏与学官校定《五经疏义》，刻板（版）行用，功未及毕，被病。上遣太医诊视，使者抚问。初，维私用印书钱三十余万，为掌事黄门所发，维忧惧，遽以家财偿之，疾遂亟，上赦而不问"[3]。这个故事以太宗的宽宏大量而告终。但我们从中不难看出，身为国子监祭酒的孔维，竟以自己的职务之便贪污挪用印书的公款"三十万"。那么国家对刻书事业的投资决不只三十余万，可能是三十余万的几十倍。[4]

在统治阶级的重视下，汴京国子监的刻书事业兴旺发达，国子监的版片也增长神速。《宋史 • 邢昺传》记载：真宗景德二年（1005），皇帝到国子监检阅书库，问及经书刻版的情况，邢昺回答说："国初不及四千，今十余万，经、传、正义皆具。臣少从师业儒时，经具有疏者百无一二，盖力不能传写。今板（版）本大备，士庶家皆有之，斯乃儒者逢辰之幸也。"[5]从 960 年宋朝建立到 1005 年，短短 45 年经书版片已经增加了 20 多倍，增长之迅速让身为国子祭酒的邢昺都感叹不已。汴京国子监的书版有一小部分是接收的前朝旧版，也有一小部分是私人呈献，而翻刻和新雕是国子监版片迅速增长的重要原因。

宋代汴京国子监是宋代的国家刻书中心，其刻书数量之多、内容之广大大超过了五代，可谓经史子集四部皆备。其中尤以经书、史书、医书、类书居多。宋代统治者大兴文教，并以此来笼络、培养人才，经史无疑成

[1] 陈坚，马文大：《宋元版刻图释》，北京：学苑出版社，2000 年版，第 9 页。
[2]〔宋〕王应麟：《玉海》卷二七，扬州：广陵书社，2003 年版，第 536 页。
[3]〔元〕脱脱等：《宋史 • 孔维传》卷四三一，北京：中华书局，1985 年版，第 12812 页。
[4] 曹之：《中国古籍版本学》，武汉：武汉大学出版社，1992 年版，第 193 页。
[5]〔元〕脱脱等：《宋史 • 邢昺传》卷四三一，北京：中华书局，1985 年版，第 12798 页。

了国子监刻书的重点。为了响应朝廷号召，适应社会需求，国子监在刻印儒家经典时，可谓不遗余力。从太祖乾德三年（965），国子监刻印《经典释文》时起，到天禧五年（1021），国子监将13部儒家经典已全部出齐，并且几乎所有经书的正义、注疏也都刊刻过。国子监在刻印经书的同时，还刊刻了解读经书的《说文解字》《群经音辨》等小学类书籍。北宋修史之风也十分兴盛，这与北宋经济、文化的发展有关，也是宋代政治的需要。北宋国子监对刻印史书也很重视，"十七史"的刻印大约是从淳化五年（994）到熙宁五年（1072）左右完成的。也就是说到北宋末年，正史已经全部由国子监镂版颁行。除了正史之外，北宋国子监还刻印过《资治通鉴》《七十二贤赞》等其他史学著作。大量刊刻史书在宋代以前史无前例。国子监在刻印经史的同时，也刻印了不少和人民生活密切相关的医书。如太祖开宝六年（973）校刻《卢氏详定本草》，太宗淳化三年（992）校刻《太平圣惠方》，仁宗天圣五年（1027）校刻《黄帝内经素问》《难经》《巢氏病原候论》和《铜人腧穴针灸图经》，等等。另外，国子监也刻印了一部分子书，例如在神宗元丰三年（1080）刻《孙子七书》。

特别需要指出的是，汴京国子监还刊刻了一些大部头的类书。如仁宗时国子监刊刻了徐坚等的《初学记》、白居易的《白氏六帖事类集》和萧统的《昭明文选》。汴京国子监刊刻的类书也不乏鸿篇巨制。北宋初年，海内统一，社会生产有了一定的发展，北宋的统治者为了笼络旧臣，就置之馆阁，厚其俸禄，使修群书，以役其心，同时还可以装点太平。《太平广记》和《太平御览》是太平兴国二年（977）三月由李昉、扈蒙等纂修的。"太宗诏诸儒编故事一千卷曰《太平总类》，文章一千卷曰《文苑英华》，小说五百卷曰《太平广记》，医方一千卷曰《神医普救》。《总类》成，帝日览三卷，一年而读周，赐名曰《太平御览》。"[1] 这两部书编成不久就开雕。《文苑英华》是太平兴国七年（982）九月，太宗命李昉、扈蒙、徐弦、宋白等人编纂的一部古代诗文总集。雍熙三年（986）十二月书成，凡一千卷。真宗时又诏

[1]（宋）宋敏求：《春明退朝录》，北京：中华书局，1980年版，第46页。

王钦若、杨亿诸儒臣编君臣事迹一千卷，名之《册府元龟》。这4部书以其规模宏大、资料丰富著称，后人称之为“宋四大书”。这4部书的编纂是宋代文化高度繁荣的体现，这些类书保存了已经亡佚的秦汉至五代间的1000多种原始资料。

（二）汴京国子监刻书的主要用途

1. 供朝廷赏赐之用

汴京国子监刻书供御赐的文献记载很多。如太平兴国二年（977），因江州白鹿洞书院生徒数千人无书可读，知州周述乞赐经籍，太宗赐以《九经》印本；太宗淳化元年（990），赐诸路印本《九经》；太宗淳化三年（992），赐诸臣新印的《儒行篇》；真宗咸平四年（1001），岳麓书院山长乞赐经籍，上赐《九经义疏》《史记》《玉篇》《唐韵》等；景德元年（1004），赐御史台《九经》《三史》《三国志》《晋书》；景德四年（1007），真宗赐京城郊县《太平圣惠方》；天禧五年（1021），赐李维《册府元龟》一部；庆历四年（1044），赐顺德军《太平圣惠方》及诸医书各一部；宣和三年（1121），雕印御笔手诏共五百本，诏赐宰臣、执政侍从、在京执事官、外路监司守臣各一本。[1] 另外，朝廷还把监本赐予周边的一些国家。这些御赐图书品种众多，数量极大，基本上都是国子监刻本。如淳化四年（993），高丽求印本九经，以敦儒教，宋太宗答应了他们的要求；大中祥符九年（1016），又赐经史、日历、圣惠方。嘉祐七年（1062），应西夏“乞国子监所印诸书，释氏经一藏并译经僧及幞头、工人、伶官”[2] 的请求，宋廷赐给了他们国子监印书、《大藏经》及幞头。英宗时，还赐给西夏“九经及正义、《孟子》、医书”[3] 等。

2. 为士子们提供读书的范本

汴京国子监刻书是为了紧密配合教学和科举，徽宗宣和五年（1123）

[1] 曹之：《中国印刷术的起源》，武汉：武汉大学出版社，1994年版，第416—418页。

[2]〔宋〕司马光：《涑水记闻》卷九，北京：中华书局，1989年版，第165页。

[3]〔清〕徐松：《宋会要辑稿·礼》，北京：中华书局，1957年版，第1715页。

十一月十四日，“国子祭酒蒋存诚等言：‘窃见御注《冲虚至德真经》《南华真经》未蒙颁降，见系学生诵习及学谕讲说，乞许行雕印，颁之学校。’从之”[1]。道家的典籍学子们要阅读，儒家经典就不必说了。据《宋史·职官志》记载，宋代中央的太学、武学、律学、算学、医学等，其所用教材，大都由国子监刻印。而科举所用图书，也多由国子监刻印。

3. 租赁印版和售卖图书

根据王国维考证，如《说文解字》《大宋重修广韵》等都依《九经》例，许人纳纸墨价钱收赎。绍圣三年（1096），官方还下令刊刻五种医书小字本，以降低成本，便民购买。这些书后附国子监的碟文云：“今有《千金翼方》《金匮要略方》《王氏脉经》《补注本草》《图经本草》等五件医书，日用而不可阙。本监虽见印卖，皆是大字，医人往往无钱请买，兼外州军尤不可得。欲乞开作小字，重行校对出卖，及降外州军施行。”[2] 由此我们不难看出，国子监为了满足人民的需求，想方设法降低监本的价格，一些书的雕印还不止一次。如《汉书》国子监刻的就有淳化监本、景德监本、宣和监本等几个版本。

汴京监本售卖时只收工本费。真宗天禧元年（1017）九月，政府颁布《国子监经书更不增价诏》。诏书中说：“曩以群书，镂于方版，冀传函夏，用广师儒。期于向方，固靡言利。将使庠序之下，日集于青襟；区域之中，咸勤于素业。敦本抑末，不其盛欤！其国子监经书更不增价。”[3] 汴京的国子监刻本，量大质精，物美价廉，又加上国子监刻印的儒家经典多是国家指定的科举考试的标准教材，所以很快就风靡全国。《鹤山集》里记载，眉山孙氏就曾买监本书万卷，成了名重一时的藏书家。潞州的张仲宾家有巨万之产，是全路之首富，后来不惜千金“尽买国子监书，筑学馆”，儿孙多

[1]（清）徐松：《宋会要辑稿·职官》，北京：中华书局，1957 年版，第 2983 页。
[2]（清）叶德辉：《书林清话》卷二，上海：上海古籍出版社，2012 年版，第 33 页。
[3]（宋）《国子监经书更不增价诏》，曾枣庄，刘琳：《全宋文》卷二五五，上海：上海辞书出版社，合肥：安徽教育出版社，2006 年版，第 420 页。

成才。[1] 周密的《齐东野语》卷十一曾记载，沈思之子沈偕擢第后，尽买国子监书以归。杨孝本还把买监本作为自己告老还乡的唯一要求，赵明诚和李清照夫妇家中也藏有大量监本。汴京监本真可谓风靡天下，不少外地的藏书家还通过各种渠道进京，不惜重金购置监本。

（三）北宋其他中央刻书机构刻书概况

北宋的中央刻书机构除国子监外，还有崇文院、秘书省、刑部、德寿殿、大理寺、太史局印历所、印经院等。大理寺于建隆四年（963）八月，编纂并刊印了《重定宋刑统》，这是中国第一部印本刑法。同时又刻印了宋太祖有关刑法律令的诏令集《建隆编敕》。二书印成后，同时颁行天下，拉开了宋代官府刻书的序幕。

北宋太平兴国三年（978），在三馆的基础上置崇文院。“端拱元年就崇文院中堂建阁，以三馆书籍真本并内出古画墨迹等藏之。”[2] 三馆和秘阁也并称四馆或馆阁，皆“选名儒，入直于内”[3]，因此崇文院还兼有培养和储备高级人才的性质。北宋的许多大臣，都曾经任职于馆阁，欧阳修就曾经说过：“自祖宗以来，所用两府大臣多矣，其间名臣贤相出于馆阁者，十常八九也。”[4] 由此可见崇文院是藏龙卧虎之地，也是不折不扣的中央文化机构，就目前文献记载来看，其刻书仅次于国子监，也是北宋中央机关中兼事雕版印刷的重要机构之一。除王国维在《五代两宋监本考》中考证出来的崇文院刊本以外，崇文院还于咸平三年（1000）刻印《吴志》三十卷，大中祥符二年（1009）刊《礼记·儒行篇》，大中祥符三年（1010）摹印《释奠元圣文宣王庙仪注》《释奠祭器图》，景德四年（1007）刻印《广韵》五卷，天圣二年（1024）刻印《隋书》八十五卷，天圣七年（1029）刊刻《海

[1]〔宋〕邵伯温：《邵氏闻见录》卷十六，北京：中华书局，1983 年版，第 176 页。

[2]〔元〕脱脱等：《宋史·职官志四》卷一六四，北京：中华书局，1985 年版，第 3874 页。

[3]〔宋〕江少虞：《宋朝事实类苑》卷三一，上海：上海古籍出版社，1981 年版，第 391 页。

[4]〔宋〕欧阳修：《欧阳修全集·奏议集》，北京：中华书局，2001 年版，第 1728 页。

行编敕》及其目录三十卷，天圣间还刊刻了《齐民要术》十卷，天圣十年（1032）刊《天圣编敕》三十卷、《敕书德音》十二卷、《令文》三十卷，景祐元年（1034）刊《土牛经》，宝元二年（1039）刻印《匡谬正俗》八卷，皇祐二年（1050）刊《大飨名堂记》，皇祐六年（1054）刊《御制攻守图》，等等。元丰五年（1082），改崇文院为秘书省，秘书省实际上是中央机关中专事编撰的机构，置监、少监、丞各一人，监掌古今经籍图书、国史实录、天文历数之事。秘书省遇修国史则开国史院，遇修实录则开实录院。景祐四年（1037），开雕过《景祐乾象新书》。元丰七年（1084），秘书省由赵彦若等校定刊行了包括《周髀算经》《九章算术》在内的《算经十书》，这是我国数学史上的一件大事。

另外，左廊司局刻印出版的书籍有《春秋经传集解》《壁经》《春秋》《左传》《国语》《史记》等。德寿殿刻印刘球《隶韵》十卷等。太医局元丰年间刊《太医局方》十卷等。刑部刊印的书籍有《敕书》《刑名断例》等。此外礼部、三司、进奏院、编敕所也都刊印过一些书籍。太平兴国八年（983）4800 卷《大藏经》版成后运往汴京，遂于译经院西建印经院来收储《大藏经》的十三万版片。至太宗末年，印经院的经版已有 5100 卷之多，可见其增长之迅速。熙宁四年（1071），奉神宗旨意，又将《大藏经》的版片赐予汴京显圣寺圣寿禅院，并允许其他寺院自备纸墨向其借版印刷。此外，北宋内府也刊刻图书。据《挥麈后录》卷一“章太后命儒臣编书镂版禁中”条载，仁宗时禁中刊印过《观文览古》、《卤簿图》（30 卷）、《三朝训诫图》。另据《玉海》卷五十一载，神宗元丰三年（1080）内府刊刻《唐六典》。据张秀民先生考证，元祐八年（1093）内府还刊刻《陆宣公文集》。北宋一些皇帝的文集内府也曾经刻印过。由此可见，北宋中央政府不仅国子监大量刻书，其他中央各机关雕版印刷活动也是相当频繁的，这标志着北宋中央政府雕版印刷的全面繁荣。

在北宋的中央刻书机构中，国子监和崇文院不仅各自雕版印刷大量书籍，而且经常密切合作雕印一些书籍，无疑是北宋中央刻书出版的核心力量。

崇文院不仅是国家的藏书中心，也是国家图书的整理编辑中心，国子监所刻的一些书也是经过其认真校勘后才下国子监刊印的。校勘整理为出版提供高质量的定本，刻本发行又促进了编辑整理成果的普及，丰富了国家藏书。由于崇文院刻书也较多，和国子监刻书又有着密不可分的关系，所以王国维在《五代两宋监本考》中把崇文院刊刻的《群经音辨》《大宋重修广韵》《律文》《音义》《唐律疏义》《南华真经》《冲虚至德真经》《文选》等都看作北宋监本。由此可见，监本有广义和狭义之分。狭义的监本仅指国子监刊刻的本子；而广义的监本不仅包括国子监的刊本，还包括崇文院等一些中央机构的刊本。由于国子监雕印的书籍质量一流，所以监本就成了北宋中央官刻本的代称。

二、北宋的地方政府刻书

宋承唐制，为了便于中央对地方的管辖，宋太宗时改道为路。据《宋史·地理志》记载："至道三年，分天下为十五路，天圣析为十八，元丰又析为二十三。"[1] 各路又分设州郡（包括州、府、军、监）和县两级政府，并在各路设置茶盐司、安抚司、转运司、提刑司等主管茶盐专卖、民政、水路转运、财政税收、刑狱诉讼等事务。这些机构由于掌握着各地方的政治经济命脉，拥有较雄厚的人力、物力和财力，所以他们有能力进行刻书。另外北宋各级地方政府、公使库、市易务以及地方官学也有刻书。

北宋时杭州官府除了承担国子监的刻书（见附录一）任务以外，杭州的市易务也曾镂版印卖图书。市易务是王安石推行变法的产物，在中央设都提举市务司，兼领诸州市易务。杭州市易认为图书贸易有利可图，于是利用自己的雄厚资本雕卖图书。元祐四年（1089）八月，杭州知州苏轼上奏朝廷说："市易务元造书板（版）用钱一千九百五十一贯四百六十九文，自

[1]〔元〕脱脱等：《宋史·地理志一》卷八五，北京：中华书局，1985年版，第2094页。

今日以前所收净利，已计一千八百八十九贯九百五十七文，今若赐与州学，除已收净利外，只是实破官本六十一贯五百一十二文，伏乞详酌施行。”[1]苏轼发现印卖图书是生财之道，经奏请朝廷批准把本州市易务的书版无偿拨给了杭州州学。杭州州学利用这些书版印卖图书，用其盈利“以助学粮”，由此可见，雕版印书的利润是相当可观的。北宋嘉祐四年（1059），苏州太守王琪发现家藏《杜工部集》市上奇缺，而当时“人间苦无全书”。他就动用公使库的公款刻印杜集一万部，“每部为直千钱，士人争买之，富室或买十许部，既偿省库，羡余以给公厨”[2]。用销售图书的收入不仅偿还了印书成本，还有不少盈余献公，可见也获利颇丰。

根据前人著录和有关研究成果，现将北宋地方官刻图书的情况列举于下[3]：

两浙路东路茶盐司熙宁二年（1069）刻印《外台秘要方》四十卷。

淮南路转运使司宣和七年（1125）刻印《稗雅》二十卷。

广西漕司绍圣三年（1096）刻印王叔和《脉经》十卷。

吉州公使库宣和四年（1122）刻印宋欧阳修《六一居士集》五十卷。

苏州公使库元符元年（1098）刻印宋朱长文《吴郡国经续记》三卷。

苏州公使库嘉祐四年（1059）刊印唐杜甫《杜工部集》二十卷。

苏州军州咸平四年（1001）刻《大随求陁罗尼经》一卷。

吴江县政和元年（1111）刊《笠泽丛书》四卷，《补遗》一卷。

[1]〔宋〕苏轼：《苏轼文集》卷二十九，北京：中华书局，1986年版，第840页。

[2]〔宋〕范成大：《吴郡志》卷六，南京：江苏古籍出版社，1999年版，第51页。

[3] 主要参考了陈振孙《直斋书录解题》，叶德辉《书林清话》，杜信孚、漆起身《江西历代刻书》，江澄波、杜信孚《江苏刻书》，杨绳信《中国版刻综录》，傅增湘《藏园群书经眼录》，顾志兴《浙江印刷出版史》，林应麟《福建书业史》等。

江阴军天圣七年(1029)刻印《国语》二十一卷。

江宁府嘉祐三年(1058)刊《建康实录》二十卷。

新建县署天圣元年（1023）刊《新建图经》。

舂陵郡斋宣和五年（1123）刻印《寇莱公诗集》三卷。

江阴军学天圣七年(1029)刻印韦昭注《国语》二十一卷。

江阴军学天圣七年(1029)刻印宋庠《国语音》三卷。

福建漕台治平元年（1064）刊印《茶录》一卷。

福建漕台庆历间(1041—1048)雕版了蔡襄《荔枝谱》一卷附《洛阳牡丹记》一卷。

景祐间（1034—1037）福堂郡庠刊《前汉书》100卷。

应天府刊印《二李唱和诗》。

京西南路信阳宣和四年（1122）刻印《陶渊明集》。

河东路太原府治平间（1064—1067）刻印唐李璋撰《晋阳事迹杂记》十四卷。

杭州知州蒲传正元丰末元祐初刻《龙龛手鉴》四卷。

杭州景祐四年（1037）印《白氏文集》七十二卷。

北宋杭州刊《三国志》《晋书》《隋书》《旧唐书》。

明州政和四年（1114）刊印《柳集》。

余杭元祐九年（1094）刻印《吕氏春秋》。

秀州刻印《文选》。

盐官县刻印《通典》。

苏州元丰间（1078—1085）刻印《李翰林集》《白氏文集》《唐会要》。

建南西路洪州刻《阙里世系》。

庐山刻印《白氏文集》。

临川刻印王安石《临川集》。

江南东路江宁府嘉祐间（1056—1063）刻印《花间集》。

歙县元符三年（1100）刻印《黄山图经》。

虔州赣县刻印《佛顶心观世音菩萨大陀罗尼经》。

淮南东路高邮军刻印《金刚般若波罗蜜经》。

北宋时的地方官刻，无论是刻书机构的数量，还是刻书的规模、种类、产量和质量都无法和北宋的中央刻书相提并论，甚至和南宋的地方官刻相比也有相当的差距。考其原因，笔者认为主要有以下两个方面：一方面是刻书这项事业在北宋中前期基本上被中央政府垄断，地方政府不经中央授权就不能擅自刻书。宋代罗璧《识遗》中就指出："宋兴，治平以前犹禁擅镌，必须申请国子监。熙宁后，方尽弛此禁。"[1] 熙宁后情况稍有好转。另一方面是，北宋前期属于经济和文化的恢复期，其图书社会需求量相对来说还是有限的，社会经济，尤其是商品经济和南宋相比还算不上十分发达。并且刻书是需要一定资本的，地方政府也没有多余的财力来从事刻书。尽管如此，北宋一些地方官府还是克服种种困难为北宋刻书业做出了自己的贡献。

第二节　北宋的民间雕印

在"右文"政策的影响下，北宋科举教育事业逐渐兴起，读书人队伍迅速膨胀。社会对应试必读的儒家经典和各种参考书的需求就变得日益迫切，而仅靠官府刻书又不能满足人们的需要，这就使北宋的刻书有了商业化的可能。北宋民间私人刻书就是在这种情况下应运而生，并突破重重阻碍茁壮成长的。苏轼在谈到当时的民间刻书时曾说："近岁市人转相摹刻诸子百家之书，日传万纸，学者之于书，多且易致如此。"[2] 可见，在苏轼生活的北宋中期，民间的雕版印刷已经日渐繁荣。

北宋前期由于国家书禁较严，民间雕印事业受到种种限制。如大中祥

[1]〔宋〕罗璧：《识遗》卷一，文渊阁四库全书本。

[2]〔宋〕苏轼：《苏轼文集》卷十一，北京：中华书局，1986 年版，第 359 页。

符二年（1009），针对当时私刻泛滥的情况，朝廷就诏令各转运司：

国家道莅天下，化成域中。敦百行于人伦，阐六经于教本，冀斯文之复古，期末俗之还淳。而近代以来，属词之弊，侈靡滋甚，浮艳相高，忘祖述之大猷，竞雕刻之小技，爰从物议，俾正源流。咨尔服儒之文，示乃为学之道。夫博闻强识，岂可读非圣之书？修辞立诚，安得乖作者之制？必思教化为主，典训是师，无尚空言，当遵体要。仍闻别集众弊，镂板（版）已多，傥许攻乎异端，则亦误于后学。式资诲诱，宜有甄明。今后属文之士，有辞涉浮华、玷于名教者，必加朝典，庶复素风。其古今文集，可以垂范，欲雕印者，委本路转运使选部内文士看详，可者即印本以闻。[1]

然而由于巨大的市场需求，在丰厚的利益诱惑面前，一些刻书人往往会顶风作案，甚至不惜铤而走险。宋人朱弁的《东坡诗文盛行》云："东坡诗文，落笔辄为人传诵。……是时朝廷虽尝禁止，赏钱增至八十万，禁愈严而传愈多，往往以多相夸。士大夫不能诵坡诗者，便自觉气索，而人或谓之不韵。"[2] 杨万里为《杉溪居士集》作的序中还记载："是时书肆畏罪，坡、谷二书皆毁其印，独一贵戚家刻印印之。率黄金斤易坡文十，盖其禁愈急，其文愈贵也。"[3] 由此可见，北宋很多时候的书禁也是一纸空文。熙宁以后，"禁刻一弛，则私刻坊刻风起云涌，刻书遍及全国"[4]。北宋民间刻书就是在和禁令作斗争的过程中发展壮大起来的。

叶梦得在《石林燕语》中对北宋后期各地刻书有一个客观公允的评价："今天下印书，以杭州为上，蜀本次之，福建最下。京师比岁印板，殆不

[1]《宋大诏令集》卷一九一，北京：中华书局，1962 年版，第 701 页。

[2]〔宋〕朱弁：《曲洧旧闻》卷八，北京：中华书局，2002 年版，第 204—205 页。

[3] 曾枣庄，刘琳：《全宋文》第二三八册卷五三二三，上海：上海辞书出版社，合肥：安徽教育出版社，2006 年版，第 259 页。

[4] 罗树宝：《中国古代印刷史》，北京：印刷工业出版社，1993 年版，第 118 页。

减杭州，但纸不佳。蜀与福建多以柔木刻之，取其易成而速售，故不能工。福建本几遍天下，正以其易成故也。”[1] 杭州刻书质量最好，福建的麻沙本很糟糕，汴京的刻书不比杭州少，但用纸不好。对于汴京的国家刻书尤其是国子监刻书，后人历来赞叹有加，无论从内在质量，还是外在的纸张、装帧形式都绝对是北宋一流的。所以我们不难得出叶梦得对四地刻书的评价，更多是从民间坊刻这个角度出发的。李致忠也指出叶氏的这段话说明两方面的问题：一方面说明宋代有四大刻书中心，即汴京、杭州、川蜀、福建；另一方面品评这四大刻书中心的优劣短长。蜀中和杭州早在唐末就有刻书基础，福建后来居上，但只是速成量多，质量较差。汴京乃全国的政治、经济、文化中心，刻书自然不减杭州和其他地方。[2] 由此可见，由于民间刻书业的兴起，在北宋后期逐渐形成汴京、杭州、福建、四川四大刻书中心。

汴京是北宋的都城，是北宋的政治、经济、文化中心。在北宋中央刻书尤其是国子监刻书的带动下，汴京的民间刻书业也发展得如火如荼。汴京刻书的盛况将在后文详细介绍，下面简单介绍一下北宋杭州、福建和四川的民间刻书情况。

北宋国子监刻书有时下到地方镂版，因此促进了杭州、成都等地方刻书事业的发展繁荣。据王国维考证的北宋监本中下杭州镂版的有《周礼疏》等 20 多部，这也为杭州刻书业的发展提供了挑战和机遇。在完成雕版任务的同时，也为杭州培养出大量优秀的雕版印刷方面的专业人才，这就为杭州刻书事业在南宋的全面繁荣奠定了坚实的基础。另外北宋国子监准备雕版的图书也有一部分到成都雕版。据《续资治通鉴长编》记载，在熙宁八年（1075）七月，“诏以新修经义付杭州、成都府路转运司镂版”[3]。

杭州自唐五代时就已成为南方雕印业的重镇。入宋后，国子监刻书有

[1]〔宋〕叶梦得：《石林燕语》，北京：中华书局，1984 年版，第 116 页。

[2] 李致忠：《古代版印通论》，北京：紫禁城出版社，2000 年版，第 107 页。

[3]〔宋〕李焘：《续资治通鉴长编》卷二六六，北京：中华书局，2004 年版，第 6529 页。

一部分下杭镂版，这就更加促进了杭州官刻事业的发展。不仅如此，北宋时杭州的民间刊印也相对较为发达，雕印图籍数量不少，并且质量上乘。淳化年间临安陈氏万卷堂雕印《史记》，大中祥符九年（1016）钱塘刊版《前汉书》《后汉书》，宝元二年（1039）临安进士孟琪摹印《唐文粹》，治平初钱塘颜氏雕印《战国策》，杭州沈氏刻《僧怀素自序》，张君房刻《云笈七签》《乘异记》《丽情集》《潮说》，李用章庆历中刻《韩诗外传》，政和八年（1118）杭州大隐坊刻《南阳活人书》，庆历二年（1042），杭州晏家重新请僧校勘《妙法莲华经》，并于熙宁年间（1068—1077），重开印造，广行天下；杭州钱家也于嘉祐五年（1060）重新雕印此经。晏家、钱家为当时杭州最早且较有名气的经坊。北宋杭州寺院也有刻书，淳化、咸平间龙兴寺刊《华严经》，大中祥符二年（1009）明教寺刻《韩昌黎先生集》，景祐间大中祥符寺刻《大般涅槃经》，法昌院印造《佛说观世音经》，另外雕印的还有《高氏小史》、苏轼的《东坡六集》，等等。杭州民间刻书质量好，所刻图籍行销海内外。苏轼的《论高丽进奉状》记载了福建泉州商人徐戬在杭州刻印《华严经》，共2900多片经版，刻成后用海船走私到高丽国，并因此得到高丽国很多赏银的事。[1] 由此可见，杭州在北宋时民间的雕版印刷就已经很发达了。

福建和四川是北宋时与汴京、杭州并称的刻书中心。福建福州的刻书业最先在北宋兴起，元丰三年（1080）福州东禅寺等觉院住持冲真募雕《万寿藏》，耗时23年于崇宁二年（1103）才完成，所以又称《崇宁万寿藏》，这是我国第一部私刻《大藏经》；北宋末政和二年（1112）福州还开雕了《毗卢大藏经》，不过这部藏经至南宋才刊刻完成。徽宗政和年间，福州还雕造了《万寿道藏》，由知州黄裳监雕，雕毕进献京师，这是我国道藏的第一次雕印。福州在北宋刊刻了两部佛藏、一部道藏，总共18000余卷，充分显示了这一地区刻书业的实力，同时也为福建培养了不少版印方面的专业人才。到了北宋后期，福建建阳的刻书业逐渐兴起，治平三年（1066）建安蔡

[1]（宋）苏轼：《苏轼文集》卷三十，北京：中华书局，1986年版，第848页。

子文刊《邵子击壤集》，[1] 宣和六年（1124）建安麻沙刘麟刊《元氏长庆集》，元祐三年（1088）章粲刊《编年通载》。需要特别指出的是余氏勤有堂在北宋时已经设立，并且刊印了《列女传》《三辅黄图》等书，建邑王氏世翰堂于嘉祐二年（1057）刻印了《史记索隐》三十卷，建安书坊刻《扬子法言》十三卷附《音义》一卷，熙宁二年（1069）等觉禅院刊《大唐西域记》二十卷。

四川在唐五代时就已经是刻书中心，由于其良好的雕印基础，所以入宋后便承担了《开宝藏》这一鸿篇巨制的刊刻任务。“崇宁中，诏两浙、成都府路有民间镂板（版）奇书，令漕司取索，上秘书省。”[2] 可见北宋时两浙和成都的雕版印刷都比较发达。北宋时四川民间刻书有文献记载的不多，天圣四年（1026）利州路平昌孟氏刻《文选》，广都费氏进修堂宋徽宗时曾刊大字本的《资治通鉴》。据张秀民先生考证，还有广都县北门裴宅政和初雕印售卖的《六家注文选》六十卷，咸平间益州知州张咏委托鬻书者雕印《薛许昌诗集》，张咏的《判辞》也被当地好事者镂版传布。此外元祐前还刊印有《水经注》三十卷本，元祐二年（1087）何圣从家刊《水经注》四十卷本，元符三年（1100）郫人樊开刊《陆鲁望集》，另外北宋四川还刊刻有《孔子家语》《李太白集》《白氏文集》等。[3]

总之，北宋一代中央官刻是整个国家刻书业的主体，尤其是国子监刻书可以说空前绝后。主要是因为北宋国子监既有雄厚的财力做后盾，又有水平较高的编校刻印队伍，所以刊印了大量精美的图书。尤其是北宋监本儒家经典，版式宽阔，字大疏朗，再加上纸墨优良，印刷技术精湛，实为后人翻刻、翻印古代典籍的标准范本。北宋国子监动辄编刻上千卷的大部头类书，不仅在当时看来是大手笔，就是放在整个古代雕版印刷史上也光芒四射。北宋的地方官刻和民间刻书在熙宁以后也纷纷大显身手，成为中央官刻的有益补充，并为刻书业在南宋的全面繁荣奠定了坚实基础。

---

[1] 张秀民：《中国印刷史》，杭州：浙江古籍出版社，2006 年版，第 45 页。

[2]（元）马端临：《文献通考·经籍考一》卷一七四，北京：中华书局，1986 年版，第 1509 页。

[3] 张秀民：《中国印刷史》，杭州：浙江古籍出版社，2006 年版，第 63 页。

第三节　北宋汴京刻书及其历史地位

汴京是北宋的首都，雕版印刷是这片神奇而富庶的土地上孕育出的奇葩。以国子监为代表的中央官刻是汴京官刻的主力军，汴京民间刻书是汴京官刻的有益补充，两者一起促进了汴京刻书事业的全面繁荣。汴京是北宋最先兴起的刻书中心，也是北宋最大的刻书中心，无论在图书雕印史上，还是在图书出版史上，都占有举足轻重的地位。

一、北宋汴京刻书兴盛的原因

汴京是北宋的首都，人口逾百万，“比汉、唐京邑民庶，十倍其人矣”[1]，“八荒争凑，万国咸通”[2]，堪称世界第一大都市。北宋节度使柴宗庆曾赞美它：“曾观大海难为水，除去梁园总是村。”[3]北宋汴京这种繁华富庶的景象，在孟元老的《东京梦华录》里也随处可见。汴京不仅是北宋的政治经济中心，也是北宋一代最先兴起且影响最大的刻书中心。雕版印刷技术在这里被广泛应用，三大刻书系统在这里真正发展壮大，一系列的图书管理制度在这里初步形成，彩色套印和版权意识也在这里萌芽。更重要的是汴京刻书内容广、数量大、质量高，无论是其雕印方法，还是其书籍制度都成为后代刻书之典范。

汴京刻书业之所以能取得如此辉煌的成就，并成为北宋一代影响最大的刻书中心，是多方面原因综合作用的结果。宋代刻书业及杭州、四川等刻书中心繁荣兴盛的原因前人多有探讨，唯独对皇都汴京刻书兴盛原因的系统研究少之又少。宿白先生曾在《北宋汴梁雕版印刷考略》中对北宋汴京刻书的概况作了细致的考证，然而并没有深入挖掘其兴盛的原因；李致忠、

[1]〔宋〕李焘：《续资治通鉴长编》卷三八，北京：中华书局，2004年版，第820页。
[2]〔宋〕孟元老，伊永文笺注：《东京梦华录笺注》，北京：中华书局，2006年版，第1页。
[3]〔宋〕吴曾：《能改斋漫录》卷九，北京：中华书局，1985年版，第236页。

张秀民二位先生在谈到汴京刻书兴盛的原因时，只是概括指出汴京乃北宋的政治、经济、文化中心，也没有进行全面深入的探求。笔者试图从汴京刻书的天时、地利、人和三方面探讨汴京刻书兴盛的原因。

（一）汴京刻书的天时之利

1. 汴京成为北宋皇都

北宋王朝的建立，结束了五代十国战乱割据的局面，也把汴京从走马灯似的朝代更迭中解救出来，汴京的社会经济得到恢复，并日益繁荣。在这种社会经济文化繁荣的大背景下，汴京的雕版印刷技术也获得了前所未有的发展机遇。汴京是五代时后梁、后晋、后汉、后周的都城，本身就有着雄厚的物质条件，又是赵匡胤最早和平占领的城市，所以北宋政权的建立不仅没有对汴京城造成任何损伤，还为汴京的发展提供了新的历史机遇。随着北宋定都汴京，汴京人口迅速增长，汴京城的面积也有所扩大，汴京的手工业、商业也得到前所未有的迅猛发展。汴京稳定的政治局面和繁荣发展的经济，为汴京刻书事业的发展打下了坚实基础。

2. 北宋实行“右文”国策

宋朝的开国统治者十分清楚“王者虽以武功克敌，终须以文德致治”[1]的道理，所以建立之初就不遗余力地兴文教，抑武事，奉行“文德致治”的“右文”国策。宋太祖的这些措施，虽然削弱了国防力量，却使官场中文风大盛，朝廷内外、大小官员无不以文事为重。《宋史•艺文志》就指出：“君臣上下，未尝顷刻不以文学为务，大而朝廷，微而草野，其所制作、讲说、纪述、赋咏，动成卷帙，累而数之，有非前代之所及也。”[2]宋代皇帝更是率先垂范，太宗就以锐意文史的形象见诸史册，到了真宗，“道尊先志，肇振斯文”。在“右文”政策的指导下，再加上宋朝统治者身体力行的号召劝勉，倾心学术、精心文章、崇尚文化之风就在社会上日益兴盛，并逐渐形成一种社会风尚。

---

[1]〔宋〕李攸：《宋朝事实》卷三，北京：中华书局，1955年版，第37页。

[2]〔元〕脱脱等：《宋史•艺文志一》卷二〇二，北京：中华书局，1985年版，第5033页。

在这种背景下，北宋汴京的文艺创作、图书编纂和刻印等文化事业更加繁荣昌盛，学术思想也变得空前活跃。

3. 北宋统治者大兴科举

北宋统治者大兴科举，并对科举制度实行改革，使大量中下层文人进身仕途，为巩固中央集权服务。宋太宗深谙选拔人才的重要性，他曾说："国家选才，最为切务。人君深居九重，何由遍识，必须采访。"[1]他还说："吾欲科场中广求俊彦，但十得一二，亦可致治。"[2]据统计，太宗一朝的贡举，仅进士科就录取了1368人。宋代的科举名额一再扩大，有时竟然达到两三千人，是唐朝的二三十倍。此外，朝廷还对久试不中者表示恩典，特赐本科出身，成为"特奏名"。这样科举成了当时统治阶级拉拢利用知识分子的重要手段。汴京是北宋的政治、经济、文化中心，它是北宋治国方针和政策的最先实施者和受惠者，并且在科举上占尽了皇城近水楼台先得月的优势。这些都为汴京刻书事业的腾飞奠定了基础。

（二）汴京刻书占尽地利

1. 汴京是北宋政治、经济中心

汴京地处中原，是北宋的政治、经济中心。它北临黄河，南接江淮，又有汴河、五丈河等穿城而过，漕运发达，交通便利。汴京经济繁荣，手工业和商业都异常发达，张择端的《清明上河图》就是北宋汴京繁荣景象的真实写照。杨侃《皇畿赋》里曾这样描绘它：甲第星罗，比屋鳞次，坊无广巷，市不通骑。据记载，英宗治平四年（1067），京师的粳米已有五年之储，神宗熙宁二年（1069），京师竟有七年之储。汴京是皇城，其政治地位不言而喻。国子监、崇文院、大理寺等中央刻书机构都在汴京，汴京国子监不仅是北宋的最高学府和国家教育的主管部门，还是国家的刻书中心和出版管理机构。北宋统治阶级对国子监刻书十分重视，曾多次到国子监"视察工作"。如建隆元年（960），刚刚建国的宋太祖即幸国子监；景德二

[1]〔宋〕李焘：《续资治通鉴长编》卷二四，北京：中华书局，2004年版，第547页。
[2]〔宋〕叶梦得：《石林燕语》，北京：中华书局，1984年版，第72页。

年（1005），宋真宗亲御国子监检阅库书。所以在刻书方面汴京国子监具有一言九鼎的权威，其所刻之书也皆为范本。在国子监等中央权威刻书机构的带领下，汴京的民间刻书也如火如荼。

2. 汴京是全国的藏书中心

宋初统治者很用心搜集图籍，以充实内府藏书。每征服一个割据政权，就立即把其图书运往汴京。宋太祖乾德元年（963）征服荆南，就把那里的图书全部运到汴京。乾德三年（965）征服后蜀，就从那里收取图书一万三千余卷。开宝八年（975）平定南唐，在金陵“籍其图书，得二万余卷”[1]，其中有不少精本。太平兴国三年（978），吴越王钱俶归顺大宋，他收藏的图书全部被送到汴京充入三馆。另外，北宋政府还广开献书之路，多次向民间各地求书，并视其书籍价值及献书人之能力委以官职。到宣和四年（1122）的150年之中，下诏求书和派专使到地方征集图书，就有十五六次，几乎平均每10年一次。到宋太宗太平兴国年间，正副本图书就达8万余卷。后来整理、对比图书，删其重复，“太祖、太宗、真宗三朝，三千三百二十七部，三万九千一百四十二卷”[2]。这就使得汴京的藏书富甲天下。为了更好地储藏图书，宋初就建立了昭文、集贤、史馆三馆，宋太宗即位后临幸三馆感到“湫隘才蔽风雨”“若此之陋，岂可蓄天下图书，延四方贤俊耶？”[3] 于是下诏将三馆由长庆门东北迁往左升龙门东北旧车辂院，重新建造，并赐名为崇文院。宋太宗端拱元年 (988)，朝廷又在崇文院中另建秘阁，用来收藏从三馆中调出的万余卷善本和一些书画珍品。在注意收集图书的同时，朝廷也很重视校印和整理，使藏书质量不断提高。

不仅汴京官府藏书卷帙浩繁，私人藏书之多也让人叹为观止，甚至和官藏相比也不逊色。据《墨庄漫录》记载，京都昌盛时，贵人及宗室往往

---

[1]〔清〕徐松：《宋会要辑稿・崇儒》，北京：中华书局，1957年版，第2237页。

[2]〔元〕脱脱等：《宋史・艺文志一》卷二〇二，北京：中华书局，1985年版，第5033页。

[3]〔宋〕李焘：《续资治通鉴长编》卷一九，北京：中华书局，2004年版，第422页。

聚书，多者至万卷。如赵宗晟、赵宗颜的藏书都过万卷，赵宗绰竟“蓄书七万卷”“三馆、秘府所未有也”[1]。就京官和士大夫而论，“京师藏书之家，惟故相王溥为多，官尝借本传写；丁谓家书亦多，收入秘府”[2]。居住在昭德坊的昭德晁氏，家传之书有二万四千五百卷之多。苏过《夷门蔡氏藏书目序》中还记载：“比游京师，有为余言，吾里有蔡致君……一日，造其门见其子，从容请交焉。其子为余言：‘吾世大梁人，业为儒。吾祖、吾父皆不事科举，不乐仕宦，独喜收古今之书。空四壁，捐千金以购之，常若饥渴然。尽求善工良纸，手校而积藏之，凡五十年。经史百家，《离骚》《风》《雅》，儒墨道德，阴阳、卜筮、技术之书，莫不兼收而并取，今二万卷矣。’”[3]京师藏书家名气最大的，非居住在春明坊的宋敏求莫属。其父著名学者宋绶是杨徽之的外孙，尽得徽之藏书，加上自己的藏书有万余卷。至宋敏求累计达三万卷，且经过多次校勘。“世之蓄书以宋为善本。居春明坊。昭陵时，士大夫喜读书者多居其侧，以便于借置故也。当时春明宅子比他处僦直常高一倍。”[4]汴京藏书的丰富为进一步大规模编书和刻书提供了丰富的资源。同时，汴京刻书业的发达又为藏书提供了善本，使得汴京藏书比任何地区都丰富。

3. 汴京是全国文化教育中心

无论是文化设施、文化活动，还是市民的文化素养和品位，汴京都远远超出其他地区。周邦彦是这样描绘当时的汴京的：“术艺之场，仁义之薮，温风扇和，儒林发秀……复有佩玉之音，笾豆之容，弦歌之声，盈耳而溢目，错陈而交奏，涣烂乎唐虞之日，雍容乎洙泗之风。”[5]辞赋语言难免有夸饰的成分，但也确实反映出汴京文化的雍容华贵、绚丽多姿、兼容并包。

---

[1]〔宋〕洪迈：《容斋随笔》四笔卷十三，北京：中华书局，2005年版，第793页。

[2]〔宋〕江少虞：《宋朝事实类苑》卷三一，上海：上海古籍出版社，1981年版，第394页。

[3]〔清〕叶昌炽：《藏书纪事诗》，上海：上海古籍出版社，1999年版，第38页。

[4]〔宋〕朱弁：《曲洧旧闻》卷四，北京：中华书局，2002年版，第141页。

[5]〔明〕李濂：《汴京遗迹志·艺文》，北京：中华书局，1999年版，第395页。

由于朝廷注重收集、整理图书，促进了社会文化事业的发展，也助长了汴京编撰书籍风气的兴盛。宋初国家就编纂了《太平御览》《太平广记》《文苑英华》三部大型类书。社会上学术思想活跃，新的学术书籍的大量问世，也为印刷业提供了充足的稿源，无疑对印刷事业的发展起着积极的促进作用。而大量印本的出版、图书事业的进步，又推动了文化科技进一步向前发展，这样就形成了更大的图书需求。各种因素相互影响和促进，使北宋汴京的雕版印刷出现了空前兴盛的黄金时代。北宋以文兴国，对教育十分重视，在仁宗、神宗、徽宗三朝还掀起了三次一浪高过一浪的兴学高潮。汴京是北宋的教育中心，它拥有规格最高、种类齐全的各类专科学校，也是北宋最早有官学的地方，曾占易《南丰县学兴学记》中就有“宋初定天下，惟汴有学”的记载。北宋初年，汴京国子学为独一无二的中央官办学校，国子学下设广文、太学、律学三馆，而太学仅仅是三馆之一。庆历四年(1044)，太学从国子学三馆中分出，单独建校。随后又设立四门学、武学、医学，宋徽宗时一度设立算学、书学和画学，此外还有宫学和宗学。这些学校皆隶属国子监管辖，除宗学外，生员的资格较唐代为宽，学校逐渐向普通地主子弟开放。在这些学校中以国子学和太学最为重要，生员也最多，崇宁三年(1104)太学生的人数多达3800人，其中外舍生3000人，内舍生600人，上舍生200人。[1]汴京还有朝廷办的小学，宋哲宗时小学分“就傅”“初筮”两斋，宋徽宗时就扩大到十斋，人数近1000人。汴京既有中央办学，也有开封府办的一些学校，北宋开封府所属的祥符县和开封县的县学都在东京城内。如宋徽宗大观元年(1107)设置了开封府学。另外，民间的私人办学也遍布汴京。如王陶“乐道苦贫，教小学京师”[2]；宋仁宗嘉祐末，京师麻家巷“有聚小学者李道”[3]。

---

[1] 姚瀛艇：《宋代文化史》，开封：河南大学出版社，1992年版，第84页。
[2]〔宋〕邵伯温：《邵氏闻见录》卷十八，北京：中华书局，1983年版，第193页。
[3]〔宋〕邵博：《邵氏闻见后录》卷二十八，北京：中华书局，1983年版，第221页。

4. 汴京是当时毛笔和墨制造中心之一

相国寺内东廊是造笔业的集中之地，欧阳修有诗云："京师诸笔工，牌榜自称述。累累相国东，比若衣缝虱。"[1] 侍其瑛和赵师秀所制的毛笔当时都很出名。北宋时，汴京制墨也颇受赞誉。据陆友《墨史》记载潘谷制造的墨，"香彻肌骨，研磨至尽，而香不衰"，徽宗时的梅鼎、陈显、郭遇明、张雅、高肩都是制墨高手。这些都为汴京刻书业的繁荣奠定了坚实的物质基础。

所以曹之先生谈到北宋汴京刻书时指出："汴京作为北宋的政治中心，决定了它在北宋雕版印刷的领导地位；汴京作为北宋的经济中心，决定了它从事雕版印刷拥有雄厚的物质基础；汴京作为文化中心，决定了它从事雕版印刷的优越环境。"[2]

（三）汴京刻书的人和之利

1. 汴京拥有大批刻工、印工

汴京是五代监本的产生地，本来就有一大批技艺超群的刻工、印工。虽然五代时政权更替频繁，但刻书业由于统治阶级的重视，反而得到进一步发展。"九经"等书籍的刊刻，始起于后唐长兴三年（932）二月，历经后唐、后晋、后汉、后周四朝，于后周广顺三年（953）五月雕造完毕。因后唐于公元936年就灭亡了，所以"九经"、《经典释文》等图籍多是在汴京刊刻并最终完成的。"九经"的刊刻开创了我国雕版刻印儒家经典的先河，同时在雕刻工人的培养、印刷力量的积蓄、技术造诣的提高方面，都为汴京刻书业的繁荣做了充分的人才准备。北宋汴京城人口超过百万，各种手工业行会160多个，雕版印刷业就是其中之一。手工业水平的提高，尤其是雕版印刷技术的提高，城市规模的扩大，人口的迅速增长，更是为刻书事业发达提供了便利的条件。因此，当北宋建立后，国家获得统一，社会趋于安定，经济得到发展，文化需求进一步增大时，汴京的刻书业便迅速发展

[1]〔宋〕欧阳修：《欧阳修全集》，北京：中华书局，2001年版，第768页。

[2] 曹之：《中国古籍版本学》，武汉：武汉大学出版社，1992年版，第215页。

壮大起来。据统计，北宋汴京的官营手工业者就达到4万人左右。[1] 除此之外，还有大量的私营手工业作坊和个体手工业者，在这些手工艺人中，有一部分就从事雕版印刷。

2. 汴京拥有巨大的图书需求市场

汴京不仅拥有一流的刻工，同时也拥有其他地区无法比拟的巨大图书需求市场。汴京是北宋士人实现平步青云、兼济天下之梦想的圣地，“就试人数最多的是开封府。如宋哲宗元祐五年（1090）就试者达2000余人”[2]。原因很简单，开封府录取的名额较多，使得一些人直接冒充开封府的户籍来参加考试，甚至有的外地士子直接到汴京求学，以获得更好的教育和“金榜题名”的机会。据司马光对元祐间三次科举考试人数的统计，国子监和开封府的及第人数分别是其他地区总和的几倍或几十倍。[3] 如咸平元年（998），孙仅榜共有50人，“自第一至十四人，惟第九名刘烨为河南人，余皆贯开封府，其下又二十五人亦然。不应都人士中选若是之多，疑亦外方人寄名托籍，以为进取之便耳”[4]。一榜50人中，“开封人”就有38人，足见汴京对士子们的吸引力。各地的读书人纷纷汇聚东京，所以每至开科取士，汴京就成了举人贡士的海洋。太宗淳化三年（992），来京参加科考的举人就有1.7万余人，真宗大中祥符元年（1008），参加科考的贡士有1.2万人。到了仁宗朝，实行“四年一贡举，四方士子客京师以待试者六七千人”[5]。士子参加考试需要标准教材和各种参考资料，这么多的举人贡士会聚京师，再加上汴京本地的学生，无疑为汴京刻书业提供了一个巨大的市场。

总而言之，汴京是北宋最大的刻书中心，也是最特殊的一个刻书中心，它拥有其他刻书中心难以企及的天时、地利、人和之优势，也正是这些得

[1] 吴涛：《北宋都城东京》，郑州：河南人民出版社，1984年版，第30页。
[2] 程民生：《宋代地域文化》，开封：河南大学出版社，1997年版，第216页。
[3] 程民生：《宋代地域文化》，开封：河南大学出版社，1997年版，第228页。
[4]〔宋〕洪迈：《容斋随笔》续笔卷十三，北京：中华书局，2005年版，第378页。
[5]〔宋〕李焘：《续资治通鉴长编》卷一八六，北京：中华书局，2004年版，第4495页。

天独厚的优越条件相互影响、彼此交融，共同促进了汴京刻书事业的繁荣和昌盛。

二、北宋汴京的国子监刻书

国子监刻书在五代时就首开官府刻书的先河。入宋后，在中央刻书机构中，国子监积极响应国家号召，在刻书上可谓不遗余力。毋庸置疑，国子监刻书是北宋刻书业的一枝独秀。笔者根据前人的研究成果统计，北宋国子监刻书至少有140部以上。北宋国子监除雕印图书外，还雕印过一些官文、邸报、日历、度牒等。据《续资治通鉴长编》记载，仁宗天圣二年(1024)，国子监还雕印科举考试的试题。北宋刻书的概况前文已有论及，这里不再赘述。接下来我们探讨一下汴京国子监刻书与下杭州镂版以及北宋国子监刻书的贡献。

（一）汴京国子监刻书与下杭州镂版

一直以来，谈到北宋汴京国子监刻书，很多人总是认为国子监刻书大多下杭州镂版。赵万里谈到北宋刻书时曾说："北宋国子监除了翻刻五代监本十二经外，又遍刻九经唐人旧疏和他经宋人新疏，以及大规模的校刻史书、子书、医书、算书、类书和《文选》《文苑英华》等诗文总集。这些书籍多数均送杭州刻版。"[1] 版本学家冀淑英也曾经认为"杭州在唐五代时，既是经济、文化中心，浙东浙西又是盛产纸张的地方，北宋时代，国子监本多数在杭州雕版"[2]。毛春翔和曹之也认为绝大部分北宋监本是在杭州刻印的。经过追根溯源我们不难发现，这一说法最初出自王国维在《两浙古刊本考》序言中的一段话："镂板（版）之兴，远在唐世，其初见于纪（记）载者，吴蜀也，而吾浙为尤……及宋有天下，南并吴越，嗣后国子监刊书，若七经正义，若史汉三史，若南北朝七史，若唐书，若资治通鉴，若诸医

[1] 北京图书馆编：《中国版刻图录》，北京：文物出版社，1960年版.

[2] 冀淑英：《冀淑英文集》，北京：北京图书馆出版社，2004年版，第82页。

书皆下杭州镂板（版）。北宋监本刊于杭者殆居泰半。”[1] 北宋汴京监本下杭州刻印确有其事，像史汉三史，南北朝七史。然而要说大部分都下杭州刻印，这一观点还值得商榷。

为此很有必要对王国维的《五代两宋监本考》中的北宋监本作出统计。王国维考证出来的北宋监本共 119 部，6779 卷（其中 13 部没有卷数）；而据王考证只有 23 部书（这其中还包括了下成都府转运司镂版的书，如《王氏经义》三书即下杭州、成都府转运司镂版）下杭州镂版，共 1589 卷。从部头上来看，下杭州镂版的只占北宋监本的约 19.3%，从卷数上看占 23.4%。这里还需要说明的是，据王国维考证其中没有卷数的 13 部，都不是下杭州雕版的。也就是说不管从部头上看还是从卷数上看，下杭州刻印的监本只占监本的 1/5 到 1/4。王国维考证出的北宋监本中，经书 40 部、史书 19 部、医书 24 部、子书 11 部、类书和其他共 24 部。由此也可以看出经书、史书和医书是汴京国子监刊印的重点，经史类的书籍与科举考试、思想统治极为密切，医书和人民的生活息息相关，所以很自然就成了国子监刻书的重中之重。

需要指出的是，王国维考证出来的并不是监本的全部。据《玉海》卷二十七《景德国子监观群书漆板》条记载熙宁七年（1074），监书 125 部。可见北宋一代汴京监本远比 125 部多。武汉大学的曹之先生据清代毕沅《续资治通鉴》和徐松的《宋会要辑稿》考证出北宋的监本还有《述六艺箴》《承华要略》《授时要录》《祥符降圣记》《唐六典》《御制文集》《阴阳地理》《凤角集占》《孟子》《政和圣济经》《金匮要略》[2] 等一大批图书。下杭刊刻的书籍，史书占的分量最重，仅就史书而言下杭州刊刻的占了大半，而就全部北宋监本来说大多仍是在汴京雕版印刷的。“中国版本文化丛书”之一《宋本》中就指出：“北宋中央政府的刻书除部分下杭州镂板（版）外，其他主要是

[1] 王国维：《王国维遗书·两浙古刊本考》（第七册），上海：上海书店出版社，1983 年版，第 353 页。

[2] 曹之：《中国古籍版本学》，武汉：武汉大学出版社，1992 年版，第 193 页。

在开封进行的。”[1] 再说，汴京监本不仅仅指在国子监内部雕印的本子，就连王国维也把崇文院所刻的《大宋重修广韵》《群经音辨》《道德经》《齐民要术》《南华真经》《冲虚至德真经》《太平广记》《李善注文选》列入北宋监本。原因很简单，汴京国子监带有国家出版社的性质，即使是下杭州雕版的书籍，也是在汴京由国子监或崇文院编订校勘后才发往杭州的，雕完后运回汴京国子监，其真正发挥作用也是在汴京。王国维之所以作出这个判断是感情因素在作怪。王国维是浙江海宁人，对故土感情深厚，又加上杭州刻书两宋期间一直影响很大，历来评价甚高，所以他在《两浙古刊本考》中说“自古刊板（版）之盛，未有如吾浙者”[2]“北宋监本刊于杭者殆居泰半”。华东师大古籍研究所的顾宏义就曾经指出，王国维“所言当有夸大”[3]。当然作为浙江人的王国维说出这席话，完全是可以理解的，但后来人不假思索就引以为据，可谓是不深思慎取，以讹传讹。

（二）汴京国子监刻书的贡献

汴京国子监刻书特别注重校勘，因此讹误较少。国子监所刻之书都要经多次校定：先由校勘官校勘，为初校；再送复校勘官复校，为二校；接着送馆阁主判官员点检详校，为三校；最后由翰林学士与知制诰推荐点检官复加点检，为四校。然后才进行刊印。从监本《毛诗正义》后所附的校勘衔名中，我们就不难发现，仅仅一部书就有勘官、都勘官、详勘官、再校等 15 人参加校勘，可见校勘用力之深。所以，经馆阁和国子监校勘过的书籍是非常权威的，不仅因为校勘的次数多，更因为馆阁和国子监是学识渊博的高级人才荟萃之地，如孔维、晏殊、李昉、宋敏求、欧阳修等都曾在馆阁或国子监任过职。经过这些才俊校勘和编撰的书籍，其内在质量是一流的。不仅如此，有的书版刻成后还要进行勘版，修订后才大量印刷。宋初国子监校刻《汉书》，印出后发现谬误，遂复校，又校正了 2200 余字。

[1] 张丽娟，程有庆：《宋本》，南京：江苏古籍出版社，2002 年版，第 13 页。

[2] 王国维：《王国维遗书·两浙古刊本考》（第七册），上海：上海书店出版社，1983 年版，第 354 页。

[3] 顾宏义：《宋代国子监刻书考论》，《古籍整理研究学刊》，2003 年第 4 期。

天圣年间，国子监校定《文选》，净本送三馆雕印，版成后，又命直讲黄鉴、公孙觉校对。

汴京国子监不仅注意校勘，而且多是名家手写上版，这也使得很多监本都“笺刻精好若法帖然”[1]，具有很高的艺术价值。如上文所列《毛诗正义》衔名：广文馆进士臣韦宿书、乡贡进士臣陈元吉书、承奉郎守大理评事臣张致用书、承奉郎守广禄寺承臣赵安仁书。书版者排在所有衔名的最前面，王国维在他的《五代两宋监本考》里指出：“宋初，《五经正义》赵安仁所书最多；《诗疏》，安仁与张致用、陈元吉、韦宿等四人书；《左传疏》安仁一人书……乡贡进士赵安仁书，字体在欧柳之间，赵德父评李鹗书窘于法度，而韵不能高，安仁亦颇似之。然在刊本之中，当以李赵为最精劲矣。”[2]难怪明代张应文评价宋刻时说：“藏书者贵宋刻，大都书写肥瘦有则，佳绝者有欧、柳笔法，纸质莹洁，墨色青纯为可爱耳。”[3]赵安仁等书法家亲手为监本写版，更使汴京监本锦上添花。

汴京国子监刻书在时间上距古不远，刊刻的还有一部分是同时代的作品，再加上高级专门人才把关，所以汴京监本不仅外在质量一流，内容上也更接近原著。许多著作在汴京国子监第一次被雕印，并从此广为流传。汴京国子监刻书满足了当时的社会文化需求，促进了北宋文化事业的进一步繁荣发展，对于文化的传承功莫大焉。另外，汴京国子监刻书还为宋代的科举考试提供统一的“标准教材”，汴京监本成了统治阶级指定的科举取士的依据，“诏自今试举人，非国子监见行经书，毋得出题”[4]。客观上避免了教材版本不统一的混乱状况，保证科举考试的公平、公正，更有利于选

[1]（明）谢肇淛：《五杂俎》，转引自张秀民：《中国印刷史》，杭州：浙江古籍出版社，1983 年版，第 133 页。

[2] 王国维：《王国维遗书·五代两宋监本考》（第七册），上海：上海书店出版社，1983 年版，第 242 页。

[3]（明）张应文：《清秘藏》卷五，转引自张秀民：《中国印刷史》，杭州：浙江古籍出版社，2006 年版，第 133 页。

[4]（宋）李焘：《续资治通鉴长编》卷一二二，北京：中华书局，2004 年版，第 2872 页。

拔人才。汴京国子监刻书带动了中央的其他部门刻书，崇文院、秘书监、太史局等都开始刻印与本部门职权相关的书籍。由于汴京国子监刻书有时下地方镂版，因此促进了杭州、成都等地方刻书事业的发展繁荣。据王国维考证的北宋监本中，下杭州镂版的有《周礼疏》等多部，为杭州培养出大量优秀的雕版印刷方面的专业人才，为杭州刻书事业在南宋的全面繁荣奠定了坚实基础。另外汴京国子监准备雕版的图书也有一部分下成都雕版。据《续资治通鉴长编》记载："诏以新修经义付杭州、成都府路转运司镂板（版）。"[1] 汴京国子监所刻的书还经常被作为外交礼品赠送给高丽、日本以及我国少数民族地区。雕版印刷术就随着这些书籍传到了少数民族地区以及域外，与此同时，也传播了汴京乃至北宋的文化，为世界文明的发展进步做出了不可磨灭的贡献。

总之，汴京国子监刻书可以说是空前绝后。国子监刻书始于五代，然而规模有限，刻印的书籍多为经书。到了北宋，汴京国子监既有雄厚的财力做后盾，又有水平较高的编校刻印队伍，所以汴京国子监刊印了大量精美的图书。尤其是北宋监本儒家经典，版式宽阔，字大疏朗，再加上所用纸、墨优良，印刷技术精湛，实为后人翻刻、翻印古代典籍的标准范本。汴京国子监还动辄编刻上千卷的大部头类书，不仅在当时看来是大手笔，就是放在整个古代雕版印刷史上也熠熠生辉。到了南宋，国力衰竭，统治阶级又整天惴惴不安地忙于使其焦头烂额的边务，国子监无心也无力雕印书籍，经常取临安府、台州、泉州等地的书版作为监版，或把刻书的任务下到各路，这就使监本的质量大打折扣。张秀民在谈到南北两宋国子监刻书时也指出北宋监本较好，南宋监本则与普通本无异。可见汴京国子监刻书是宋代中央刻书的一枝独秀，在宋代乃至整个刻书史上都有举足轻重的地位。北宋国子监大力刊印并发行书籍对宋代社会影响深远，顾宏义先生在谈到国子监刻印和售卖图书之举的影响时就曾指出，在政治上，因为国子监刊刻的

[1]〔宋〕李焘：《续资治通鉴长编》卷二六六，北京：中华书局，2004 年版，第 6529 页。

书籍大都反映了统治者的思想观念，所以“深益于文教”，成为封建王朝统治思想、强化集权统治的有力手段，因而为后世所沿用，如明清两代都有国子监刻书。在经济上，宋代社会经济迅速发展，尤其是商品经济意识已经深入社会各阶层，因此作为商品的监本书籍大量印卖，就成为宋代中央政府“理财”的有效手段。在文化上，宋代国子监大量雕印图书，既满足了社会文化发展需要，反过来也促进了当时社会上读书风气的进一步盛行，并且在其影响下，各地州县官学也纷纷大量刻印书籍，形成蔚为大观的文化景观，成为宋代文化史上的一大特色。

三、北宋汴京的民间刻书

北宋建立之初就奉行“右文”政策，大兴科举，读书人队伍迅速壮大。社会对应试必读的儒家经典和各种“参考书”的需求就变得日益迫切，而仅靠官刻又不能满足人们的需要，这就使汴京刻书有了商业化的可能，因而刺激了一些人在图书编撰、雕印方面投资。汴京民间的私人刻书就是在这种情况下应运而生，并在得天独厚的优越条件下蓬勃生长的。张秀民在谈到北宋刻书时说：“刻书印卖有利可图，故开封、临安……成都、眉山，纷纷设立书坊，所谓‘细民亦皆转向模锓，以取衣食’。至于私家宅塾以及寺庙莫不有刻，故宋代官私刻书最盛，为雕版印刷史上的黄金时代。”[1]

北宋汴京民间刻书包括汴京坊刻和汴京家刻。汴京的书籍铺最早开设于何时，已不可考。据《宋会要辑稿》记载：“（熙宁）七年，诏置补写所……乞应街市镂板（版）文字供录一本看详，有可留者各印四本送逐馆。”[2]朝廷到汴京民间书肆访求图书，可见当时汴京书铺所刻书籍已有相当高的水平。据史料记载，仁宗晚期和英宗时，汴京民间就雕印有小字巾箱本“五经”和中字“五经”；景祐间，汴京民间还雕印有试题解说。此外汴京民间

[1] 张秀民：《中国印刷史》，杭州：浙江古籍出版社，2006 年版，第 43 页。
[2]（清）徐松：《宋会要辑稿·职官》，北京：中华书局，1957 年版，第 2756 页。

还经常刊刻大臣日录、奏议和佛经等，当然还有一些文集。汴京的刻书常得风气之先，如庆历四年（1044）古文运动方兴之际，汴京民间就雕印了《宋文》，所选皆为当时名公之古文。到了北宋末年汴京书籍铺更加兴旺发达，以至于“靖康之变”金人索书时，开封府就直取于书籍诸铺。汴京五代时就有私家刻书，不过私人刻书形成一代风气的还是进入北宋时期的汴京，北宋京师汴京文化发达，士大夫以刻书流布市肆为荣。据《宋史·刘熙古传》记载，太祖时端明殿学士刘熙古，就曾经摹刻自己的著作《切韵拾玉》，后将书版呈献国子监，皇帝下诏让国子监颁行。这应该是北宋汴京最早的私家刻书。另据记载，淳化间张齐贤还刻印《注维摩诘经》，国子监有名的写手赵安仁家也曾刻印过《南华真经》。

时至今日，汴京民间刻书的实物仍未发现，只鳞片爪的直接史料记载也是挂一漏万，但我们仍然可以拂去历史的尘埃，从间接的文献记录中探寻汴京民间刻书的繁荣。

（一）从图书交易来看汴京民间刻书的繁荣

汴京是北宋的国都，对图书的需求比其他地方都迫切，这自然推动了汴京的刻书业以及图书贸易的繁荣。大相国寺是当时汴京的贸易中心，据孟元老的《东京梦华录》记载，“殿后资圣门前，皆书籍、玩好、图画”[1]。可见当时相国寺书市也异常火爆，而汴京图书贸易的兴盛反过来更促进了汴京刻书业的繁荣。

北宋汴京大相国寺图书交易情况，宋代笔记史料中多有记载。朱弁《曲洧旧闻》卷四记载，北宋文学家穆修就曾经在这里设肆卖书。“穆修伯长在本朝为初好学古文者，始得韩、柳善本，大喜。……欲二家文集行于世，乃自镂板（版）鬻于相国寺。”[2] 王明清《玉照新志》卷四还记载了这样一个故事：“蔡襄在昭陵朝，与欧阳文忠公齐名一时。英宗即位，韩魏公当国，

[1]〔宋〕孟元老撰，伊永文笺注：《东京梦华录笺注》，北京：中华书局，2006 年版，第 288 页。

[2]〔宋〕朱弁：《曲洧旧闻》，北京：中华书局，2002 年版，第 142 页。

首荐二公，同登政府。先是，君谟守泉南日，晋江令章拱之在任不法，君谟按以赃罪，坐废终身。拱之，望之表民同胞也。至是，既讼冤于朝，又撰造君谟《乞不立厚陵为皇子疏》刊板（版）印售于相蓝。中人市得之，遂干乙览，英宗大怒，君谟几陷不测。”[1] 连不为利动的穆修和一些别有用心的人都来相国寺的书市“凑热闹”，可见当时汴京大相国寺的书籍买卖相当红火。另外，“寺东门大街，皆是幞头、腰带、书籍、冠朵、铺席”[2]。从北宋汴京迁往杭州的荣六郎家书籍铺，就位于相国寺东门大街上，北宋灭亡后，荣六郎也南渡临安，重操旧业，并在临安府中瓦南街东老店新张。这在他绍兴二十二年 (1152) 所刻的《抱朴子》后的牌记中说得很清楚：

> 旧日东京大相国寺东荣六郎家，见寄居临安府中瓦南街东，开印输经史书籍铺。今将京师旧本抱朴子内篇校正刊行，的无一字差讹。请四方收书好事君子幸赐藻鉴。绍兴壬申岁六月旦日。[3]

从这个牌记中可以知道，北宋时荣六郎在大相国寺东门大街开有书籍铺，并刻有《抱朴子》等书。这个牌记无疑也有广告宣传的意图，由此我们还可以推断出，荣六郎家的书籍铺早在北宋汴京就应该是远近驰名的，否则不会在随朝南渡临安旧店新张后，仍打出旧日的牌号。[4] 像荣六郎家这样靖康后从汴京南迁的书籍铺也不止一家。[5] 并且汴京的早市和夜市也买卖书籍，如汴京皇城东南角的“潘楼酒店，其下每日自五更市合，买卖衣物书画珍玩犀玉”[6]。

---

[1]〔宋〕王明清：《玉照新志》卷四，上海：上海古籍出版社，1991 年版，第 72 页。

[2]〔宋〕孟元老撰，邓之诚注：《东京梦华录注》，北京：中华书局，1982 年版，第 102 页。

[3] 林申清：《宋元书刻牌记图录》，北京：北京图书馆出版社，1999 年版，第 53 页。

[4] 李致忠：《古书版本学概论》，北京：北京图书馆出版社，1990 年版，第 54 页。

[5] 张秀民：《中国印刷史》，杭州：浙江古籍出版社，2006 年版，第 55 页。

[6]〔宋〕孟元老撰，邓之诚注：《东京梦华录注》，北京：中华书局，1982 年版，第 66 页。

汴京图书贸易的繁荣是汴京刻书兴盛的必然结果。曹之先生就指出，我国古代是刻书、发行一体化。刻书者本身就是发行者，哪里刻书哪里就有图书市场。据其考证，当时汴京售卖的书还有《孟郊诗集》《释书品次录》《春秋繁露》等。[1] 北宋前期，成都、杭州、建阳的书坊还没有真正兴起，就文献和现存的实物来看，这些地方的图书生产规模也不大，再加上个人财力有限，交通上的不便，大规模的雕版印书并长途跋涉到汴京来出售的可能性也不大。所以汴京交易的这些图书大部分应是汴京刻印的，且坊刻本应占很大比例。[2] 由此可见，汴京民间刻书业也是相当兴盛的。

（二）从学人的版本目录研究成果看汴京民间刻书的繁荣

版本目录是我们考察版本的重要文献资料，版本目录中关于版本的著录是我们认识古籍的一种主要手段，我们可以从版本目录中找到一些关于北宋汴京民间刻本的著录。叶德辉就曾指出：岳珂（案：实为岳浚）刻《九经三传》，其《沿革例》所称有监本、唐石刻本、晋天福铜版本、京师大字旧本、绍兴初监本、监中现行本……[3] 岳浚在其著录中把“监本”和“京师大字旧本”并举，从著录的体例而言，两者不可混同。由此可见，这里所说的“京师大字旧本”很可能就是汴京民间刻本。另外陈振孙《郡斋读书志》中著录的《归叟诗话》就是宣和末京师书肆刻印的。

唐人诗文集在北宋汴京刊刻的也不少。万曼先生在考证《河东先生集》版本源流时指出：天圣元年 (1023) 穆修曾经编过柳宗元的文集，四十五卷本，应该是宋人编校刻印的第一本柳集，所以它是柳集的祖本；穆修之后，政和四年 (1114) 沈晦又重新编校。他根据的有四个本子，其中就有京师开行的三十三卷小字本，但“颠倒章什，补易句读，讹正相半”；稍后，方舟、李石又编校《河东先生集》，题后云石所得柳文凡四本，其一得之于乡人萧宪甫，云京师阎氏本……阎氏本最善，为好事者盗去。[4] 可见，北宋汴京

[1] 曹之：《中国印刷术的起源》，武汉：武汉大学出版社，1994 年版，第 426 页。
[2] 黄镇伟：《坊刻本》，南京：江苏古籍出版社，2002 年版，第 16 页。
[3]〔清〕叶德辉：《书林清话》卷一，上海：上海古籍出版社，2012 年版，第 4 页。
[4] 万曼：《唐集叙录》，北京：中华书局，1980 年版，第 188 页。

不止一个书坊刊印过柳宗元的《河东先生集》。另据万曼先生考证，汴京书坊曾经刊刻过唐朝诗人李贺的《李贺歌诗》，“宋代所传李贺诗集，据记载有五种版本：京师本、蜀本、会稽姚氏本、宣城本、鲍钦止家本”[1]。田北湖在《校定昌谷集余谈》中说：“儿时尝见宋刻昌谷集，不知谁氏本，因火焚毁。后往抚州收书，得宋刻本，田氏云，诸刻本中，以汴本最早，大字白文，无评无注，亦不列刊者姓名，但题治平丁未（1067）而已。”[2]可见李贺《昌谷集》在北宋汴京也曾经刊印过。

北宋汴京不仅刊刻唐人的文集，同时还刊刻本朝人的文集。杨忠在《苏轼全集版本源流考辨》中专门用一节对京师印本《东坡集》作了考证，他指出：“京师作为全国政治文化中心，在东坡生前曾有京师印本《东坡集》的存在，揆以情理，不为无据；征以文献，又有邵博《闻见后录》中的明确记载。”[3]可见当时汴京书坊就刻印有苏轼的诗文集，即使在元祐学术遭禁时，仍有人铤而走险。

北宋时汴京书商还刊刻了《唐庚集》。当时惠阳刻本流传到京师汴京，唐庚的岭南诗文在太学被广泛抄传，遂有书商为之刻行。宣和四年（1122）五月，友人郑总为其作《唐眉山先生文集序》，其中说：“太学之士得其文，甲乙相传，爱而录之。爱之多而不胜录也，鬻书之家遂丐其本而刻焉。”[4]另外范仲淹、欧阳修、刘弇、张舜民等人的文集，北宋汴京都曾刊印过。曾巩《隆平集·范仲淹传》中称范仲淹著《丹阳集》二十卷、《奏议》十七卷。綦焕在淳熙重修本后的跋中称以旧京本《丹阳集》参校。由此可知《丹阳集》有北宋汴京本。《隆平集》所录之《丹阳集》，当刊行于元丰六年（1083）。欧阳修是北宋时期的政治家、文学家，北宋诗文革新运动的领袖，唐宋八大家之一。周必大编刊《欧阳文忠公集》，其跋中指出《欧阳文忠公集》自汴京、江浙、闽蜀皆有之。刘弇是元丰二年（1079）进士，绍圣时中宏词科，

[1] 万曼：《唐集叙录》，北京：中华书局，1980 年版，第 227 页。
[2] 万曼：《唐集叙录》，北京：中华书局，1980 年版，第 228 页。
[3]《中国典籍与文化论丛》第一辑，北京：中华书局，1993 年版，第 202 页。
[4] 祝尚书：《宋人别集叙录》卷十四，北京：中华书局，1999 年版，第 668 页。

官仅至著作佐郎，有文集数十卷。因其生前未拾掇成篇，故身后散落，遂各以其所得编集付梓。嘉泰时周必大为其所作序中称汴京及麻沙《刘公集》二十五卷。张舜民，字芸叟，治平二年（1065）进士，累迁至秘书邵监。坐元祐党籍，后复为集贤殿修撰。周紫芝书《书浮休生画墁集后》中曰："政和七八年间，余在京师，是时闻鬻书者忽印张芸叟集，售者至于填塞巷衢。事喧，复禁如初。"[1] 可见政和七年到八年间张舜民的《画墁集》也在汴京刊刻过。

（三）从刻书禁令看汴京民间刻书的繁荣

北宋时期，可谓外患连连，党争不断，为了统治的需要和国家利益，北宋政府多次禁书，并委国子监、开封府和各路对此事进行查处。然而值得注意的是，在许多禁令中开封府、国子监都"榜上有名"，可见当时汴京刻书者以身试法的不在少数，由此也可以想见汴京民间刻书的繁荣。

北宋时外患深重，所以关系国家安危的边防、兵机文字，逐渐成为图书审查的重点。为了防止国家机密泄漏，避免给朝政、边务造成不必要的损失，康定元年（1040）五月二日，仁宗下诏："访闻在京无图之辈及书肆之家，多将诸色人所进边机文字镂板（版）鬻卖，流布于外。委开封府密切根捉，许人陈告，勘鞫闻奏。"[2] 而这种现象并没有立即得到改观，至和元年（1054）甚至还出现了镂印传单的政治事件。在这种情况下，欧阳修于至和二年（1055）上《论雕印文字札子》写到："臣伏见朝廷累有指挥禁止雕印文字，非不严切，而近日雕板（版）尤多，盖为不曾条约书铺贩卖之人。臣窃见京城近有雕印文集二十卷，名为《宋文》者，多是议论时政之言。……臣今欲乞明降指挥下开封府，访求板（版）本焚毁，及止绝书铺，今后如有不经官司详定，妄行雕印文集，并不得货卖。"[3]

从欧阳修的叙述可知，朝廷虽对汴京书肆屡行禁止，但缺乏制约书贾

[1]〔宋〕周紫芝：《太仓稊米集》卷六七，文渊阁四库全书本。
[2]〔清〕徐松：《宋会要辑稿·刑法》，北京：中华书局，1957 年版，第 6507 页。
[3]〔宋〕欧阳修：《欧阳修全集》，北京：中华书局，2001 年版，第 1637 页。

的法规和措施，因而见效甚微。为了国家利益，他不得不建议焚版及检举告发。同年还下令禁止模印御书字，并“诏开封府自今有模刻御书字鬻卖者，重坐之”[1]。元丰元年（1078），太学生钟世美上书称旨，于是汴京民间有雕鬻世美书者，“上批：‘世美所论有经制四夷等事，传播非便。’令开封府禁之”[2]。

宋哲宗元祐四年（1089）八月，翰林学士苏辙奉命使辽，在辽地看到其家谱和一些泄漏国家机密的臣僚章疏及士子策论等图籍文书，于是返朝后就立即奏闻朝廷，希望立法防范：“内国史、实录仍不得传写，即其他书籍欲雕印者，纳所属申转运使、开封府，牒国子监选官详定，有益于学者，方许镂板（版）。……凡不当雕印者，委州县、监司、国子监觉察。从之。”[3]汴京还是北宋的科举中心，汴京书坊为了追逐利益投机取巧，也会刊印一些以备文场剽窃之用的图书来迎合举子，以从中获得暴利。针对这种情况，徽宗大观二年（1108）苏棫上书，“愿降旨付国子监并诸路学事司镂板（版）颁行，余悉断绝禁弃，不得擅自卖买收藏”[4]。

另外，内容有僭越的书籍、敕文朝报、兵书、大臣日录、元祐学说在汴京也都曾遭禁。仁宗景祐二年（1035），“驸马都尉柴宗庆印行《登庸集》中，词语僭越，乞毁印板（版），免致流传”[5]。至和元年（1054），出现镂印传单动摇军情的事件，“帝不信。丁卯，诏开封府揭榜募告者赏钱二千缗”[6]。敕文多涉国家机密，本来就禁止坊肆雕印，然而一些别有用心的人私自矫撰敕文印卖，企图以此混淆视听。神宗熙宁二年（1069），“监察御史里行张

[1]〔清〕徐松：《宋会要辑稿·崇儒》，北京：中华书局，1957 年版，第 2272 页。

[2]〔宋〕李焘：《续资治通鉴长编》卷二九四，北京：中华书局，2004 年版，第 7166 页。

[3]〔宋〕李焘：《续资治通鉴长编》卷四四五，北京：中华书局，2004 年版，第 10722 页。

[4]〔清〕徐松：《宋会要辑稿·刑法》，北京：中华书局，1957 年版，第 6519 页。

[5]〔清〕徐松：《宋会要辑稿·刑法》，北京：中华书局，1957 年版，第 6506 页。

[6]〔宋〕李焘：《续资治通鉴长编》卷一七七，北京：中华书局，2004 年版，第 4280 页。

戬言：窥闻近日有奸妄小人肆毁时政，摇动众情，传惑天下，至有矫撰敕文，印卖都市，乞下开封府严行根捉造意雕卖之人行遣”[1]。熙宁二年，皇帝还下诏开封府，禁止摹刻印卖御书字。朝报是北宋中央政府编印的一种报纸，当时很受读者欢迎。有一些书坊为了利益就“妄作朝报”。针对这种情况，朝廷下发禁令：“近撰造事端，妄作朝报。累有约束，当定罪赏。仰开封府检举，严切差人缉捉，并进奏官密切觉察。”[2] 一些兵书和大臣日录，也事关国家的安全，所以国家也明令禁止。政和三年（1113）八月十五日条云：“访闻比年以来，市民将教法并象法公然镂板（版）印卖，伏望下开封府禁止。诏印板(版)并令禁毁,仍令刑部立法申枢密院。”[3] 徽宗宣和四年（1122）十二月，坊间印卖《舒王日录》，诏令开封府及诸州军毁板禁绝。[4] 徽宗政和四年（1114）朝廷下诏“禁元祐学术,限开封府半月内拘板（版）毁弃”。宣和五年（1123）又下诏：“今后举人传习元祐学术以违制论，印造及出卖者与同罪，著为令。见印卖文集，在京令开封府，四川路、福建路令诸州军毁板（版）。”[5]

刻书在北宋中后期已蔚然成风，由于北宋所处的特殊历史环境，使得北宋时的书禁层出不穷。书商为了牟取暴利，不惜铤而走险非法刊印边机文字，这都是完全可以理解的。但通过研究，可以清楚地看到“黑名单”上开封府每一次都榜上有名，这又是什么原因呢？当然汴京在北方离辽较近是一个原因，另一个重要原因则是当时汴京民间刻书很是发达。李致忠在谈到徽宗朝的书禁时指出：“可见宋徽宗时，由于边事紧急，为了严守国家机密，连文集、日录、小报等，统统都在禁印之例了。而且在诏令中特指明京师开封、四川路、福建路等，原因是汴京、四川、福建等地，都是

[1]（清）徐松：《宋会要辑稿·刑法》，北京：中华书局，1957年版，第6512页。
[2]（清）徐松：《宋会要辑稿·刑法》，北京：中华书局，1957年版，第6522页。
[3]（清）徐松：《宋会要辑稿·刑法》，北京：中华书局，1957年版，第6525页。
[4]（清）徐松：《宋会要辑稿·刑法》，北京：中华书局，1957年版，第6538页。
[5]（清）徐松：《宋会要辑稿·刑法》，北京：中华书局，1957年版，第6539页。

当时刻书的中心。”[1] 郭孟良也指出:“京师开封府、临安府及福建路、四川路都是出版传播中心，更是宋代出版检查的重点。”[2] 由此可见，虽然官方多次下令禁书，但在利益的驱使下，汴京坊肆的刻书仍屡禁不止。“这些禁令和札子，从另一方面反映了（汴京）民间雕印的繁荣。”[3] 我们可以通过这些禁令，窥一斑而知汴京民间刻书繁荣之全豹。

（四）从宋代的史料笔记来看汴京民间刻书的繁荣

由于雕版印刷的繁荣，宋朝大量的史料笔记得以流传至今，这些笔记中记载着正史不屑提及，或由于其他种种原因不敢提及的材料，其中有一些材料就涉及汴京刻书。曹之先生在谈到宋代刻书特点时曾指出 :“宋代笔记、文集中所谓‘京本’‘京师本’云者，概非汴京本莫属。”[4] 据《邵氏闻见后录》卷十九载 :“苏仲虎言 : 有以澄心纸求东坡书者。令仲虎取京师印本《东坡集》，诵其中诗，即书之。至‘边城岁莫多风雪，强压香醪与君别’，东坡阁笔怒目仲虎云:‘汝便道香醪。’仲虎惊惧。久之，方觉印本误以‘春醪’为‘香醪’也。”[5]

汴京民间不仅刊印图书，还用雕版印刷来刊印年画等实用的图画书契。据史料记载，到了北宋中后期，各种各样的雕印年画在汴京市场上比比皆是。孟元老《东京梦华录》中就指出，“近岁节，市井皆印卖门神、钟馗、桃板、桃符等及财门钝驴、回头鹿马、天行帖子”[6]，自此汴京的木版年画取代了手绘门神。朱仙镇木版年画是国家级非物质文化遗产，滥觞于汴京。汴京木版年画的兴起，是汴京雕版印刷兴盛的又一表现。另据宋代王栐《燕翼诒谋录》卷五载，汴京书坊还刻印一些僧尼使用的度牒等实用的书契。

[1] 李致忠:《古代版印通论》，北京:紫禁城出版社，2000 年版，第 123 页。
[2] 郭孟良:《论宋代的出版管理》，《中州学刊》，2000 年第 6 期。
[3] 宿白:《唐宋时期的雕版印刷》，北京:文物出版社，1999 年版，第 36 页。
[4] 曹之:《中国古籍版本学》，武汉:武汉大学出版社，1992 年版，第 216 页。
[5]〔宋〕邵博:《邵氏闻见后录》卷十九，北京:中华书局，1983 年版，第 148 页。
[6]〔宋〕孟元老撰，邓之诚注:《东京梦华录注》，北京:中华书局，1982 年版，第 249 页。

叶梦得的《石林燕语》是一部很重要的宋代笔记，其中对当时各地刻书有一个客观公允的评价："今天下印书，以杭州为上，蜀本次之，福建最下。京师比岁印板，殆不减杭州，但纸不佳。蜀与福建多以柔木刻之，取其易成而速售，故不能工。福建本几遍天下，正以其易成故也。"[1] 通过分析叶氏这番话，我们也很容易看出，杭州刻书最好，福建的麻沙本当然很糟糕，汴京的刻书不比杭州少，但用纸不好。我们做进一步深入分析，对于汴京的国家刻书尤其是国子监刻书，后人历来赞叹有加，无论从内在质量，还是外在的纸张、装帧形式都绝对是北宋一流的。所以我们不难得出叶梦得对四地刻书的评价，更多是从民间坊刻这个角度出发的。由此可见，北宋汴京当时的书坊刻书也相当多，只是用纸差了一些而已。

通过以上几个方面的探寻，不难看出北宋汴京民间刻书也相当兴盛。虽然汴京的坊刻和家刻无论是刊刻书籍的数量，还是其社会影响力都无法与汴京官刻相提并论。但汴京书坊刻书重实用，内容上也比官刻丰富，除翻刻官方刻本外，还大量刊印民间日常需要的书以及人民群众喜闻乐见的文籍。所以汴京民间刻书能最大限度地满足人民群众对书籍的需求，在普及文化和繁荣汴京民间的文艺生活方面有着积极的贡献。然而遗憾的是由于历史久远，又加上金兵破汴时，不但国子监的书版被劫，连开封府的书籍铺也没有幸免。所以迄今为止还没有发现真正的汴京坊刻本、家刻本。但即便如此，依然磨灭不了汴京民间刻书业曾经的辉煌以及它对整个汴京刻书乃至宋代刻书的贡献。

四、北宋汴京的版画刊印

我国的雕版印刷肇端于唐，雕版印刷术发明以后就首先用来雕印版画。唐咸通九年（868）刊印的《金刚经》是被学术界公认的世界上最早的印刷品，其卷首的《祇树给孤独图》就是一幅刀法纯熟、刻画精美的版画。所

[1]〔宋〕叶梦得：《石林燕语》，北京：中华书局，1984 年版，第 116 页。

以从某种意义上说我国的版画史和雕版印刷的历史一样悠久。版画经过唐五代的发展，到宋代已日趋成熟，北宋汴京的版画在版画史上更是具有承前启后之功，它为南宋版画的全面繁荣以及明代版画的鼎盛奠定了坚实的基础。

汴京是北宋的经济文化中心，也是北宋的绘画中心。北宋统治阶级奉行“文德致治”的“右文”国策，在统一的过程中，就大力搜集名画，罗致画工，集于汴京。在这种大背景下，汴京的绘画事业日益繁荣昌盛。汴京也是北宋一代最先兴起且影响最大的刻书中心。整个北宋，汴京的雕印事业从未间断，许多书籍在这里第一次被雕印并成为定本广为流传。以国子监为代表的汴京官刻，无论是其雕印方法，还是其书籍制度都成为后代刻书之典范。汴京民间刻书也是相当兴盛，它和汴京官刻一起促进了汴京刻书事业的全面繁荣。[1] 汴京绘画和雕印事业的兴盛共同促进了汴京版画事业的繁荣。在北宋汴京，版画作为插图第一次被运用到书籍中，版画镂染技术也在这里诞生。更重要的是版画艺术在汴京从神圣的殿堂走进了普通百姓的生活，版画的题材因此得以拓展，木版年画于是被发明。可以说在我国版画发展史上，北宋汴京版画做出了前所未有的贡献。

（一）北宋汴京佛教版画的刊印

佛教自东汉传入我国，隋唐时盛行。入宋后，宋太祖很重视佛教。宋太宗不仅认识到佛教“有裨政治”，还施行了儒、释、道“三教归一”的宗教政策。仁宗皇帝也推崇佛教，并身体力行亲自参与佛教版画的创作。据郭若虚《图画见闻志》卷三载，宋太宗之女献穆大长公主病目失明，仁宗为祈佛护佑，亲自绘龙树菩萨像，命待诏传模镂版印施。[2] 以帝王之尊，为版画绘制画稿，宋仁宗堪称第一人。皇家的提倡和示范，当然对佛教版画的发展起到了积极的推动作用。

[1] 于兆军：《论北宋汴梁民间刻书的繁荣》，《图书情报工作》，2009 年第 21 期。
[2]〔宋〕郭若虚：《图画见闻志》卷三，上海：上海人民美术出版社，1964 年版，第 58 页。

宋代是我国雕版印刷的黄金时代，不仅刻书地域遍布全国，而且官刻、私刻、坊刻三大刻书系统得以形成并日趋兴盛，寺院刊施佛典更是蔚然成风。从中央到地方，从政府到民间，从寺院、僧侣到信众，汇聚成一支庞大的佛教经图刊印队伍。“在这样的大环境中，佛典刊印更加重视插图，也更强调艺术上的审美价值。更何况佛教版画上承唐、五代的深厚积蓄，下借当时版刻艺苑大发展的东风，自然会呈现出更上一层楼的新局面。在两宋异彩纷呈的版画园地中，佛教版画仍处于独占鳌头的地位上，无论刊印的数量、质量，皆为其他题材版画所不及，正是历史发展和现实社会需要的必然。”[1]北宋统治阶级大兴佛教，反映在雕版印刷事业上，就是佛教经典的刻印也达到了空前繁荣的地步。开宝四年（971），宋太祖就命令朝臣高品张从信前往益州，监雕汉文《大藏经》，共雕印版 13 万余片，凡 5048 卷，480 函。这就是我国雕版印刷史上有名的《开宝藏》。《开宝藏》书版雕好后运回东京，藏于汴京太平兴国寺译经院西侧新建的印经院内。《开宝藏》先后在汴京前后印刷了 140 年之久，不断流向天下寺舍。《大藏经》在汴京印刷的同时又补入了新译的经典。据肖东发先生统计，汴京续刻入藏的佛经共 173 帙，1580 余卷。[2]可见北宋汴京刻书是我国雕版印刷史上的重要篇章，以汴京印经院为首的佛经刊印在佛教的传播史上具有重大而深远的意义。宿白先生就曾指出：“北宋是我国雕版印刷急剧发展的时代。都城汴梁国子监、印经院等官府刊印书籍盛极一时。”[3]

目前《开宝藏》在全世界仅发现十余卷，且多残缺不全，从现存的《开宝藏》尚不能断言其中是否有佛经版画。然而据考证，距《开宝藏》雕印仅 60 年，刊于辽兴宗景福初年（1031）的《契丹藏》是在《开宝藏》天禧修订本的基础上编订而成的。而《契丹藏》的卷首多有精致的佛画，以此推测《开宝藏》中也会有一些佛画。美国哈佛大学福格艺术博物馆收藏的《御

---

[1] 周心慧：《中国古代佛教版画集》，北京：学苑出版社，1998 年版，第 25 页。

[2] 肖东发：《汉文大藏经的刻印及雕版印刷术的发展——中国古代出版印刷史专论之二（上）》，《编辑之友》，1990 年第 2 期。

[3] 宿白：《唐宋时期的雕版印刷》，北京：文物出版社，1999 年版，第 12 页。

制秘藏诠》中就有4幅版画，据专家考证，《御制秘藏诠》的经文系印自《开宝藏》的旧版，而插图是大观二年以前新雕，很大可能性是重印《御制秘藏诠》时补入的。这样看来哈佛大学福格艺术博物馆收藏的《御制秘藏诠》应为北宋末年汴京所刻。这些版画插图以大面积的山水为背景，在不甚显著的地方安排人物，其内容多为僧侣的生活场景。《御制秘藏诠》中的四幅插图线条清晰，构图完善，是不可多得的上乘之作。这无疑表明北宋汴京版画刊印已经有相当高的水平。

在这种情况下，北宋佛教全面中兴，而作为北宋都城的汴京则成了北宋佛教的中心。李之檀谈到宋代版画时就曾指出，由于开宝年间宋太祖刻印大藏经的影响，刻印佛经的风气盛行，宫廷、官署、寺院、坊间均有刊刻，“其后民间刻印佛经和佛教版画的风气因而兴盛”[1]。据记载，宋徽宗宣和年间，汴京的寺院已达到691座，可以说是遍布城内外，“汴京诸寺多藏有佛籍和佛画雕版”[2]。同时北宋汴京也是世界佛教的中心。高丽、日本、印度等国家的僧人纷纷来到汴京，或传教，或献经，或译经，或求经，进一步丰富了汴京的佛教文化。太宗雍熙元年（984），日本僧人奝然与其徒弟五六人一行浮海来到东京汴京，宋太宗在崇政殿亲自召见了他们，授予奝然“法济大师”的尊号，并赐紫衣，馆于太平兴国寺。[3]而太平兴国寺就是北宋译经院和印经院的所在地。奝然求印本《大藏经》，太宗也慨然应允，赐《大藏经》一部、新译佛经286卷及旃檀释迦像、十八罗汉像等物。1954年日本京都清凉寺发现了北宋雍熙元年的版画《弥勒菩萨像》《文殊菩萨像》《普贤菩萨像》《灵山变相图》《金刚般若波罗蜜经》扉画等，据考证，这些版画就是当年奝然带回日本的，其中很有可能就有汴京的版画。《参天台五台山记》卷六还记载了神宗熙宁六年（1073），成寻在汴京太平兴国寺，借五百罗汉像、达摩大师像、六祖惠能禅师像的雕版自行印制版画的事情。

[1] 李之檀：《中国版画全集·佛教版画》，北京：紫禁城出版社，2008年版，第5页。
[2] 宿白：《唐宋时期的雕版印刷》，北京：文物出版社，1999年版，第47页。
[3]（元）脱脱等：《宋史·日本国传》卷四九一，北京：中华书局，1985年版，第14134页。

佛教的兴盛使得汴京对佛经、佛像的需求，比其他地方都强烈。仅靠寺院刊印佛像仍不能满足社会需要，于是民间坊肆也开始雕印佛像，《东京梦华录》中就有“日供打香印者，则管定铺席人家牌额，时节即印施佛像等”[1]“潘楼并州东西瓦子亦如七夕。耍闹处亦卖果食、种生、花果之类，及印卖《尊胜目连经》”[2]的记载。

（二）北宋汴京书籍版画的刊印

随着汴京雕版印刷技术的提高及广泛应用，大量刊印书籍的同时，与雕版印刷术密不可分的版画艺术也有了很大的进步。北宋初年，中央政府在刻印图书时，为了使图书更加生动形象，就开始雕印一些版画作为插图。据《续资治通鉴长编》卷三三记载，淳化三年（992）五月，太宗命医官编纂《太平圣惠方》一百卷，并令镂版，以印本颁行天下。该书卷九九《针经》、卷一百《明堂》皆有人形版画，北宋刊书附录插图，此书可能为最早。在刊刻地方志、礼仪和教育等方面的书籍时，也雕刻了大量的版画作为插图。景德四年（1007），皇帝下诏把四方郡县所上图经刊修校定为 1566 卷，并于大中祥符四年（1011）颁行。这批方志共有 100 余种，是政府对图经最大规模的一次刻印。另外据文献记载，大中祥符三年（1010），崇文院摹印《祭器图》，并下礼部颁发诸路。天禧元年（1017），“辛巳，上作《三惑论》《三惑歌》并注，仍绘画刻板摹本，以赐辅臣”[3]。

仁宗赵祯做皇帝时才 10 岁，于是太后就命学士李淑、杨伟检讨太祖、太宗、真宗三朝的 100 件事迹，编成《三朝训鉴》，目的是用来教导 10 岁登基的仁宗皇帝。“皇祐初元，上敕待诏高克明等图画三朝盛德之事，人物才及寸余，宫殿山川，銮舆仪卫咸备焉。命学士李淑等编次序赞之，凡一百事，为十卷，名《三朝训鉴图》。图成，复令传模镂版印染，颁赐大臣

[1]〔宋〕孟元老撰，邓之诚注：《东京梦华录注》，北京：中华书局，1982 年版，第 119 页。

[2]〔宋〕孟元老撰，邓之诚注：《东京梦华录注》，北京：中华书局，1982 年版，第 211 页。

[3]〔宋〕李焘：《续资治通鉴长编》卷八九，北京：中华书局，2004 年版，第 2041 页。

及近上宗室。”[1] 后来到宋哲宗登基时，又将此图摹印，作为哲宗幼年启蒙之用，并分赐近臣。这部书既有文字故事，又有表现故事内容的插图，可谓图文并茂。图中又以红蓝饰色，看起来就更加生动逼真，感染力极强。这无疑为后来的彩色套印带来了启发。高克明，绛州人，其父祖皆是知名画家。高克明在仁宗时为翰林待诏，以画艺供奉内廷。内府刻本三十卷的《卤簿图》也是其所画，所绘内容是郊事仪仗，极为精妙，后镂版于禁中。另外，汴京天圣年间刻的《齐民要术》、嘉祐七年（1062）刻的《本草图经》、崇宁二年（1103）刻的《营造法式》、政和六年（1116）刻的《经史政类备急本草》、宣和间刻的《宣和博古图》等书籍中均有高水平的插图。

北宋汴京内府还刊刻过一些法帖。宋朝的皇帝普遍具有较高文化素养，有的甚至是艺术天才。宋太宗就喜欢留意字书，曾派使者购募历代帝王名臣墨迹。“淳化中，尝出内府及士大夫家所藏汉、晋以下古帖，集为十卷，刻石于秘阁，世传为《阁帖》是也……元祐间，徐王府又取阁本刻于木板。”[2] 这就是著名的《淳化阁帖》，它为后人临书提供了极大的方便。《淳化阁帖》到徽宗时，枣版已滥，宋徽宗命蔡京重刻并命名为“大观帖”，摹勒之精胜过《淳化阁帖》，为历代书家所推许。书帖讲究神韵，它的雕镂更需要高超的技艺。

（三）北宋汴京民间版画的刊印

在官府版画的影响下，汴京民间版画刊印也如火如荼。汴京民间不仅刊印佛像出售，还雕印人物画像出卖。苏轼的《司马温公行状》记载，司马光死后，“京师民画其像，刻印鬻之，家置一本，饮食必祝焉。四方皆遣人购之京师，时画工有致富者”[3]。汴京坊肆刻印司马光的画像出售，有人竟因此而发财，可见社会需求量之大，从中也可以看出图画镂版在当时的汴京民间也很流行。另据《东京梦华录》记载：相国寺“殿后资圣门前，

[1]〔宋〕郭若虚：《图画见闻志》，上海：上海人民美术出版社，1964 年版，第 147 页。

[2]〔宋〕叶梦得：《石林燕语》，北京：中华书局，1984 年版，第 35 页。

[3]〔宋〕苏轼：《苏轼文集》卷十六，北京：中华书局，1986 年版，第 491 页。

皆书籍玩好图画”[1]，潘楼东十字大街“茶坊每五更点灯，博易买卖衣服图画花环领抹之类，至晓即散”[2]。可以想见，在这些售卖的图画中，其中有一部分就是雕版印刷的。

汴京民间不仅刊印供人们欣赏的版画，还把雕版印刷技术运用到年画的制作上，于是发明了木版年画。北宋汴京过年时，有张贴年画的习俗，以祈求人寿年丰、吉祥如意、招财进宝、镇邪除妖。《枫窗小牍》中就曾记载：“靖康已前，汴中家户，门神多番样，戴虎头盔；而王公之门，至以浑金饰之。”[3]所以每近春节，汴京城的民间画家就纷纷创作年画售卖。而手绘年画的速度毕竟有限，仅靠手绘是不能满足人们需求的，于是伴随传统绘画和雕版印刷技术的成熟，木版门神画也就在汴京应运而生。熙宁五年(1072)，神宗皇帝还曾将吴道子画的钟馗图镂版印刷分赠大臣。据沈括《补笔谈》记载：“熙宁五年，上令画工摹拓镌板（版），印赐两府辅臣各一本。是岁除夜，遣入内供奉官梁楷就东西府给赐钟馗之像。”[4]这大约是木版年画刊印最早的文献记录。到了北宋中后期，汴京民间雕版印刷也得到了前所未有的发展和普及，各种各样的雕印年画在汴京市场上比比皆是。据孟元老《东京梦华录》记载：“近岁节，市井皆印卖门神、钟馗、桃板、桃符等及财门钝驴、回头鹿马、天行帖子”[5]，“朱雀门外，及州桥之西，谓之果子行，纸画儿亦在彼处，行贩不绝”[6]。自此汴京木版年画迅速普及并逐步取代了手绘门神。这些文献记录正好与张择端《清明上河图》中“王家纸马”

[1]〔宋〕孟元老撰，邓之诚注：《东京梦华录注》，北京：中华书局，1982年版，第89页。

[2]〔宋〕孟元老撰，邓之诚注：《东京梦华录注》，北京：中华书局，1982年版，第70页。

[3]〔宋〕袁褧：《枫窗小牍》卷下，文渊阁四库全书本。

[4]〔宋〕沈括：《梦溪笔谈·补笔谈》，上海：上海书店出版社，2009年版，第269页。

[5]〔宋〕孟元老撰，邓之诚注：《东京梦华录注》，北京：中华书局，1982年版，第249页。

[6]〔宋〕孟元老撰，邓之诚注：《东京梦华录注》，北京：中华书局，1982年版，第117页。

店的描绘相佐证，充分证明了北宋汴京就是中国木版年画的源头，无疑也是开封朱仙镇木版年画的源头。

（四）北宋汴京版画的贡献

唐五代的版画多为佛画，以说法图和经变故事为主要内容，佛像和僧众活动多为版画的主体。北宋早期，佛画仍是汴京版画的主要题材，但其内容与雕印技艺都较前代有所提高，奝然带回日本的佛画就能说明这一点。当时的翰林待诏高文进等著名画家都参与佛画底本的绘制，可见佛画影响的广泛和深远。汴京繁华喧嚣的大都市生活非但没有使人疏远自然，反而让人们对山水更加热爱。所以入宋以来，山水画大盛。汴京佛教版画无疑也受到这种风气的影响，在内容上进行了开拓。大观二年（1108）汴京所刊印《御制秘藏诠》的 4 幅版画中，隐居山林的僧众活动已不再是画面的主体，相反只是山水的陪衬。这 4 幅版画中的人物都很小，写意性极强，且人物与山水自然地融为一体，追求的是一种纵身大化、物我合一的艺术境界。画面中的烟岚水波、树木草丛、茅篱竹舍、僧众长老在画法处理上都与山水画比较相似。从构图上看，画面的整体感很强，造型和线条的疏密变化也颇具韵律之美。这 4 幅版画可以说是佛教版画创作中的一次大胆的革命与创新，同时也是我国山水版画的滥觞。

在木版画题材的开拓上北宋都城汴京功不可没。就现有的实物和文献记载来看，唐、五代的版画几乎全是佛像，并未涉及其他题材，如《金刚经》扉页版画、吴越印施的菩萨等多为佛像。随着汴京雕印技术的提高和广泛应用，木刻艺术得到普及，汴京版画跳出了宗教的窠臼，逐渐拓展到其他领域。所以汴京的版画在内容上比前代有所突破，开始涉及一些世俗生活题材，例如《太平圣惠方》《齐民要术》《三朝训鉴图》等汴京官刻图书中就有器物和人物的插图，汴京民间还开始雕印人物图像。更值得关注的是在北宋汴京人们把年画也拿来雕印，让雕版印刷真正走进普通百姓的家庭，自此汴京的木版年画取代了手绘门神。靖康之难以后，汴京的一部分刻工随皇帝南下临安，一部分被金人掳到平水，这无疑为江浙和平水地区的雕印和年画事业注入了新的活力，并带来了深远影响。

北宋汴京版画打破了唐五代卷首扉页画的单一模式，并把版画有的放矢地插入书籍中，出现了连续或者不连续的书籍插图，有些插图的布局也匠心独运，文字和插图相得益彰，交映生辉，如汴京国子监所刻的《经史政类备急本草》、内府所刻的《卤簿图》等皆如此。汴京内府所刻的《三朝训鉴图》还首先采用了镂版印染技术，这就为后来彩色套印技术的发明带来了一定的启发。另外，在雕刻技巧上汴京版画比前代也有较大提高，可以说已经达到"刀头具眼"的水平。

由此可见，汴京版画在版画史乃至文化史上有着重要的意义。然而由于年代久远，战乱频繁，尤其是靖康之乱给汴京雕印事业带来了毁灭性的打击。因此汴京版画传至今日者，寥若晨星，只能从文献记录中看到它的只鳞片爪。即便如此，汴京版画曾经的辉煌和对后世的影响仍然闪耀着光芒。

五、北宋汴京刻书及其贡献

汴京是北宋的皇城，雕版印刷是这片神奇而富庶的土地上孕育出的奇葩。尽管汴京刻书历史悠久，但由于实物罕见，加上正史文献涉及较少，所以后人对汴京刻书论及甚少，以至于很多人一提宋代刻书，总说宋代有杭州、四川和福建三大刻书中心。然而笔者经过深入挖掘和认真研究后发现，汴京是北宋最大的刻书中心，无论是在图书雕印史上，还是在图书出版史上，都占有举足轻重的地位。宿白先生在谈及北宋刻书时就曾指出："北宋是我国雕版印刷急剧发展的时代。都城汴梁国子监、印经院等官府刊印书籍盛极一时；民间印造文字的迅速兴起，尤为引人注目。汴梁作为当时雕印的代表地点，应是无可置疑之事。"[1] 汴京刻书在北宋一代最先兴起，并且它还拥有其他刻书地难以企及的天时、地利和人和，这些得天独厚的条件共同促进了汴京刻书业的繁荣。

[1] 宿白：《唐宋时期的雕版印刷》，北京：文物出版社，1999 年版，第 12 页。

（一）汴京刻书概况

汴京刻书包括汴京官刻、坊刻和家刻。汴京的官刻机构有国子监、崇文院、秘书省、刑部、大理寺、太史局印历所等等，其中尤以国子监刻书为盛。在汴京中央官刻的带领下，汴京民间的坊刻和家刻也逐渐欣欣向荣。

北宋建立后，为了响应朝廷号召，汴京国子监不遗余力地刻印儒家经典。从太祖乾德三年到天禧五年，国子监将十三部儒家经典著作全部付梓，并且几乎所有经书的正义、注疏也都刊刻完毕。国子监在刻印经书的同时，还刊刻了《说文解字》《群经音辨》等解经的小学类书籍。国子监对史书的刊印也很重视，到熙宁五年（1072）左右“十七史”的刻印基本完成。除了正史之外，国子监还刻印过《资治通鉴》《七十二贤赞》等史学著作。国子监在刻印经史的同时，还刻印了不少和人民生活密切相关的医书。据王国维统计，北宋汴京国子监刊刻了《开宝新详定本草》《太平圣惠方》等24部医书。需要特别指出的是，汴京国子监还刊刻了一些大部头的类书，如《初学记》《白氏六帖事类集》《昭明文选》，尤其是“宋四书”的刊印堪称雕印史上的鸿篇巨制。据王国维的《五代两宋监本考》统计，北宋监本共123部，显然这并不是监本的全部。《玉海》记载，到熙宁七年（1074），监书就达到了125部。可以想见，北宋一代汴京监本远比125部多。加上汴京其他机构的刻书，汴京官刻图籍的数量相当可观。

汴京是潜力巨大的图书市场，仅靠官刻不能满足人们的需求，在中央刻书的带动下，汴京的民间刻书业应运而生并发展得如火如荼。汴京的书籍铺最早开设于何时已不可考，但据文献记载，仁宗时馆阁就曾到汴京书铺访求图书。靖康之变时，金人索监书藏经，开封府直取于书籍诸铺。可见“东京汴梁……坊肆不但很多，而且也很有名”[1]。仁宗晚期和英宗时，汴京民间就雕印有小字巾箱本和中字本《五经》。庆历四年（1044）古文运动方兴之际，汴京民间还雕印了《宋文》；元丰元年（1078），太学生钟世美上书称旨，于是汴京书坊就雕《世美书》出售。此外，汴京书坊还常刊

[1] 李致忠：《古代版印通论》，北京：紫禁城出版社，2000年版，第109页。

刻一些文人的文集，如《东坡集》《司马光文集》等。《郡斋读书志》中著录的《归叟诗话》也是宣和末年京师书肆刻印的。另外，汴京坊刻的书籍还有《太平纯正典丽集》《舒王日录》《神宗皇帝政绩故实》，等等。

汴京五代时就有私家刻书，不过私人刻书形成一代风气的还是北宋时期。据《宋史·刘熙古传》记载，太祖时端明殿学士刘熙古就曾经摹刻自己的著作《切韵拾玉》，后将书版呈献国子监，皇帝下诏让国子监颁行。据《曲洧旧闻》记载，宋初文学家穆修得《韩柳集》善本后大喜，于是就自己镂版，在相国寺售卖。另外淳化年间张齐贤还刻印《注维摩诘经》，景祐二年（1035）驸马都尉柴宗庆刊印《登庸集》，王雱刊刻过《策文》《道德经注》，吕惠卿刻过《孙氏传家秘宝方》，刘次庄刻过《淳化法帖》《法帖释文》，等等。

由此可见，汴京的官刻、坊刻、家刻在五代基础上有了突飞猛进的发展，并日臻完善，以国子监为代表的汴京官刻更是发展到鼎盛时期。而汴京的民间刻书是官刻的有益补充，大相国寺资圣门前红火的书市就是其繁荣的缩影。汴京的民间刻书能最大限度地满足人民群众对书籍的需求，在普及文化和繁荣汴京民间的文艺生活方面有着积极的贡献。汴京的三大刻书系统互相依存、互相补充，共同促进了汴京刻书事业的繁荣。

（二）汴京刻书对其他刻书中心的影响

四川自古就有“天府之国”的美誉，经济和文化都比较发达，是我国雕版印刷的发源地之一。北宋时由于汴京监本品质超凡，四川刻书多以汴京监本为底本，如眉山刊印的《周礼》《春秋》《礼记》《孟子》《史记》《三国志》等都是以监本为底本。[1] 以至于到了南宋有些监本失传，朝廷就派人到四川寻找北宋汴京监本的翻刻本。汴京刻书对四川刻书的影响显而易见。

杭州在唐和五代时经济繁荣，再加上两浙盛产纸张，所以其雕版印刷的历史由来已久，但早期多是佛教方面的书籍。杭州真正成为雕印中心是在北宋，这和国子监刻书下杭州镂版是密不可分的，所以浙本和监本有着

[1] 顾廷龙：《唐宋蜀刻本简述》，《四川图书馆学报》，1979 年第 3 期。

惊人的相似之处：汴京本和浙本多欧体，且两地多用白麻纸等[1]。汴京国子监的一些书籍下杭州镂版，也为杭州培养出了大量优秀的雕版印刷方面的专业人才，这就为杭州刻书事业在南宋的全面繁荣奠定了坚实的基础。建炎南渡之际，像荣六郎一样带领自己的工人随皇帝南迁杭州的汴京书坊主不在少数，这无疑为杭州刻书事业注入了新的力量。魏隐儒在《中国古籍印刷史》中指出："靖康之变，金兵攻陷汴京时，一些书籍铺跟随宋都南迁临安，书版也被搬走。"[2] 汴京刻书对浙刻本的影响可谓深远至极。杭州之所以能在北宋后期迅速崛起，并在南渡后超过四川成为第一大刻书中心，和北宋时汴京国子监下书到杭州刻版以及靖康之后汴京刻工南渡有着密不可分的关系。

汴京的刻书还直接促使平水刻书中心的形成和壮大。北宋时金朝政府多次派人到东京汴京采购图书，平水也就是在这时出现雕版印刷。靖康之变，金兵攻陷汴京，掠走了国子监以及汴京书肆中的大量图书和书版，并把一部分运往平水，这无疑为后来平水的刻书提供了大量蓝本。"金源分割中原不久，乘以干戈，惟平水不当要冲，故书坊时萃于此。"[3] 北宋灭亡后，汴京的一些书籍铺和刻工为了避乱，一部分随大宋皇帝南迁临安，而另一部分则迁往比较安定的平水，并带去了娴熟的雕刻印刷技术。再加上平水物产丰富，盛产梨木、枣木、白麻纸，皆为刻版印书的好材料。这样平水就代替了汴京一跃成为金代长江以北最大的刻书中心。钱基博谈到这一点时指出："金人掠汴京书板（版）刻匠以迁平水，而平水遂成书坊之中心。"[4]《中国版刻图录》著录了曾巩的《南丰曾子固先生集》，就是金中叶平水坊刻本。它和绍兴二十二年（1152）荣六郎翻刻的汴京本《抱朴子》的版式非常相似[5]，此本源于北宋汴京坊刻是可以想见的。

---

[1] 王东明：《宋代版刻成就论略》，《装订源流和补遗》，北京：中国书籍出版社，1993 年版，第 240 页。

[2] 魏隐儒：《中国古籍印刷史》，北京：印刷工业出版社，1988 年版，第 72 页。

[3]（清）叶德辉：《书林清话》卷四，上海：上海古籍出版社，2012 年版，第 74 页。

[4] 钱基博：《版本通义》，北京：古籍出版社，1957 年版，第 26 页。

[5] 北京图书馆：《中国版刻图录》，北京：文物出版社，1960 年版，第 9 页。

由此可见，汴京刻书促进了四川、杭州两大刻书中心进一步繁荣，也直接促使金代平水刻书中心的形成和壮大。

（三）汴京刻书的创新尝试和版权意识的萌芽

雕版印刷对于书籍的生产和知识的传播来说，确实是一次伟大的革命。但是在雕版印刷快速发展的过程中，也暴露了它的局限和不足，如发生错漏不易更改，刻印大部头的著作耗费材料，并且储存版片需要占用大量空间。如果版片存放的时间过长，还容易生虫、断裂。为此汴京雕版印刷在发展的过程中，也进行了一些新的尝试。蜡版印刷就是在汴京首先使用的。其方法是将松蜡混和松香加热化开，均匀涂在木板上，待冷却坚硬便可雕字。用蜡板雕印比较方便快捷，并且可以重复利用。何薳《春渚纪闻》记载：毕渐为状元，赵谂第二，初唱第，而都人急于传报，以腊刻印“渐”字所模点水不着墨，传者厉声呼云“状元毕斩，第二名赵谂”，识者皆云不祥。而后，谂以谋逆被诛，则是“毕斩赵谂”也。[1] 这是关于蜡版印刷最早的文献记录，从中我们也看到了蜡版不易着墨的缺点。虽然蜡版印刷有自身的局限，但这种敢于尝试和探索的精神，对后来活字印刷术的发明产生了积极的意义。宿白在谈到汴京民间雕版时指出，汴京民间刻书事业日新月异的发展，为活字印刷术的发明奠定了良好的技术基础。[2]

在木版画的开拓上，北宋汴京功不可没。北宋汴京版画不仅在形式上打破了唐和五代卷首画的单一模式，而且汴京版画在内容上比前代有所突破，开始涉及一些世俗生活题材。据《续资治通鉴长编》记载，宋初汴京刻的《太平圣惠方》中皆有人形版画，这应该是最早的雕版书的插图。《三朝训鉴图》是汴京官刻版画的代表作，这部书既有文字故事，又有表现故事内容的插图，可谓图文并茂。图中又以红蓝饰色，感染力极强。这无疑为后来的彩色套印带来了启发。随着汴京雕印技术的普及和发展，汴京民间也开始雕印人物版画。苏轼的《司马温公行状》记载，司马光死后，“京

[1]〔宋〕何薳：《春渚纪闻》卷二，北京：中华书局，1983 年版，第 18 页。

[2] 宿白：《唐宋时期的雕版印刷》，北京：文物出版社，1999 年版，第 38 页。

师民画其像，刻印鬻之，家置一本，饮食必祝焉。四方皆遣人购之京师，时画工有致富者”[1]。北宋汴京过年，有张贴年画的习俗。随着传统绘画和雕版印刷术的成熟，在年画市场丰厚利润的吸引下，木版年画也就应运而生。沈括《补笔谈》中记载："熙宁五年（1072），上令画工摹拓镌板（版），印赐两府辅臣各一本。”[2] 到了北宋中后期，木版年画在汴京市场上比比皆是。孟元老《东京梦华录》中说："近岁节市井皆印卖门神、钟馗、桃板、桃符，及财门钝驴，回头鹿马，天行帖子。”[3] 汴京用木版雕印年画的尝试成就了今天被称为木版年画之鼻祖的开封朱仙镇木版年画。

汴京国子监刻书还促进了版权（这里主要是指出版权）意识的萌芽。据记载，汴京官刻收入颇丰，这当然和国子监等机构刻书量大质高分不开，还有一个重要原因就是对监本的保护。宋廷为了国家利益曾禁止民间私自翻雕监本书。如北宋至道三年（997）十二月，“诏国子监经书，外州不得私造印板（版）”[4]。再如熙宁年间，“民侯氏世于司天监请历本印卖，民间或更印小历，每本直一二钱，至是尽禁小历，官自印卖大历，每本直钱数百，以收其利”[5]。熙宁八年（1075）刻《王氏经义》，“禁私印及鬻之者，杖一百，许人告，赏钱二百千。从中书礼房请也”[6]。朝廷此举除了政治目的之外，另一目的就是垄断刻书市场从而使国家利益最大化。李致忠先生在谈及版权产生时说："官私刻书既然都有推销营利的目的包含其中，则版行之后必有翻版盗印以夺其利之虞。官版书私家不敢随意翻版。”[7] 可见北宋汴京的大量刻书并出售，在经营的过程中版权意识开始萌芽。另外，汴

[1]（宋）苏轼：《苏轼文集》卷十六，北京：中华书局，1986 年版，第 491 页。

[2]（宋）沈括：《梦溪笔谈·补笔谈》，上海：上海书店出版社，2009 年版，第 269 页。

[3]（宋）孟元老撰，伊水文笺注：《东京梦华录笺注》，北京：中华书局，2006 年版，第 943 页。

[4]（清）徐松：《宋会要辑稿·职官》，北京：中华书局，1957 年版，第 2972 页。

[5]（宋）李焘：《续资治通鉴长编》卷二二〇，北京：中华书局，2004 年版，第 5360 页。

[6]（宋）李焘：《续资治通鉴长编》卷二六六，北京：中华书局，2004 年版，第 6529 页。

[7] 李致忠：《古代版印通论》，北京：紫禁城出版社，2000 年版，第 127 页。

京刻书事业的繁荣还促进了宋朝图书管理制度的形成。随着印刷术的日益成熟，汴京民间刻书业愈发兴旺。针对汴京书肆滥刻的现象，政府发布禁止擅刻条令，设立禁书机构，颁布审查书籍程序和管理办法，并出台了对违法者惩处的一系列措施，逐步形成系统的图书管理制度。

（四）汴京刻书在印刷术和文化外传中的贡献

北宋时期，一些亚洲国家和民族的使者经常到汴京进行贡赐、贸易，北宋统治者经常把刊刻精美的图书作为礼品赠给他们。由于赠书不能满足他们的需求，很多使者在得到北宋政府的特许后，还特意到汴京书市上购买书籍带回。宋廷所赐的图书多为汴京国子监和印经院刊刻，使者们在汴京市场上购买的图书多为汴京坊刻本。在宋辽共处的100多年中，辽使节多次到汴京。由于北宋汴京的印刷业比较发达，辽使除带大批礼物通好外，另外一个目的是广泛购买汴京刻印的书籍。北宋时西夏为了发展自己的文化，多次向宋廷进贡马匹作为书酬。如嘉祐七年（1062），宋廷赐给了他们国子监印书、大藏经及幞头，并把马匹送回，任其出卖。英宗时，还根据夏使的请求，赐给了“九经”及《正义》《孟子》和医书等。据统计，西夏从宋得到佛经有六次之多，至于到汴京购买的书籍是无法统计的。

北宋时汴京与高丽的文化交流更为频繁，高丽使者的任务之一就是购买或请求赐书。北宋一代赐予高丽的文化典籍有记载的就有多次。淳化四年（993），高丽求版本九经。大中祥符九年（1016）赐经史、日历、圣惠方。真宗天禧五年（1021）高丽韩祚等175人来朝，愿得阴阳、地理、医学方面的书籍，宋廷再次满足他们的要求。哲宗时还送给高丽《文苑英华》《太平御览》各一部，另外赐予的还有《大藏经》《御制秘藏诠》《逍遥咏》《莲花心经》。朝廷的赐书不能满足高丽的需求，使者们在得到北宋政府的许可后到汴京书市和国子监购买需要的书籍。如神宗熙宁七年（1074），“诏国子监，许卖九经子史诸书……当时的汴京书肆刻书不少，这些书肆也成了高丽人出入的地方”[1]。哲宗元祐七年（1092）高丽使者还在市场上购买了

[1] 周宝珠：《宋代东京研究》，开封：河南大学出版社，1992年版，第592页。

一部《册府元龟》带回本国。[1] 高丽使臣不仅带走了汴京的雕版印书，他们还从汴京学到了先进的印刷技术。随后高丽以汴京刻本为底本进行翻刻，可见汴京刻书对高丽影响深远。

汴京刻书对日本和交趾也有很大影响。太宗雍熙元年（984），日本僧人奝然与其徒弟五六人一行浮海来到中国，奝然求印本《大藏经》，太宗慨然应允，赐《大藏经》一部及新译经280卷。这些印本传入日本，对日本的雕版印刷无疑起了积极的推动作用。张秀民先生指出："北宋初奝然从中国携回印本《大藏经》，后来的和尚又携回宋本经典书籍，因此才刺激日本自己也刻起书来了。"[2] 北宋时，交趾的贡使多次到汴京求印本"九经"及《大藏经》，并千方百计购求书籍。如大观元年（1107），交趾"贡使进京乞市书籍，有司言法不许，诏嘉其慕义，除禁书、卜筮、阴阳、历算、术数、兵书、敕令、时务、边机、地理外，余书许买"[3]。汴京雕印的书籍流传到越南，无疑对越南雕版印刷的产生起到了推动作用。

总之，汴京是北宋一代最先兴起的刻书中心，也是宋代影响最大的刻书中心之一。整个北宋期间，汴京的刻书事业从未间断，许多著作在这里第一次被雕印并成为定本广为流传。尤其汴京国子监刻书，无论是其雕印方法，还是其书籍制度都成为后代刻书之典范。更重要的是，雕版印刷在汴京从神圣的殿堂走进了普通百姓的生活，三大刻书系统在这里真正强大，版权意识在这里萌芽，版画作为插图在这里第一次运用到书籍中，彩色套印技术在这里受到启发，一系列的图书管理制度在这里初步形成。北宋汴京刻书对我国书籍的发展、文化的传播功莫大焉，同时也为世界各国的文化发展、思想交流、民族融合做出重要贡献。然而

[1]〔元〕脱脱等：《宋史·高丽国传》卷四八七，北京：中华书局，1985年版，第14048页。

[2] 张秀民：《中国印刷术的发明及其对亚洲各国的影响》，《雕版印刷源流》，北京：印刷工业出版社，1990年版，第373页。

[3]〔元〕脱脱等：《宋史·交趾国传》卷四八八，北京：中华书局，1985年版，第14070页。

由于年代久远，黄河泛滥，战乱频发，使汴京所刻图书屡遭劫难。尤其是靖康之乱，给汴京刻书业带来了毁灭性的打击：不但国子监的书版全部被劫，连汴京书籍铺也没能幸免。这些被金掠走的图书，后来又经蒙古兵火，几乎全部被毁。因此汴京书籍传至今日者寥若晨星。即便如此，汴京刻书曾经的辉煌和对后世的深远影响仍然闪耀着光芒。毋庸置疑，汴京是北宋最大的刻书中心，是宋代五大刻书中心之一，和南宋的刻书中心相比也毫不逊色。

第三章　南宋版印传媒的全面繁荣

靖康之乱，宋室南迁，不久宋高宗就升杭州为临安府，并驻跸这里，史称南宋。北宋汴京三馆及秘阁历经九朝所收藏的图书，在战火中荡然无存。在稍事安定之后，宋高宗就秉承祖训，大力恢复和发展文化教育事业，尤其重视图籍收藏和图书机构的重建，于是国家藏书再度繁荣。《宋史·艺文志》对此的记载言之凿凿：

> 尝历考之，始太祖、太宗、真宗三朝，三千三百二十七部，三万九千一百四十二卷。次仁、英两朝，一千四百七十二部，八千四百四十六卷。次神、哲、徽、钦四朝，一千九百六部，二万六千二百八十九卷。三朝所录，则两朝不复登载，而录其所未有者。四朝于两朝亦然。最其当时之目，为部六千七百有五，为卷七万三千八百七十有七焉。迨夫靖康之难，而宣和、馆阁之储，荡然靡遗。高宗移跸临安，乃建秘书省于国史院之右，搜访遗阙，屡优献书之赏，于是四方之藏，稍稍复出，而馆阁编辑，日益以富矣。当时类次书目，得四万四千四百八十六卷。至宁宗时续书目，又得一万四千九百四十三卷，视《崇文总目》，又有加焉。[1]

南宋虽偏安一隅，仍大力发展文化教育，实属难能可贵。清代叶德辉对此曾评价说："绍兴南渡，军事倥偬，而高宗乃殷殷垂意于此。宜乎南宋

[1]〔元〕脱脱等：《宋史·艺文志一》卷二〇二，北京：中华书局，1985 年版，第 5033 页。

文学之盛，不减于元祐也。”[1] 南宋的国家藏书恢复如此之迅速，一方面得益于朝廷对图书的大力征求，另一方面得益于当时对版印图书的大力提倡。据《建炎以来朝野杂记》载："四库书籍多阙，乞下诸州县，将已刊到书板（版），不拘经史子集、小说异书，各印三帙，赴本省。系民间者，官给纸墨工价之值。”[2]《建炎以来朝野杂记》云:"监本书籍者，绍兴末年所刊也，国家艰难以来，固未暇及。九年（1139）九月，张彦实待制为尚书郎，始请下诸州道学，取旧监本书籍，镂板（版）颁行。从之。然所取诸书多残缺，故胄监刊'六经'无《礼记》，正史无汉、唐。二十一年（1151）五月，辅臣复以为言。上谓秦益公曰：'监中其他阙书，亦令次第镂板（版），虽重有所费，盖不惜也。'由是经籍复全。”[3] 南宋统治者对书籍的重视由此可见。

雕版印刷在北宋时已经打下了良好的基础，到了南宋，由于政府对刻书业的大力提倡以及造纸业的发达，社会文化的繁荣，社会对图书的需求量进一步增大，这无疑为南宋雕版印刷的全面发展提供了最好的契机。不仅地方政府纷纷投入到雕印图书的事业中来，民间坊肆更是如雨后春笋般设立起来，并且迅速发展壮大，民间刻书的实力也得到了前所未有的增强，雕印出版了不少质量上乘的图书。南宋时的书坊名目繁多，且遍布全国各地，或曰书棚，或曰书籍铺，或曰经籍铺，等等。特别是浙江、福建、江西、四川等地区的刻书更是蔚然成风，当时福建的建阳书坊林立，号称“图书之府”，南宋雕版印刷业的兴盛由此也可见一斑。毋庸置疑，南渡后宋王朝的国土面积大大缩减，然而图书版印事业却迎来了它百花齐放的春天。

宿白先生在谈到南宋的雕版印刷时就曾指出："从现存大量南宋刻本书籍和版画中，可以看出雕版印刷业在南宋是一个全面发展的时期。中央和地方官府、学宫、寺院、私家和书坊都从事雕版印刷，雕版数量多，技艺高，印

[1]〔清〕叶德辉：《书林清话》卷六，上海：上海古籍出版社，2012年版，第121页。

[2]〔宋〕李心传：《建炎以来系年要录》卷八十六，北京：中华书局，1988年版，第1420页。

[3]〔宋〕李心传：《建炎以来朝野杂记》卷四，北京：中华书局，2000年版，第114—115页。

本流传范围广，不仅是空前的，甚至有些方面明清两代也很难与之相比。”[1] 此言不虚。南宋雕版印刷的全面繁荣主要表现为地方官刻和民间刻书的无比兴盛。

第一节　南宋官府刻书

北宋官府刻书尤其是北宋国子监刻书，在当时可谓版印业的翘楚，其所刻之书具有国家标准读本的作用和意义。到了南宋，情况有所改变。国子监等中央政府的刻书已日渐式微，地方官府刻书乘势而起，并后来居上成为南宋官刻的主力军。南宋时期所谓的国子监本，其实大部分是下发各州郡刊刻的。南宋地方政府的刻书兴旺发达，刻书机构众多，主要包括各路使司刻书，各州、军、府、县政府刻书，各地公使库刻书，各级官学刻书，等等，南宋地方政府刻书的地域广阔，校勘审慎，刻印精美。

一、以国子监为代表的中央官刻的衰微

（一）南宋国子监刻书

国子监刻书在北宋辉煌一时，不仅镂版刊行了大量正经、正史，还校刻了大量医书、类书、算书等子部书籍。然而金兵入汴，国子监所刻图书和版片几乎被洗劫一空。驻跸临安后，高宗于绍兴三年（1133）六月，诏以“驻跸所在学置国子监”[2]，其规模不大，至绍兴十二年（1142），兵事稍息，四月开始增修临安府学为太学，十三年正月，以岳飞宅作为国子监太学，南宋国子监太学至此始定，但其规模已远不及北宋。

朝廷虽多次下令对国子监中缺书次第镂版，但因国力衰微，国子监刻书的力量也大大削弱，所以南宋国子监所刻的书籍并非都是由本监所雕印，

[1] 宿白：《唐宋时期的雕版印刷》，北京：文物出版社，1999 年版，第 84 页。
[2]〔宋〕李心传：《建炎以来系年要录》卷六六，北京：中华书局，1988 年版，第 1122 页。

有很多书籍是直接下令让地方雕造，然后将此类书版收归国子监。如绍兴十五年(1145)闰十一月，博士王之望请求群经义疏未有刻版者，下令让临安府雕造。洪迈《容斋续笔》云："绍兴中，分命两淮、江东转运司刻三史板（版）。"[1] 另一方面，国子监还将江南诸州官署旧书版集中于国子监。据有关史料记载，当时监书多缺，于是就取临安府、湖州、衢州、台州、泉州以及四川等地的旧书版，置于监中，充作监版。所以通常所说的南宋监本，并非都是由国子监自己雕造。宋人魏了翁为《六经正误》作序说:"南渡草创，则仅取版籍于江南诸州。"[2] 陈振孙《直斋书录解题》也有记载:"初，(吴兴)郡人思溪王氏刻《藏经》有余板（版），以刊二史（《唐书》及《五代史》）置郡庠，中兴，监书多阙，遂取其板（版）以往，今监本是也。"[3]

王国维在《两浙古刊本考》中对南宋监本经疏也发表了自己的意见："北宋监本经史既为金人辇之而北。故南渡初即有重刊经疏者，如日本竹添氏所藏《毛诗正义》乃绍兴九年（1139）九月十九日绍兴府雕造。此事是否奉行是月七日诏书？抑或先已刊刻，别无可考。又刊经疏者，绍兴之外尚有婺州所刊《春秋左传正义》，温州所刊《尔雅疏》，虽未审在何时，至绍兴十五年（1145）令临安府雕造群经义疏未有板（版）者。则高宗末年经疏当尽有印板（版）矣。此种州郡刊板（版）当时即入监中，故魏华父、岳倦翁均谓南渡监本尽取诸江南诸州，盖南渡初监中不自刻书。悉令临安府及他州郡刻之，此即南宋监本也。"[4] 由此可见，南宋国子监当时自己雕造的监本书，真是屈指可数。从现存的史料来看，南宋时期的国子监刻书，主要集中在高宗、孝宗两朝。其后各朝记载南宋国子监刻书的史料相对较少。

据王国维先生《五代两宋监本考》统计（附录二），南宋监本共 69 种，

[1]〔宋〕洪迈：《容斋随笔》续笔卷十四，北京：中华书局，2005 年版，第 395 页。

[2]〔宋〕毛居正：《六经正误·序》，文渊阁四库全书本。

[3]〔宋〕陈振孙：《直斋书录解题》卷四，上海：上海古籍出版社，1987 年版，第 107 页。

[4] 王国维：《两浙古刊本考》卷上，《闽蜀浙粤刻书丛考》，北京：北京图书馆出版社，2003 年版，第 148—149 页。

其中经部 41 种，史部 22 种，子部 6 种。当然这绝不是南宋国子监刻书的全部，如绍兴二十六年（1156）三月，诏令各级考试，“并试刑法，令国子监印造《礼部韵略》《刑统律文》《绍兴敕令格式》，并从官给。”[1] 另外南宋国子监还曾校刻了《太平惠民和剂局方》《大观证类本草》等医书。“绍兴六年（1136）正月四日，置药局四所，其一曰和剂局。十八年（1148）闰八月二十三日，改熟药所为太平惠民局。二十一年(1151)十二月十七日，以监本药方颁诸路。”[2] 这里的“监本药方”即《太平惠民和剂局方》。绍兴二十七年（1157），“八月十五日，昭庆军永宣致仕，王继先上重加校定《大观证类本草》书，诏令秘书省官修润讫，付国子监刊行”[3]。由此可见南宋国子监也刊刻过医书。南宋移鼎元室后，国子监书版皆归入西湖书院，现据《元西湖书院重整书目》以及王国维的《西湖书院书版考》统计，到南宋末国子监的书版约有 100 种。

就刻书的数量和内容而言，南宋国子监都无法和北宋国子监相比，北宋国子监刻书仅王国维就考证出 113 种，若把北宋崇文院所刻图书也计算在内做一个估计的话，北宋监本可能不会少于 140 部。就王国维所考证出的南监本内容而言，主要是正经、正史，其中正经类图书 39 部，正史类图书 22 部，加在一起共有 61 部，占南监本的 88.4%；子部书仅有 6 部，而北宋监本子部书多达 49 部，其中医书就有 24 部之多；经部小学类的图书南宋国子监刊刻也很少，仅有 2 部。

就南北两监刻书的质量而言，南宋监本书的质量也要逊于北宋。魏了翁在《六经正误》序中就一针见血地指出：“（南宋监本）与京师承平监本大有径庭，与潭、抚、闽、蜀诸本互为异同，而监本之误为甚。柯山毛居正谊父以其先人尝增注《礼部韵》奏御于阜陵，遂又校雠增益以申明于宁考更化之日，其于经传，亦既博览精择。嘉定十六年（1223）春，会朝廷

[1]〔清〕徐松：《宋会要辑稿·选举》，北京：中华书局，1957 年版，第 4305 页。
[2]〔宋〕王应麟：《玉海·熙宁太医局》卷六三，扬州：广陵书社，2003 年版，第 1198 页。
[3]〔清〕徐松：《宋会要辑稿·崇儒》，北京：中华书局，1957 年版，第 2237 页。

命胄监刊正经籍，司成，谓无以易。谊父驰书币致之，尽取六经三传诸本，参以子史字书、选粹文集，研究异同，凡字义音切毫厘必校，儒官称叹，莫有异词。旬岁间刊修者凡四经，犹以工人惮烦，诡窜墨本，以给有司，而版之误字实未尝改者什二三也。继欲修《礼记》《春秋三传》，以父病目移告，其事中辍。”[1] 虽然南宋监本不如北宋监本，然而就整体而言，南宋监本在质量上还是要高于其他私刻、坊刻本，这是不用怀疑的。

无论在质量上还是在数量上，南宋国子监刻书都不及北宋国子监，其原因是多方面的。首先是由于当时社会动荡不安，尤其是南宋初期与晚期，战乱频仍，朝廷根本无暇顾及刻书之事。其次是南宋疆域变小，而国家军费开支浩大，造成严重的财政困难，自然也影响到国子监刻书。再次，南宋时期，国子监院内不再安排斋舍、讲堂等机构，成为单纯的教育行政机关，因此自身对刻书的需求相对减少。南宋灭亡后，据元人黄溍《西湖书院义田记》载，国子监书版皆归入西湖书院，仍用之继续印书。到了明初，西湖书院内的书版又被移入南京国子监，不过损佚已相当严重，只有极个别书版至清初还被用于刷印。遗憾的是，南宋国子监所刻书籍绝大部分已经失传，保存到今天的已成为凤毛麟角，据顾志兴考证南宋国子监刻本尚有《礼记注》30卷、《周易正义》30卷、《扬子法言注》13卷三部，现均收藏于国家图书馆。笔者翻检《中国古籍总目》，认为以下5种古籍很可能也是南宋国子监本，特列表如下：

表1[2]　《中国古籍总目》中现存的南宋国子监本

编号	书名	编撰	版本类型	藏地
21011169	《尔雅》三卷	晋郭璞注	南宋国子监刻本	台北“故博”

[1]〔宋〕毛居正撰：《六经正误·序》，文渊阁四库全书本。

[2] 表格中图书录入顺序依照《中国古籍总目》，藏地中各类图书馆皆用地名和机构名简称，博物馆、档案馆以简称缀于地名后，残本未能著录其存缺卷次者，收藏机构简称后加“*”号，下同。

（续表）

编号	书名	编撰	版本类型	藏地
21213710	《增修互注礼部韵略》五卷	宋毛晃增注、宋毛居正重修	宋嘉定十六年国子监刻本	台北“故博”
10200377	《周易正义》十四卷	唐孔颖达撰	宋绍兴间覆刻北宋本	国图
10200194	《汉书》一百卷	汉班固撰、唐颜师古注	北宋刻递修本	国图（配）
10200316	《后汉书》九十卷志三十卷	范晔撰、唐李贤注（志）晋司马彪撰、梁刘昭注	北宋刻递修本	国图（配）

表中宋绍兴间覆刻北宋本《周易正义》可能就是顾志兴所说的南宋监本，然而只有14卷。顾志兴先生所说的《礼记注》笔者并没有在《中国古籍总目》中查到，《扬子法言注》十三卷很可能就是《中国古籍总目》著录的《扬子法言》十三卷附音义一卷，只不过其版本类型著录为宋刻本，且为辽宁图书馆所藏。《汉书》和《后汉书》版本类型虽然著录为北宋刻递修本，事实上很可能就是南宋国子监的覆刻本。这些瑰宝现都保存在国家图书馆、台湾“故宫博物院”等重要的收藏单位，已成为镇馆、镇院之重宝，一般的读者和研究人员今天很难一睹其真容。

（二）南宋的其他中央官刻

南宋的中央刻书机构除国子监外还有秘书省、国史院、左廊司局、修内司以及太医局等。

1. 秘书省刻书。绍兴元年（1131）时局稍定，重建秘书省。南宋秘书省所掌范围更大，分知杂、经籍、祝版、太史四案。《宋会要辑稿》职官就指出:“掌凡邦国经籍图书、常祭祝板之事。”[1] 秘书省南宋时也刻书，如“淳熙五年（1178）九月十四日，有旨，秘书省见印到《中兴馆阁书目》，内将二十部进入，余给赐前日赴坐官每员一部”[2]。隶秘书省的太史局“掌测验

[1]〔清〕徐松：《宋会要辑稿·职官》，北京：中华书局，1957年版，第2755页。

[2]〔宋〕陈骙等撰，张富祥点校：《南宋馆阁录·续录》卷六，北京：中华书局，1998年版，第222页。

天文，考定历法。凡日月、星辰、风云、气候、祥眚之事，日具所占以闻。岁颁历于天下，则预造进呈。”太史局设有印历所，“掌雕印历书”之事。[1]

2. 左廊司局刻书。左廊司局是皇家内府的服务机构，淳熙三年（1176）左廊司局曾刻印过《春秋经传集解》等多种图书。据《天禄琳琅书目后编》载此书卷末题记云：“淳熙三年（1176）四月十七日，左廊司局内曹掌典秦王祯等奏闻：壁经《春秋左传》《国语》《史记》等书，多为蠹鱼伤牍，不敢备进上览。奉敕用枣木椒纸各造十部，四月九日进览，监造臣曹栋校梓，司局臣郭庆验牍。”[2] 由此可知左廊司局曾刊印多种图书，其目的是供孝宗皇帝预览，可想而知其雕印一定十分精美。清人彭元瑞就曾感叹说：“枣木刻世尚知用，若印以椒纸，后来无此精工也。”[3]

3. 修内司刻书。修内司属于将作监，主要职责是掌宫城、太庙的修缮任务，南宋修内司刻有《混成集》《绍兴校订本草》等书。据《齐东野语》载：“《混成集》，修内司所刊本，巨帙百余。古今歌词之谱，靡不备具。只大曲一类凡数百解，他可知矣，然有谱无词者居半。”[4]《绍兴校定本草》是太医王继先所撰，据《直斋书录解题》称：“医官王继先等奉诏撰。绍兴二十九年（1159）上之，刻板（版）修内司。每药为数语辨说，浅俚无高论。”[5]

另外国史院和太医局也曾刊刻过一些书，如宋宁宗嘉定年间太医局刊刻过《小儿卫生总微论方》《脉经》等。

二、地方官刻的崛起

靖康之难使汴京国子监书版全遭毁弃，国子监等中央政府的刻书力量

[1]〔元〕脱脱等：《宋史·职官志四》卷一六四，北京：中华书局，1977年版，第3879页。
[2]〔清〕彭元瑞：《天禄琳琅书目后编》卷三，上海：上海古籍出版社，2007年版，426页。
[3]〔清〕彭元瑞：《天禄琳琅书目后编》卷三，上海：上海古籍出版社，2007年版，427页。
[4]〔宋〕周密：《齐东野语》卷十，北京：中华书局，1983年版，第187页。
[5]〔宋〕陈振孙：《直斋书录解题》卷十三，上海：上海古籍出版社，1987年版，第386页。

被大大削弱了。南宋建立初期，国子监无力重新雕版，即令临安府及两浙、两淮、江东等地方政府刻版，然后送印本图书归国子监，其中一些书版仍留在原地继续印卖。另外南宋地方官在公务之余，往往以校刻书籍为美绩，南宋“中兴四大诗人”尤袤、杨万里、范成大、陆游与理学家朱熹、张栻等人，在地方做官时都刻印过不少精美的图书，洪迈因刊行《万首唐人绝句》还受到宋孝宗“转秩，赐金帛”的厚奖，吕祖谦奉命编纂《宋文鉴》，编成后得到银绢三百匹两的赏赐。这无疑更加激发了士大夫刻书的积极性。

南宋地方官刻书成为一时之风气，笔者通过陈振孙《直斋书录解题》查到有关南宋地方官刻书的记载就有近百条，这充分说明当时士大夫刻书之盛和刻书地域之广。这些地方官有的刊刻自己的著作，如陆游知严州时刻《剑南诗稿》；有以家藏善本付梓者，如尤袤知太平州，以家藏《苏氏演义》刻版；有刻其地之乡贤及旧时名宦遗著（尤其诗文集）者，如南剑州太守刘允济刊郡人罗从彦《尊尧录》，吴郡守李伯珍刻《白氏长庆集》；有刻父祖师友遗著者，如严州太守陆子遹刻其曾祖陆佃《尔雅新义》、其父陆游《剑南续稿》；有刻当地方志者，如舒州太守张彦声刻《同安志》。仅《直斋书录解题》记载的士大夫刻书者就有 70 多人，除上述诸人外，还有汪纲、朱熹、吕惠卿、宇文时中、曾逮、楼钥、熊克、耿秉、韩无咎、留元刚、晏知止、郑定、周必大、晁子建、郑寅、洪迈、刘敏士、朱在、潘墀、俞意、魏了翁、钱厚、真景元、张材、陈辉、刘珙、吕昭问、李寿朋、万钟、赵不斯、孙德舆、张维、赵师侠、李道传、黄汝嘉、李性传、李大谦、司马迈、董令升、杨倓、莫伯虚、徐璹、楼炤、邓开、王琪、裴煜、方崧卿、葛峤、何友谅、朱衮、郭森卿、周纶、赵汝砺、陈东、刘孝韪、陈杞、赵纲、胡衍、曾噩、魏峻、范雍、方翱、赵壁、陆时雍、李兼、赵汝谈、倪祖常等 70 余人。甚是壮观。陆游曾说：“近世士大夫所至，喜刻书板（版）。”[1] 张秀民先生也曾指出：“陆游父子、范成大、杨万里、朱熹、张栻等百余人在各处

[1]〔宋〕陆游：《陆游集》卷二十六，北京：中华书局，1976 年版，第 2232 页。

做官，无不刻书。”[1] 南宋学者王明清在批评南宋当时士大夫家藏书多失于雠校时说：

近年所至郡府多刊文籍，且易得本传录，仕官稍显者，家必有书数千卷，然多失于雠校也。吴明可帅会稽，百废具举，独不传书。明清尝启其故，云：“此事当官极易办。但仆既簿书期会，宾客应接，无暇自校。子弟又方令为程文，不欲以此散其功。委之它人，孰肯尽心？漫盈箱箧，以误后人，不若已也。”[2]

王明清此番话意在批评当时士大夫藏书虽富有，却失之校雠。但同时也为我们指出了当时官府多刊图书，所以很容易得书并传录之，级别稍高一点的官员，家必有书数千卷藏书，考王明清《挥麈录》著于南宋孝宗乾道二年（1166），由此也可见当时刻书、藏书风气之盛。淳熙十三年（1186），秘书郎莫叔光亦云：“承平滋久，四方之人益以典籍为重，凡缙绅家世所藏善本，外之监司、郡守搜访得之，往往锓板（版）以为官书。然所在各自板（版）行，与秘府初不相关，则未必其书非秘府之所遗者也。”[3] 在中央朝廷的大力支持下，南宋地方官府刻书迅速崛起。

南宋时期参与刻书的地方官府机构大大超过了北宋，而且名目繁多，仅以现存宋版书中所录就有郡斋、县斋、郡学、郡庠、府学、州学、军学、县学、县庠、学宫、学舍、转运司、安抚使司、茶盐司、漕台、漕治、漕司、仓司、计台、各级公使库等多种刻书机构。为了解这诸多的名目，首先需要对南宋时期的地方行政管理机构有一个大概的了解。宋代实行路、州（府军监）、县三级地方行政管理制度。路是南宋最高一级行政机构，南宋时以各路治所所在州之知州为安抚使，别称帅司，总管一路。宁宗后，安抚

[1] 张秀民：《中国印刷史》，杭州：浙江古籍出版社，2006 年版，第 42 页。
[2]〔宋〕王明清：《挥麈录》卷一，上海：上海书店出版社，2001 年版，第 8 页。
[3]〔宋〕陈骙等撰，张富祥点校：《南宋馆阁录·续录》卷三，北京：中华书局，1998 年版，第 174 页。

司之兵政归都统制司，一路之民政归隶于转运使司（别称运司、漕司、漕台、计司、计台等）掌一路财赋;提刑司（又称宪司、宪台、臬司、臬台等）掌一路刑狱；提举常平司（又称仓司、庾司、庾台）掌一路通货有无、平抑物价，兼察吏治。它们总称监司，又称“外台”。中间一级机构是州或府、军、监，它们受路监司督察，但治权直属朝廷。县是三级行政机构中最低一级。[1]这三级行政机构都有刻书，另外还有各级官学、公使库和书院也刊刻图书。南宋时中央在地方各路设置的各路使司，地方各州（府、军）郡、县官署，以及地方各级官学、书院、公使库皆大力刻书。在南宋，地方官刻成为官府刻书的新贵。

（一）各路使司刻书

宋代的各路使司，包括安抚司、转运司、提举常平司、提刑司等，实际上掌握着各地的政治和经济命脉。清纪昀等撰《历代职官表•提举常平司》中就曾指出:“南宋时安抚使、转运使、提点刑狱与提举常平，称为帅、漕、宪、仓四司。仓司虽以常平为名，实亦有监督地方行政之权。”[2]他们既有权力，又有充裕的财力，不管它们是主动积极地响应朝廷号召，还是为了附庸社会风气，各路使司竞相刻印书籍，客观上进一步繁荣了南宋的雕版印刷。

南宋各路使司刻书机构众多，据笔者不完全统计，有两浙东路茶盐司、两浙东路安抚司、浙东庾司、两浙西路茶盐司、浙右漕司、浙西提刑司、淮南路转运使司、淮南东路转运司、淮南漕廨、福建转运司、潼州转运司、建安漕司、福建漕司、荆湖北路安抚司、广西漕司、江东仓台、江西计台、江西漕台、江西提刑司、江西仓台、江西转运司、广东漕司、江东漕院、眉山漕司，等等。

南宋有这么多使司进行刻书，其当时的刻书量也一定很可观。笔者据《中国古籍总目》统计出的现存各路使司刊本就有不少，特将结果列表如下：

[1] 以上参见龚延明《宋代官制辞典》总论及有关条目，北京：中华书局，1997 年版。
[2] 转引自李致忠《中国出版通史》（第四卷），北京：中国书籍出版社，2008 年版，第 75 页。

表 2 《中国古籍总目》中所录的宋代各路使司刻本

编号	集名	编撰	版本类型	藏地
10200034	《史记》一百三十卷	汉司马迁撰，刘宋、裴骃集解	宋绍兴间淮南路转运司刻本	上海*
10200144	《建康实录》二十卷	唐许嵩撰	宋绍兴十八年荆湖北路安抚使司刻递修本	国图
10200316	《后汉书》九十卷志三十卷	刘宋范晔撰、唐李贤注（志）、晋司马彪撰、梁刘昭注	宋绍兴间江南东路转运司刻宋元递修公文纸印本	上海（配影宋抄本）
10200380	《周易注疏》十三卷	三国魏王弼、晋韩康伯注，唐孔颖达疏	宋两浙东路茶盐司刻宋元递修本	国图、日本足利学校
10200648	《唐书》二百卷	后晋刘昫等撰	宋绍兴间两浙东路茶盐司刻本	国图*
10200707	《龟山先生语录》四卷后录二卷	宋杨时撰	宋吴坚福建漕治刻本	国图
10200892	《九家集注杜诗》（新刻校定集注杜诗）三十六卷	唐杜甫撰、宋郭知达集注	宋宝庆元年广东漕司刻本(新刻校定集注杜诗)	台北“故博”
10202266	《临川先生文集》（临川王荆公先生文集、新刻临川王介甫先生诗文集）一百卷目录二卷	宋王安石撰	宋绍兴二十一年两浙西路转运司王钰刻元明递修本	国图、上海(抄配)、南京（抄配）、山东、安徽、湖南
10202500	《注东坡先生诗》四十卷	宋苏轼撰，宋施元之、宋顾僖注	宋嘉泰间淮东仓司刻本	国图*另一部也残
10301027	《资治通鉴》二百九十四卷目录三十卷	宋司马光撰	宋绍兴二至三年两浙东路茶盐司公使库刻本	国图
10301037	《资治通鉴考异》三十卷	宋司马光撰	宋绍兴二至三年两浙东路茶盐司公使库刻宋元递修本	国图（抄配）
10302609	《尚书正义》二十卷	汉孔安国传、唐孔颖达疏	宋两浙东路茶盐司刻本	国图、日本足利学校

（续表）

编号	集名	编撰	版本类型	藏地
10403655	《吕氏家塾读诗记》三十二卷	宋吕祖谦撰	宋淳熙九年丘崇江西漕台刻本	国图
10504913	《周礼疏》五十卷	汉郑玄注、唐贾公彦疏	宋两浙东路茶盐司刻宋元递修本	国图、北大
10505572	《礼记正义》七十卷	汉郑玄注、唐孔颖达疏	宋绍熙三年两浙东路茶盐司刻宋元递修本	国图、北大、上海、日本足利学校
10505573	《礼记正义》七十卷附校勘记二卷	汉郑玄注、唐孔颖达疏、潘宗周校勘	民国南海潘氏宝礼堂影刻宋绍兴三年两浙东路茶司本	国图、北大、上海、复旦
10708123	《春秋繁露》十七卷	汉董仲舒撰	宋嘉定四年江右计台刻本	国图
20605523	《本草衍义》二十卷	宋寇宗奭撰	宋淳熙十二年江西转运司刻庆元元年重修本	国图
20606463	《伤寒要旨》一卷药方一卷	宋李柽撰	宋乾道七年姑孰郡斋刻本	国图
20609130	《处台秘要方》四十卷	唐王焘撰	宋绍兴两浙东路茶盐司刻本	国图（抄配）、北大、台图 *
51224782	《事类赋》三十卷	宋吴淑撰并注	宋绍兴十六年两浙东路茶盐司刻本	国图

从统计表中我们不难看出，虽然历经近千年的沧桑，南宋各路使司刊本至今仍存有 20 多种，当时刻书之多由此可以想见。其中两浙东路茶盐司刻书现存仍有 11 种，可见两浙东路茶盐司当时刊刻的图书一定不少。另据陈坚考证两浙东路茶盐司的刊本还有《周礼注疏》四十二卷、嘉泰间刊《孟子注疏解经》十四卷、《太玄经》十卷，绍兴二至三年（1132—1133）刊《资治通鉴目录》三十卷等，现已亡佚不存。[1] 田建平对叶德辉《书林清话》中的宋代各路使司统计分析后得出“路级机构书籍的出版，主要集中在江浙地区、福建地区及荆湖地区”[2] 的结论。杨玲《宋代出版文化》中也指出：

[1] 陈坚，马文大：《宋元版刻图释》，北京：学苑出版社，2000 年版，第 13 页。
[2] 田建平：《宋代书籍出版史研究》，河北大学博士学位论文，2012 年，第 86 页。

“各路使司刻本中以两浙、江西最多。”[1] 其实南宋时期两浙、福建、江西都是比较有名的刻书中心，其官方刻书都不在少数，之所以得出不同的结论，主要原因是他们分析的样本不一样而已。

（二）州、府、军、县官署刻书

在南宋几乎所有州县地方的政府均刊刻过图书。府、州、军一级政府的刻书有的径题某某府刻，如绍兴九年（1139）临安府刻本《汉官仪》，卷末题“绍兴九年（1139）三月临安府雕印”，同年临安府又刻《文粹》，卷末有“临安府今重行开校正讫”字样并官员衔名。更多的则著录作某某郡斋刻本，如嘉泰元年（1201）筠阳郡斋刻《宝晋山林集拾遗》，其后有米宪跋云:“自《书史》《画史》《砚史》外，其他诗文才百余篇。惧遗编之坠地，致潜德之晦蚀,乃即筠阳郡斋命工锓板。”[2] 嘉定六年（1213）章贡郡斋刻《楚辞集注》,其云“因是正之,刊于章贡郡斋”。嘉熙三年（1239）禾兴郡斋刻《压韵释疑》中有余天任序云 :“因刊之禾兴郡斋，以广其传。”[3] 禾兴为嘉兴旧称。另外还有军刻，如嘉定六年（1213）汀州军刊《孙子算经》三卷、《数术记遗》不分卷。县级政府的刻书，多著录作某某县斋刻本。如咸淳五年（1269）伊赓崇阳县斋刻《乖崖先生文集》,开禧三年（1207）昆山县斋刻《昆山杂咏》，淳祐二年（1242）赵时棣大庾县斋刻《心经》等。

南宋州、府、军、县政府的刻书具有以下两个突出的特点。一是和地方官员的个人文化修养和爱好关系密切，如文化修养较高的陆游父子，在先后出任严州知州时，就曾组织了两次大规模的刻书活动。二是所刻图书文献具有鲜明的地方色彩，本地学者的作品和地方志占有一定的分量，如两浙路所刻图书中浙东学派的著作就有十余种,至今可考的地方志就有40余种。

现存的南宋州、府、军、县等地方政府的刻本不少，尤以郡斋刻书为最。笔者据《中国古籍总目》对此做了辑录，特列表如下 :

[1] 杨玲：《宋代出版文化》，北京：文物出版社，2012 年版，第 70 页。
[2] 祝尚书：《宋人别集叙录》（上册），北京：中华书局，1999 年版，第 574 页。
[3] 曾枣庄等：《宋代文学编年史》（第四卷），南京：凤凰出版社，2010 年版，第 2505 页。

表3 《中国古籍总目》中所录的宋代郡斋刊本

编号	集名	编撰	版本类型	藏地
10100019	《楚辞集注》八卷辨证二卷后语六卷	宋朱熹集注	宋嘉定四年同安郡斋刻本	“台图”*
10100020	《楚辞集注》八卷辨证二卷《反离骚》一卷	宋朱熹集注、(反离骚)汉扬雄撰	宋嘉定六年章贡郡斋刻本	国图（卷一至二配清影宋抄本）
10200037	《史记》一百三十卷	汉司马迁撰、刘宋裴骃集解、唐司马贞索隐	宋淳熙三年张杅桐川郡斋刻本	国图*
10200509	《谢宣城诗集》五卷	南朝齐谢朓撰	宋洪级宣州郡斋刻本	“台图”（配影宋抄本）
10200514	《晋书》一百三十卷	唐房玄龄等撰	宋嘉泰四年至开禧元年秋浦郡斋刻本	国图*
10200860	《心经》一卷	宋真德秀撰	宋淳祐二年赵时棣大庾县斋刻本	“台图”
10201843	《乖崖先生文集》(《乖崖集》《乖崖先生全集》)十二卷附录一卷	宋张咏撰	宋咸淳五年伊赓崇阳县斋刻本	国图
10201865	《钜鹿东观集》（《东观集》）十卷	宋魏野撰	宋绍定元年严陵郡斋刻本	国图（抄配）
10201983	《宛陵先生文集》(《宛陵集》）六十卷	宋梅尧臣撰	宋绍兴十年宛陵郡守汪伯彦刻嘉定十六至十七年重修本	上海*
10202776	《宝晋山林集拾遗》八卷	宋米芾撰	宋嘉泰元年筠阳郡斋刻本	国图
10203435	《新刊剑南诗稿》二十卷	宋陆游撰	宋淳熙十四年严州郡斋刻本	国图*
10301106	《资治通鉴纲目》五十九卷	宋朱熹撰	宋嘉定间真德秀温陵郡斋刻本	“台图”（抄配）
10301314	《历代纪年》十卷	宋晁公迈撰	宋绍熙三年盱江郡斋刻本	国图*
10502158	《鲍氏战国策》十卷	宋鲍彪校注	宋绍熙二年会稽郡斋刻本	国图

（续表）

编号	集名	编撰	版本类型	藏地
10505585	《礼记集说》一百六十卷统说一卷	宋卫湜撰	宋嘉熙四年新定郡斋刻本	国图（抄配）
10506243	《仪礼经传通解续》二十九卷	宋黄榦撰、宋杨复订	宋嘉定十六年南康军刻元明递修本	国图＊
10705139	《两汉博闻》十二卷	宋杨侃辑	宋乾道八年胡元质姑孰郡斋刻本	国图（抄配）
10705141	《汉隽》十卷	宋林钺辑	宋淳熙五年滁阳郡斋刻本	上海
10705141	《汉隽》十卷	宋林钺辑	宋嘉定四年滁阳郡斋刻本	国图
10706672	《春秋经传集解》三十卷	晋杜预撰	宋绍兴间江阴郡刻递修本	日本
10706736	《春秋左传正义》三十六卷	晋杜预注、唐孔颖达等疏	宋庆元六年绍兴府刻宋元递修本	国图
10805364	《致堂读史管见》三十卷	宋胡寅撰	宋嘉定十一年衡阳郡斋刻本	国图、北大＊、上海＊
20607978	《卫生家宝产科备要》八卷	宋朱端章辑	宋淳熙十一年南康郡斋刻本	国图
20609150	《洪氏集验方》五卷	宋洪遵辑	宋乾道六年姑孰郡斋刻公文纸印本	国图
20908916	《中庸》一卷	宋朱熹章句	四书章句集注本（宋淳祐当涂郡斋刻）	国图
20909313	《论语》十卷	宋朱熹集注	四书章句集注本（宋嘉定当涂郡斋刻嘉熙淳祐递修）	国图
20909321	《论语序说》一卷	宋朱熹编	四书章句集注本（宋嘉定当涂郡斋刻嘉熙淳祐递修）	国图
20909813	《孟子》十四卷	宋朱熹集注	四书章句集注本（宋嘉定当涂郡斋刻嘉熙淳祐递修）	国图
20909821	《孟子序说》一卷	宋朱熹编	四书章句集注本（宋嘉定当涂郡斋刻嘉熙淳祐递修）	国图

（续表）

编号	集名	编撰	版本类型	藏地
20910200	《四书章句集注》二十八卷	宋朱熹撰	宋淳祐十二年当涂郡斋刻本（大学章句、中庸章句）	国图
21212814	《龙龛手鉴》四卷	辽释行均撰	宋嘉兴府刻本	台北"故博"
21213715	《押韵释疑》五卷拾遗一卷	宋欧阳德隆撰	宋嘉熙三年禾兴郡斋刻本	国图*
21213716	《押韵释疑拾遗》一卷	宋欧阳德隆撰	宋嘉熙三年禾兴郡斋刻本	国图
21214825	《輶轩使者绝代语释别国方言解》（《輶轩使者绝代语释别国方言》）十三卷	汉扬雄撰、晋郭璞注	宋庆元六年寻阳郡斋刻本	国图
30918207	《汉官仪》三卷	宋刘攽撰	宋绍兴九年临安府刻本	国图
41119750	《论衡》三十卷	汉王充撰	宋乾道三年绍兴府刻元公文纸印本	上海、南京博
41120080	《容斋随笔》十六卷续笔十六卷	宋洪迈撰	宋嘉定五年章贡郡斋刻本	国图、苏州
41123803	《自警编》五卷	宋赵善璙辑	宋端平元年九江郡斋刻本	"台图"
51225530	《文选双字类要》三卷	题宋苏易简撰	宋淳熙八年池阳郡斋刻绍熙三年重修本	上海*
51326760	《山海经》十八卷	晋郭璞传	宋淳熙七年池阳郡斋刻本	国图
60342084	《文选》六十卷附李善与五臣同异一卷	南朝梁萧统辑、唐李善注	宋淳熙八年池阳郡斋刻本	"台图"、国图、上海
60342182	《古文苑》二十一卷（《古文苑注》）	宋章樵注	宋端平三年常州军刻淳祐六年盛如杞重修本	国图
60343607	《皇朝文鉴》（《宋文鉴》）一百五十卷目录三卷	宋吕祖谦辑	宋嘉泰四年新安郡斋刻本	国图（抄配）
61141597	《西汉会要》七十卷	宋徐天麟撰	宋嘉定间建宁郡斋刻本	上海*

（续表）

编号	集名	编撰	版本类型	藏地
61141598	《东汉会要》四十卷	宋徐天麟撰	宋宝庆二年建宁郡斋刻本	国图*、上海
70548409	《花间集》十卷	五代赵崇祚辑	宋绍兴十八年建康郡斋刻本	国图
71449532	《舆地广记》三十八卷	宋欧阳忞撰	宋九江郡斋刻嘉泰四年淳祐十年递修本	国图*
81663528	《金石录》三十卷	宋赵明诚撰	宋淳熙间龙舒郡斋刻本	国图、上海*

由上表可知，现存南宋州、府、军、县刻书就有 49 种，由此可以想见南宋时州、府、军、县的刻书量应该也很大。其中南宋郡斋刻本就存有 38 种之多，占该类存书的 77.5% 还要多。瞿冕良的《中国古籍版刻辞典》中著录的南宋郡斋刻本就超过了 120 种，[1] 可见郡斋刻书是南宋官府刻书的主力军，为南宋版印事业的繁荣做出了不小的贡献。

在此需要特别指出的是，过去的一些版本学、印刷史、出版史学者，如李致忠等经常把郡斋刻书、县斋刻书列入宋代的学校刻书，不知是何原因。查阅《汉语大辞典》，“郡斋”一词的意思是郡守的起居之所，后来用其代指官署，郡斋和郡庠的意思是截然不同的。《中国古籍版刻辞典》中对“郡斋本”的解释是“宋代地方官刻的一种，郡守所居处曰郡斋”[2]。所以笔者认为郡斋本和县斋本绝不是地方官学刻书，而是郡县或者说州县政府的刻书。《宋本》一书就此也指出：“上面所说的郡斋刻本、县斋刻本，实际上就是郡县政府的官刻书。所谓郡斋，即郡守（宋代府州仍保留郡名，郡守即府州一级长官）起居之所。县斋，则是知县、县令的居所。郡斋刻本，即是府州一级政府的刻书。县斋刻本，即是县一级政府的刻书。有的版本学著作中，把郡斋、县斋刻本归入郡县官学刻本，恐不确。”[3]

[1] 瞿冕良：《中国古籍版刻辞典》，济南：齐鲁书社，1999 年版，第 448—449 页。
[2] 瞿冕良：《中国古籍版刻辞典》，济南：齐鲁书社，1999 年版，第 448—449 页。
[3] 张丽娟，程有庆：《宋本》，南京：江苏古籍出版社，2002 年版，第 23 页。

（三）南宋州、府、军、县学刻书

从北宋仁宗兴学以来，宋代地方官学极盛，这种特殊现象在中国古代各朝是极为少见的。许多地方的州、府、军、县都办有学校，为国家培养输送人才。宋代地方官学的名称极多，大致有州学、郡学、郡庠、府学、学宫、学舍、县庠、县学等。这些地方官学一般由政府资助，有的还有学田、赐书等，经济上有保障，其所刻之书也是目前我们所能见到的宋版书中较多的一种，内容涉及经、史、子、集等各方面。李致忠先生谈到宋代官学刻书时也指出官学“都是读书讲学和作养人才的地方，比其他单位更加崇尚文化。它们一有学田，每年可以收取不薄的租金；二有人力、人才和时间，于学问内行，可以精校细勘，所以也多从事出版活动”[1]。

学校刻书是南宋刻书业的重要组成部分，其所刻图书的内在质量在南宋诸刻本中来说是可圈可点的。《中国古籍总目》共著录现存的南宋官学刻本 24 种，仍以前例列表如下：

表 4 《中国古籍总目》中南宋官学刊本

编号	集名	编撰	版本类型	藏地
10100118	《离骚草木疏》四卷	宋吴仁杰疏	宋庆元六年罗田县庠刻本	国图
10200358	《陆士龙文集》（《陆士龙集》）十卷	晋陆云撰	宋庆元六年华亭县学刻晋二俊文集本	国图
10201134	《韦苏州集》十卷拾遗一卷	唐韦应物撰	宋乾道七年平江府学刻递修本	国图、南京博物院
10201269	《朱文公校昌黎先生集》四十卷外集十卷遗文一卷集传一卷	唐韩愈撰、宋朱熹考异	宋绍定六年临江军学刻本	国图*、北大*、上海*、南京*、辽宁*
10201401	《唐柳先生外集》（《柳柳州外集》）一卷	唐柳宗元撰	宋乾道元年零陵郡庠刻本	国图

[1] 李致忠：《中国出版通史》（第四卷），北京：中国书籍出版社，2008 年版，第 78 页。

（续表）

编号	集名	编撰	版本类型	藏地
10202758	《淮海集》四十卷后集六卷长短句三卷	宋秦观撰	宋乾道九年高邮军学刻本	国图*
10203465	《渭南文集》五十卷	宋陆游撰	宋嘉定十三年陆子遹溧阳学宫刻本	国图*
60344489	《昆山杂咏》三卷	宋龚昱辑	宋开禧三年昆山县学刻本	国图
10302633	《书传问答》一卷	宋朱熹撰、宋蔡抗辑	宋淳祐十年吕遇龙上饶郡学刻本	国图
10302642	《朱文公订正门人蔡九峰书集传》六卷问答一卷小序一卷	宋蔡沈集传、宋朱熹订正	宋淳祐十年吕遇龙上饶郡学刻本	国图
10303150	《禹贡论》二卷后论一卷山川地理图二卷	宋程大昌撰	宋淳熙八年泉州州学刻本	国图
10303152	《禹贡后论》一卷	宋程大昌撰	宋淳熙八年泉州州学刻本	国图
10303153	《禹贡山川地理图》二卷	宋程大昌撰	宋淳熙八年泉州州学刻本	国图
10506219	《新定三礼图》（《三礼图集注》）二十卷	宋聂崇义集注	宋淳熙二年镇江府学刻公文纸印本	国图
10706674	《春秋经传集解》三十卷经传识异一卷	晋杜预撰	宋嘉定九年兴国军学刻本	国图、日本宫内省
10707507	《春秋集注》十一卷纲领一卷	宋张洽撰	宋宝祐三年临江郡庠刻本	国图
10200410	《三国志》六十五卷	晋陈寿撰、裴松之注	宋衢州州学刻元明递修本	北大、上海
10401776	《通鉴纪事本末》四十二卷	宋袁枢撰	宋淳熙二年严陵郡庠刻本	国图
10401776	《通鉴纪事本末》四十二卷	宋袁枢撰	宋宝祐五年赵与篡刻，元延祐六年嘉禾学宫重修本	国图、复旦
10704841	《诸史提要》十五卷	宋钱瑞礼撰	宋乾道间绍兴府学刻本	国图
10705141	《汉隽》十卷	宋林钺辑	宋淳熙十年象山县学刻本	国图（刻配）、辽宁

（续表）

编号	集名	编撰	版本类型	藏地
61142641	《大唐六典》三十卷	唐玄宗李隆基撰、唐李林甫等注	宋绍兴四年温州州学刻递修本	国图* 北大* 南京博物院*
10200832	《西山先生真文忠公读书记甲集》三十七卷丁集二卷	宋真德秀撰	宋福州学官刻本	美国哈佛、燕京*、南京*
51224781	《孔氏六帖》三十卷	宋孔传辑	宋乾道二年泉南郡庠刻本	国图

为了了解南宋地方官刻的地域分布情况，笔者据叶德辉《书林清话》所载南宋地方政府所刻的书籍作了统计，其中刻书最多，位于南宋地方官刻前三甲的分别是两浙东路共刻书 32 种，福建路共刻书 30 种，江南西路共刻书 28 种。其后是两浙西路共刻书 24 种，江南东路共刻书 18 种，淮南东路共刻书 12 种，荆湖南路共刻书 9 种，荆湖北路共刻书 8 种。从统计数字我们可以看出，南宋的地方政府刻书地域分布和南宋的刻书中心基本吻合。这也是可以理解的，只有官方的积极参与和引导，民间刻书业才能做大做强，刻书中心才能得以形成和壮大。另外，在南宋各类地方官刻中，以郡级的官署和官学刻书最多。这是因为他们不仅有雄厚的财力，而且有充足的高级人才来进行校勘和雕印。因此南宋的地方官刻本大多版面宏阔，行格疏朗，雕印精美，讹误相对来说较少。

第二节　南宋民间刻书

北宋后期民间的刻书业已经有了很大的发展，并逐渐形成汴京、杭州、四川、福建四个刻书中心。宋室南迁后，除汴京因沦陷刻书业一落千丈外，其他刻书中心在南宋继续一路高歌，突飞猛进，并带动了周边地区刻书业的发展，共同把南宋的民间刻书业推向全面繁荣。南宋的民间刻书又可以分为私宅刻书、书坊刻书以及民间的寺院和道观刻书几种类型。

私宅刻书其实就是我们平时所说的家刻。这里需要说明的是虽然划分私宅刻书和书坊刻书的标准很明确，以是否以营利为目的来划分，然而我们今天实际划分起来却不是一件容易的事情。过去往往根据书牌刊语中所题的名称来判断，如某宅、某府、某家塾等名称，即归于私宅刻书之类；某坊、某铺，即归于书坊刻书之类；某“斋”、某“堂”，则或归私刻，或归坊刻。这些划分不能说没有道理，但恐怕也不太科学。黄善夫家塾历来被作为私家刻书的杰出代表，以刻印技术精湛著称，但张秀民先生在《中国印刷史》中就把“建安黄善夫家塾”归为书坊刻书，也是不无原因的。古代刻书中家刻往往以校勘精审著称，近些年据不少学者对享有盛誉的黄善夫所刻《史记》《汉书》研究后指出，黄刻本文字内容中的错误比比皆是，校勘粗疏草率，似乎和我们想象中的家刻又搭不上边。一部分私宅刻书可能为了收回成本也进行出售，尝到甜头后，有可能专事刻书变成了书坊，刻书之名号并没有改变。李致忠就曾指出：“私宅与坊肆有时也很难区分，有时前者也向后者发生演变。这里只能大体分开，彼此交插（叉）在所难免。”[1] 所以在私宅刻书与书坊刻书的判断方面不能一概而论。除了少量书中有明确记载以外，有些可以从版刻风格、校勘质量等方面加以推测，而有的恐怕只能存疑，或者暂列一说。另外还有一个问题需要说明，就是宋代地方官所刊刻的书，大多数时候可能动用了公帑，但是他们所刻之书有的是充了公，有的却是中饱私囊。如陆游严州任上所刻的《新刊剑南诗稿》，唐仲友台州知州任上所刻荀、杨、韩、王四子印版。朱熹曾经六次上书，历数台知州守唐仲友贪污谋私之状，其中一项就是用公库钱刻书谋私。由于一些官员刻书的动机不明，所以其刻书的归属也很难定性。所以南宋时有些民间刻书也很难简单作出区分，有些问题只能留待以后继续深入研究。

---

[1] 李致忠：《中国出版通史》（第四卷），北京：中国书籍出版社，2008 年版，第 81—82 页。

一、南宋私宅刻书的普遍兴起

私宅刻书，是指由官僚、富绅、文人学士等私人出资刊刻图书。他们或校刻经典文籍，或将自己和前辈的著作刊刻行世。这类刻书大多以发扬学术、传播知识、推广文化为目的，并不以售卖营利为第一要务，这是与书坊刻书最根本的区别。私宅刻书通常又称为家刻，其所刻的图书在版本学上称为家刻本。这类书往往以赠送为主，有时偶尔也通过销售回收部分成本，单纯为了营利的情况并不多见。在个人经济宽裕的情况下，家刻本的刻版、用纸、印刷、装潢等，往往都十分考究。因此，在家刻本中的善本还是比较多的。家塾刻书是家刻的一种，只是有些版本学著作为了叙述的方便，才把它们分开来介绍。在中国古代社会，官僚、地主、富商大贾常常在自己家里开设学校，称为家塾，并聘请有名望的先生来教授自己的子女。虽然被聘的教师未必有什么科第功名，但往往德高望重，具有真才实学。他们在教书的过程中，常常就自己的志趣所长，或著述，或校勘，或整理，或注释旧籍，依靠主人的财力，并把它们刊刻出版。大多数家塾本所刻的内容多为儒家经典，启蒙读物以及名家的诗文集等，主要是作为本族学生阅读学习的教材，或课外读物，当然这类刻本除满足本族需要外，也往往销售一部分来补充家塾的日常开销。

南宋时期的私宅刻书极其普遍，所刻之书也非常多，后代目录书中的著录也都是冰山一角。笔者据叶德辉《书林清话》统计的南宋私宅刻书就有 70 多种，保存至今的南宋私宅刻书尚有不少。据李致忠先生考查现藏国家图书馆中的南宋私宅刻书就有[1]：

宋婺州市门巷唐宅刻印了汉郑玄注《周礼》十卷。

义乌蒋宅崇知斋刻印了汉郑玄注《礼记》二十卷。

[1] 李致忠：《中国出版通史》（第四卷），北京：中国书籍出版社，2008 年版，第 82—84 页。

淳祐十二年（1252）魏克愚刻印了《周易要义》十卷、《仪礼要义》五十卷、《礼记要义》三十三卷。

王叔边刻印了《后汉书注》九十卷《志注补》三十卷。

毕万后裔魏齐贤富学堂刻印了宋李焘《李侍郎经进六朝通鉴博议》十卷。

宝祐五年（1257）赵与篡在湖州刻印了宋袁枢《通鉴纪事本末》四十二卷。

宋崇川于氏刻印出版《新纂门目五臣音注扬子法言》十卷，《新增丽泽编次扬子事实品题》一卷，《新刊扬子门类题目》一卷。

王氏取瑟堂刻印出版宋阮逸《中说注》十卷。

宋婺州王宅桂堂刻印出版《三苏先生文集》七十卷。

咸淳年间廖莹中世彩堂刻印出版《昌黎先生集》四十卷、《外集》十卷、《遗文》一卷、《朱子校昌黎先生集传》一卷，又刻印出版《河东先生集》四十五卷、《外集》二卷。

淳熙三年（1176）王旦刻印出版宋王阮《义丰文集》一卷。

绍熙四年（1193）吴炎刻印宋吕祖谦《东莱标注老泉先生文集》十二卷。

庆元二年（1196）周必大刻印出版宋欧阳修《欧阳文忠公集》一百五十三卷。

庆元五年（1199）黄汝嘉刻印出版《东莱先生诗集》二十卷、《外集》三卷。

嘉泰四年（1204）吕乔年刻印出版《东莱吕太史文集》十五卷、《别集》十六卷、《外集》五卷。

绍定五年（1232）黄埒刻印出版《山谷诗注》二十卷。

景定元年（1260）陈仁玉刻印出版宋赵抃《赵清献公文集》十六卷。

宋鹤林于氏家塾曾刻印出版晋杜预《春秋经传集解》三十卷。

黄善夫家塾之敬室刻印出版《史记集解索隐正义》一百三十卷，《王状元集百家注分类东坡先生诗》二十五卷。

蔡琪家塾刻印出版了《汉书集注》一百卷。

乾道七年（1171）蔡梦弼东塾刻印出版《史记集解索隐》一百三十卷。

由以上可知国家图书馆现存的南宋私宅刻书就有20多家。除此以外现存的南宋私宅刻书还有：

锦溪张监税宅淳熙元年（1174）刊《昌黎先生集》四十卷《外集》十卷《附录》一卷。

茶陵谭叔端刊《新刊鸿烈集解》二十一卷。

建安蔡氏家塾蔡建侯庆元间刊《陆状元集百家注资治通鉴详节》一百二十卷。

蔡氏蔡幼学刊《育德堂外制》（存五卷）。

麻沙刘将仕宅刊《新雕皇朝文鉴》一百五十卷。

建安刘元起家塾庆元六年（1200）刊《汉书》一百卷、《后汉书》一百二十卷。

建安魏仲举家塾庆元六年（1200）刊《新刊五百家注音辩昌黎先生文集》四十卷、《外集》十卷、《别集》一卷，《新刊五百家注音辩柳先生文集》二十一卷、《外集》二卷、《新编外集》一卷、《附录》八卷。

建安魏仲立宅刊《新唐书》二百二十五卷。

祝太傅宅嘉熙二年（1238）《方舆胜览》七十卷首一卷，咸淳三年（1267）重刊本也存世。

建安曾氏家塾刊《文场资用分门近思录》二十卷。

建安虞氏家塾刊《老子道德经》四卷、《老子道德经章句》二卷。

麻沙刘通判宅仰高堂刊《音注河上公老子道经》二卷、《纂图分门类题五臣注扬子法言》十卷。

魏县尉宅庆元间刊《附释文尚书注疏》二十卷。

婺州永康清渭陈宅刊《精骑》六卷。

姑苏郑氏嘉定间刊《重校添注音辨唐柳先生文集》四十五卷，《外集》二卷。

四明楼氏家刊《攻愧先生文集》一百二十卷。

苕川宋氏刊《雪岩吟草甲卷忘机集》一卷。

邵武朱中奉宅绍兴十年（1140）刊《史记集解》一百三十卷。

潜府刘氏家塾绍熙间刊《春秋经传集解》三十卷。

饶州德兴县银山庄溪董应梦集古堂绍兴三十年（1160）刊《重广眉山三苏先生文集》八十卷。

从以上列举的私宅刻本可以看出，就内容而言南宋的私宅刻书经、史、子、集四部皆有，与官刻相比南宋的私宅刻书更重视集部书的刊刻；就地域分布而言，南宋的私宅刻书多分布在浙江、福建、江西、江苏、四川等地；就刊刻质量而言，一般来说南宋时的私宅刻书由于富有财力，并非为谋利而作，所以可以不惜工本，达到较好的刻印水平。又由于私宅刻书的目的乃为发扬学术、传播文化，有的又是刊刻自己或祖辈的著作，有的是校刻经典著作，有的是为家塾学子学习提供教材，所以在校勘方面态度比较认真。如周必大刊刻《文苑英华》，就曾经在文字校勘上下了很大的功夫。在此之前，《文苑英华》多以抄本流传，传抄过程中舛误异同甚多。据周必大序中所言，他在朝廷任职时看到秘阁藏本“舛误不可读”，当时曾经“属荆帅范仲艺均倅丁介，稍加校正”[1]。致仕以后，他又搜求别本，组织人员进行详细的校勘。周必大刊刻《文苑英华》是从嘉泰初年（1201）开始至四年才完成，共历

[1]〔元〕马端临：《文献通考·经籍考七五》卷二四八，北京：中华书局，1986年版，第1956页。

时四年之久，这次校勘的成果汇集成了《文苑英华辨证》十卷，是我国古代校勘的典范之作。至于廖氏世彩堂刊刻“九经”，其校勘之精审、用料之讲究、刊印之精美，尤为人所称道。楼氏家刻本《攻媿先生文集》无论在文字内容上还是刻印技术上都达到了很高的水平。这些都是私宅刻书的代表之作。

二、南宋书坊刻书的全面兴盛

我国古代的书坊是既刻书又售书的店铺，它最迟产生于唐代中期，在经历了 400 多年的成长发展之后，终于在南宋迎来了怒放的春天。书坊在南宋真可谓雨后春笋般层出不穷，且很快就形成了自己鲜明的特色，彰显了自己的实力，在整个刻书产业中占有举足轻重的地位。相对于北宋的书坊刻书来说，南宋坊刻的发达主要有以下三方面原因：一是书坊刻书自身发展的成熟，经过北宋的发展，到了南宋无论是坊刻的技术条件、社会认可度和市场需求都有了前所未有的提高。二是南宋的经济、文化更加繁荣昌盛，尤其是科举文化和商业贸易更加发达，学术活动更加活跃，无疑给书籍生产带来更大的商机，而刻书不仅能满足社会对图书的极大需求，还能给书坊带来更加丰厚的利润回报，自然就更加促进了书坊的刻书。三是南宋政府对坊刻的认可，对书籍生产管理的相对宽松，禁书令日渐减少，给书坊刻书创造了良好的外部条件。不仅如此，南宋官府委托书坊刻书更加频繁，有了官方的支持，书坊刻书的实力无疑进一步壮大。叶德辉《书林清话》之《书坊刻书之盛》中记录的两宋坊刻本，90% 以上都是南宋时书坊所刻。戚福康曾这样评价两宋的书坊刻书：“北宋书坊业虽然在接受官府委托刻书中显示了它的一定实力，但毕竟是官府刻书的补充和附庸；而南宋书坊业却是以一种独立的姿态，成为出版业的一支主体性的力量，并在规模和数量上又在官刻和私刻之上，得到社会的认同、大众的欢迎。”[1]

---

[1] 戚福康：《中国古代书坊研究》，北京：商务印书馆，2007 年版，第 94—95 页。

南宋时书坊林立，书坊刻书之多不可胜数。夸张一点说，南宋有刻书的地方都有坊刻。相比较而言，蜀、浙、闽等地的书坊刻书最为风行。南宋的魏了翁就曾指出："自唐末五季以来始为印书，极于近世，而闽、浙、庸蜀之锓梓遍天下。"[1] 另外南宋中后期江西地区的书坊刻书也势头迅猛。

（一）福建坊刻

建阳是南宋时期书坊刻书最兴盛的地区之一。《福建古代刻书》指出："宋代闽刻的中心是福州和建阳。前者以寺院刻藏而闻名，后者以坊肆刻书著称。"[2] 建阳的书坊主要集中在麻沙镇和书坊街，这两个地方书坊鳞次栉比，所刻书籍远销四面八方。祝穆就称"建阳富沙、崇化两坊产书，号为图书之府"[3]。单建阳麻沙镇有牌号可考的书坊就有36家之多。[4] 历来对福建书坊刻书之盛都赞誉不绝。叶梦得就曾言："福建本几遍天下。"[5]《建阳县志》也有记载："书市在崇化里，比屋皆鬻书籍，天下客商贩者如织，每月以一、六集""五经四书泽满天下，世号小邹鲁"[6]。可见刻书业在建阳地方经济文化中的重要地位，也难怪书籍被称为这里的"土产"。刘克庄的《后村居士录》记载："建阳两坊（指麻沙、崇化）坟籍大备，比屋弦诵。"[7] 朱熹也说："建阳版本书籍行四方者，无远不至。"[8] 著名学者熊和在谈到建阳刻书时也说："文公之书，如日丽天，书坊之书，如水行地。"他在为书坊同文书院撰写的《上梁文》中还写到："儿郎伟，抛梁东，书籍日本高丽

[1]〔宋〕魏了翁：《鹤山先生大全集》，转引自张秀民《中国印刷史》，杭州：浙江古籍出版社，2006年版，第43页。

[2] 谢水顺，李珽：《福建古代刻书》，福州：福建人民出版社，1997年版，第4页。

[3]〔宋〕祝穆：《方舆胜览》卷十一，文渊阁四库全书本。

[4] 李瑞良：《中国古代图书流通史》，上海：上海人民出版社，2000年版，第310页。

[5]〔宋〕叶梦得：《石林燕语》卷八，北京：中华书局，1984年版，第116页。

[6]《嘉靖建阳县志·乡市》卷三，上海：上海古籍书店影印本，1962年版。

[7]〔宋〕刘克庄：《后村居士录》，转引自张秀民《中国印刷史》，杭州：浙江古籍出版社，2006年版，第66页。

[8]〔宋〕朱熹：《朱子全书·建宁府建阳县学藏书记》（第二十四册），上海：上海古籍出版社，合肥：安徽教育出版社，2002年版，第3745页。

通；儿郎伟。抛梁西，万里车书通上国。”可见福建建阳县麻沙、崇化两镇书坊所出书籍，其种类靡所不备，行销全国各地，无远不至，甚至漂洋过海，出口到日本、高丽等国。

据戚福康统计，南宋时福建的书坊有江宁府黄三八郎书铺、建阳麻沙书坊、建宁书铺蔡琪纯父一经堂、武夷詹光祖月厓书堂[1]、崇川余氏、建宁府陈八郎书铺、建安江仲达群玉堂、建阳余仁仲万卷堂、建阳余唐卿明经堂、建阳余彦国励贤堂、建阳余氏广勤堂、建安余恭礼宅、建安余腾夫宅、建安刘之间（刘元起）宅、建安刘叔刚一经堂（刘叔刚宅）、建安刘日新三桂堂、麻沙刘仕隆宅、麻沙镇水南刘仲吉宅、麻沙刘智明、麻沙刘仲立、麻沙刘将仕、麻沙刘通判宅、建安虞氏家塾、建宁府麻沙镇虞叔异宅、麻沙镇南斋虞千里、建安魏仲立宅、建安魏仲举家塾（魏仲举崇正堂）、建安魏仲卿家塾、建安黄善夫家塾、建安黄及甫家塾、建安陈彦甫家塾、建溪（或作建安）三峰蔡梦弼傅卿家塾、建安王懋甫桂堂、建安王朋甫（建阳钱塘王朋甫）、建安曾氏家塾、建安庆有书堂、建安万卷堂、建阳龙山堂（龙山书堂）、富学堂毕氏（“建阳毕万裔”魏齐贤富学堂）、临漳射垛书坊、建阳虞平斋务本堂（务本书堂）、东阳余四十三郎书坊、建安余卓书坊、建安钱塘王叔边宅、建安堂、武夷安乐堂、温陵中和堂、泉州提举市舶司东吴阿老书籍铺、朱氏与耕堂、高氏日新堂、叶氏广勤堂、崇文书堂共53家书坊。[2]与北宋相比，增加了十倍还多，实际上可能还远不止这些，如建安余氏还有勤有堂，北宋时就已经设立，南宋时也在刻书，到元代余志安的时候达到鼎盛。

建安书坊刻书最有名的是余氏书坊。从北宋起，余氏世代就以刻书为业。叶德辉就指出：“宋刻书之盛，首推闽中。而闽中尤以建安为最，建安尤以余氏为最。且当时官刻书亦多由其刊印。”[3]南宋是余氏刻书最兴旺的时期，

[1] 李致忠：《中国出版通史》和《唐宋时期的雕版印刷》均作“月崖堂”书堂。
[2] 戚福康：《中国古代书坊研究》，北京：商务印书馆，2007年版，第99—101页。
[3]〔清〕叶德辉：《书林清话》卷二，上海：上海古籍出版社，2012年版，第38页。

有余恭礼、余唐卿、余彦国、余靖安、余仁仲等六家。而其中最著名、刻书最多、行销最广的是余仁仲万卷堂。余仁仲的万卷堂曾经雕印了《陆氏易解》一卷、《尚书注疏》二十卷、《尚书全解》四十卷、《尚书精义》五十卷、《周礼注》十二卷、《纂图互注重言重意周礼》十二卷、《礼记注》二十卷、《春秋经传集解》三十卷、《春秋公羊经传解诂》十二卷、《春秋谷梁经传解诂》十二卷、《事物纪原》二十六卷等。其中以余仁仲所刻“九经”最为有名，元代岳浚荆谿家塾校刻“九经”时就曾指出：“宋时《九经》刊板（版）以建安余氏、兴国于氏二本为善。”[1] 南宋福建的书坊还先后刊刻过一千卷的《太平御览》和一千卷的《文苑英华》，堪称历代坊刻的大手笔。卷帙如此浩繁的大书，书坊非有足够之实力是不敢为之且也不能胜任的。

建阳书坊均集编、校、刻、销于一身，刻书内容无所不备，且形成了一定的特色。麻沙所刻的经部图书创造了纂图、互注、重言、重意等通俗实用的形式，史部图书常多刻节本，并刻有大量的诗文别集和选本。而且书肆的主人经常和当地文人合作编印许多适应市场需要的大型类书和市民阶层日常参考的医书、百科全书等，建阳书坊的字书、韵书、类书、启蒙读物的刊刻就特别发达，以满足科举考试的需要。此外建阳书坊还刊刻有农书、医书以及平话小说等通俗文学方面的书籍。

福建刻本也称“闽本”“建本”，“闽本”中建阳麻沙镇所刻的书又称为“麻沙本”。由于“麻沙本”旨在降低成本以求更多盈利，通常多用柔木刻版，因此多次印刷之后字画容易损坏而变得模糊，加上用建阳本地所产的土竹纸印书，颜色发黑，纸质暗薄，所以给人感觉不佳。因此“麻沙本”也成了粗制滥造的图书版本的代名词，历来评价不高。毋庸讳言，确实有些麻沙本校勘不精，甚至蓄意作伪，凡此种种，影响了麻沙本的声誉，但我们不能因此以偏概全。况且“麻沙本”成本降低更有利于图书的广泛传播。谢水顺、李珽就曾指出：

[1] 转引自李致忠：《中国出版通史》（第四卷），北京：中国古籍出版社，2008年版，第106页。

> 坊贾图利，偷工减料，有意作伪，校勘不精，乃坊刻通病，不独麻沙本为然。再说建阳麻沙的刻书事业，全盛于宋，历元明以迄清初，如果所有刻本都是粗制滥造，“最滥”“最下”，雕版印刷事业岂能维持700余年之久？刻本岂能流布全国甚至远销日本、朝鲜？可见麻沙本中亦不乏善本。就如清初著名学者朱彝尊在《经义考》中所说：“福建本几遍天下，有字朗质坚，莹然可宝者。”就是纪昀这样的人物也承认：“然如魏氏诸刻，则有可观者，不得尽以讹陋斥之。”张元济先生也称赞魏氏所刊《新唐书》“版印极精”。[1]

可见“麻沙本”中也有上品，南宋诗人杨万里曾赞美虞平斋务本堂刻的《东坡集》：“麻沙枣木新雕文，传刻疏瘦不失真，纸如雪茧出玉盆，字如秋雁点秋云。”事实也是如此，麻沙本也有善可陈，如《纂图互注礼记》《类编增广黄先生大全集》、建安万卷堂刻《王状元集诸家注分类东坡先生诗》《增类撰联诗学拦江网》《礼记正义》《九经白文》《百川学海》《周易注》等，都是雕印得很精善的本子，被藏书家视为拱璧珠琳。

叶梦得在评价宋代刻书时说：“蜀与福建多以柔木刻之，取其易成而速售，故不能工；福建本几遍天下，正以其易成故也。”[2] 此说也较为令人信服，然而也正是这个原因才能使建阳刻书品种繁多，成本低廉，几遍天下，“因此流传到现在的宋版书，以建本为较多，自然其中也不乏刻书精美与有学术价值的作品”[3]，从这方面来说福建坊刻为文化的传播普及立下了汗马之功。

（二）浙江坊刻

浙江刻书不仅历史悠久，且成就非凡。唐五代时浙江就刻印了不少佛

[1] 谢水顺，李珽：《福建古代刻书》，福州：福建人民出版社，1997年版，第128—129页。

[2]〔宋〕叶梦得：《石林燕语》，北京：中华书局，1984年版，第116页。

[3] 张秀民：《中国印刷史》，杭州：浙江古籍出版社，2006年版，第69页。

经，入宋后其雕印技术更加成熟，以至于北宋国子监就把一部分书下杭州镂版，从而进一步促进了杭州刻书事业的腾飞。北宋灭亡后，杭州易名临安府，成为南宋实际上的首都，也成了南宋人文荟萃、商旅云集的最大都会。一部分汴京的书坊主和雕印手工业者如荣六郎等也随皇帝南下，定居于此，更增强了杭州雕印的实力。随着政治、经济、文化地位的提高，杭州的版印事业更加繁荣兴盛。除了杭州外，越州、婺州、明州等地的坊刻也比较发达。

据戚福康统计浙江的书坊就有临安府太庙前尹家书籍铺、杭州钱塘门里东桥南大街郭宅、临安府金氏、临安府棚北睦亲坊陈宅书籍铺、临安府棚北大街陈解元书籍铺、临安府洪桥子南河西岸陈宅书籍铺、临安府鞔鼓桥南河西岸陈宅书籍铺、鬻书人陈思、临安府众安桥南街东开经书铺贾官人宅、临安府修文坊相对王八郎家经铺、保佑坊前张官人诸史子文籍铺（或称中瓦子张家）、桂园亭文籍书房[1]、杭州积善坊王二郎、行在棚前南街西经坊王念三郎家、杭州大街棚前南钞库相对沈二郎经坊、临安赵宅书籍铺（即赵氏双桂书院）、临安李氏书肆，杭州猫儿桥河东岸开笺纸马铺钟家、太学前陆家、钱塘王叔边、钱塘俞宅书塾、临安府中瓦南街东开印输经史书籍铺荣六郎家、（越州）读书堂、婺州市门苍唐宅、金华双桂堂、婺州义乌青口吴宅桂堂、婺州义乌县酥溪蒋宅崇知斋、婺州东阳胡仓王宅桂堂、婺州永康清谓陈宅、临安清河坊赵铺共 30 多家。[2] 其中以杭州书坊为最多，共有 24 家，由此可知南宋时杭州也是书坊云集之地。

杭州书坊刻书比较有名的如太庙前尹家书籍铺、张官人诸史子文籍铺、桔园亭文集书房，当然最有名的书坊非陈起家的书籍铺莫属。陈起的书籍铺在南宋刊刻了大量的诗文集，本书将在后文专节介绍。太庙前尹家书籍铺的所刻书籍很有特色，前后刊印了《述异记》《续幽怪录》《北户录》《渑水燕谈录》《钓矶立谈》《茅亭客话》《曲洧旧闻》《康骈剧谈录》《却扫编》

[1] 李致忠：《中国出版通史》作“桔园亭文籍书房”。
[2] 戚福康：《中国古代书坊研究》，北京：商务印书馆，2007 年版，第 102—103 页。

等通俗笔记小说，这些极具可读性的通俗读物，有广泛的读者群，所以发行面较宽，往往让书坊盈利颇丰。另外张官人家刻印出版的《大唐三藏取经诗话》，沈二郎经坊刻印出版的《莲经》，王二郎、贾官人经书铺刻印出版的《妙法莲花经》，郭宅经铺刻印出版的《寒山诗》，王念三郎家经坊刊印的《金刚经》，赵宅书籍铺刻印出版的《重编详备碎金》等也都很有名。传流至今的坊刻本有国家图书馆所藏的杭州猫儿桥开笺纸马铺钟家刻印出版的《文选》、贾官人经书铺刻印出版的《妙法莲花经》、辽宁省图书馆所藏的荣六郎家雕印的《抱朴子内篇》等。

（三）四川坊刻

四川地区向来经济文化都很发达，自古就享有“天府之国”的美誉。中唐以后，益州又逐渐成为当时的政治中心之一，加上蜀地山林茂密，木材丰富，造纸业非常发达，为雕版印刷提供了有利条件，所以晚唐五代时期，四川是最先兴起的刻书中心。四川刻书从五代至两宋都很发达，五代时的毋昭裔“出私财营学宫，立黉舍，且请后主镂板（版）印九经，由是文学复盛。又令门人句中正、孙逢吉书《文选》《初学记》《白氏六帖》，刻版行之”[1]。北宋时成都是四川的刻书中心，由于蜀刻技术先进，刻功精良，太祖在开宝四年(971)，派人到成都主持开雕了凡13万版片的《大藏经》。

南宋时川峡四路，地狭而腴，民勤耕作，无寸土荒废，一岁可三四收。庠塾聚学者众，文学之士彬彬辈出，文籍巨细毕备。[2]可见南宋四川的民间刻书业比北宋时更加兴盛，但这时刻书中心已由成都逐渐移至眉山。南宋时眉山刊刻了一千卷的《太平御览》和一千卷的《册府元龟》等大型类书，不过最著名的是井宪孟所刻的《宋书》《齐书》《梁书》《陈书》《魏书》《北齐书》《北周书》七部史书，史称“眉山七史”。南宋时书坊多集中在眉山，但如今有文献记录的也很少，已知有眉山程宅刻《东都事略》，眉山文中刻《淮海先生文集》，眉山万卷堂刻《新编近时十便良方》，广都（双流）裴宅印卖《六

[1]〔清〕吴任臣：《十国春秋·毋昭裔传》，北京：中华书局，1983年版，第769页。
[2] 张秀民：《中国印刷史》，杭州：浙江古籍出版社，2006年版，第64页。

家注文选》六十卷，西蜀崔氏书肆刻《南华真经论》，眉山功德寺还刊行了《苏文忠公集》《苏文定公集》等。在出版印刷史上享有盛誉者还有眉山唐人文集，应该也是蜀地书坊所刻。蜀刻唐人文集有十一行本和十二行本两个系统，然而令人遗憾的是蜀刻唐人文集刊刻者至今无考。

另外南宋时江西的坊刻也逐步兴盛，《简明中华印刷通史》中就指出："宋代的坊肆刻书遍布全国各地，特别是浙江、福建、江西、四川等几个主要地区，坊肆刻书十分活跃。"[1] 南宋初江西的刻书业以隆兴、抚州、赣州发展较快，南宋中期以后，江西的刻印中心逐步转移到吉州。南宋后期江西的徽州、池州、饶州、信州也开始出现了一些书坊刻书。现在可考的有江西新喻吾氏刻《增广太平惠民和剂局方》十卷，饶州德兴董应梦集古堂绍兴三十年刊《重广眉山苏先生文集》八十卷。

南宋时，不同书坊刊刻图书的数量不一，一般的书坊可能只有几种，然而一些规模较大的书坊却刊刻了数十种甚至上百种，现根据瞿冕良先生的《中国古籍版刻辞典》和林应麟的《福建书业史》对南宋书坊刻书的数量作出统计，特将南宋刻书较多的书坊列表如下：

表5　南宋著名书坊刻书数量统计简表

名次	书坊名号	刻书数量	归属地
1	睦亲坊陈宅（陈解元）书籍铺	221种	临安府
2	魏仲举崇正堂	24种	建阳
3	余仁仲万卷堂	20种	建阳
4	虞平斋务本堂（务本书堂）	16种	建阳
5	尹家书籍铺	15种	临安府

[1] 张树栋等：《简明中华印刷通史》，桂林：广西师范大学出版社，2004年版，第79页。

仅睦亲坊陈宅（陈解元）书籍铺在南宋刻书就达到200多种，书坊在南宋刻书之多由此可见一斑。毋庸置疑，书坊在南宋以昂扬的姿态成了刻书业的主力军，并从此确立了其在古代图书出版史上的地位。

三、寺院刻书

寺院刻书由来已久，南宋时期寺院刻书之风更为兴盛，如嘉泰四年（1204）或稍后杭州净慈寺刊刻《嘉泰普灯录》六卷，杭州南山慧因院刊《华严经随书演义抄》，临安府菩提教院等刊刻了《四分律比丘尼钞》六卷，余杭经山明月堂刊《大慧普觉禅师年谱》一卷、《宗门武库》一卷、《语录》三十卷、《遗录》一卷。[1] 另据张秀民先生考证尚有绍兴十二年（1142）临安府南山慧因讲院释义和刻《华严经旨归》，绍兴三十年（1160）临安府北关接待妙行院比丘行拱募缘，重开智觉禅师《心赋注》，嘉定三年（1210）临安府菩提教院释道谏刻《净心戒观发真言》，杭州净戒院印唐赵蕤《长短经》。[2] 另据史料记载，安吉思溪法宝资福禅院、天台国清寺、婺州兰溪兜率禅寺等一大批寺院都曾有过刊经活动。

当然南宋寺院刻书规模最大的还是四部《大藏经》的刊印。徽宗政和三年（1113）开雕的《毗卢大藏》，历四十余年于南宋绍兴二十一年（1151）才雕竣。南宋绍兴二年（1132），由王永从与其弟、侄眷属以及寺院住持释宗鉴、净梵等在湖州思溪园禅院雕印了共5480卷《思溪圆觉藏》。孝宗淳熙二年（1175），安吉州思溪法宝资福禅院又雕印大藏经，共5704卷，世称《思溪资福藏》。理宗绍定四年（1231），由藏主法忠，功德主清圭，沙门德璋、志清等共同主持，在平江府碛砂延圣院刊刻大藏经，共6362卷，世称《碛砂藏》。另外需要说明的是，北宋时福州东禅寺等觉院募雕的《崇宁万寿藏》在南宋时由慧

[1] 以上参考顾志兴：《浙江印刷出版史》，杭州：杭州出版社，2011年版，第110—112页。

[2] 张秀民：《中国印刷史》，杭州：浙江古籍出版社，2006年版，第52页。

明主持继续补刊，如乾道五年（1169）至淳熙三年（1176）奉孝宗谕，补刊“天台宗教部，同《大藏经》流通”；开元寺于隆兴二年（1164）补刻了《传法正宗记》，乾道八年（1172）补刻了《大慧语录》。这些佛典大藏均由寺僧主持完成雕印，具有强烈的宗教色彩，它们的刊刻之于佛教经典和教义的传播功莫大焉。

张丽娟、程有庆在论及宋代刻书时就指出：“朝廷对图书收藏与图书刊刻的大力提倡，带动了地方与民间雕版印刷的发展。到南宋时期，无论是从刊印图书的种类、规模，刊印地域的扩展，刊印机构的广泛等等方面，都有重大的发展，达到鼎盛的局面。”[1] 确实如此，在北宋雕印事业的基础之上，南宋版印技术得到广泛的普及和应用，刻书事业不仅全面开花，而且结出了累累硕果。南宋的刻书内容更加广泛，形式更加灵活实用，地方官刻迅速崛起，民间刻书兴盛无比。可以毫不夸张地说，雕版印刷业在南宋走向了全面繁荣。南宋大量图书的刊刻出版，为南宋文化事业的传播和发展做出了不可磨灭的贡献。

[1] 张丽娟，程有庆：《宋本》，南京：江苏古籍出版社，2002 年版，第 6 页。

第四章　宋代雕版印刷的特点与贡献

宋版书摹写之精，雕印之佳，贯古绝今。以至于后代藏书家视宋本为拱璧珠琳、稀世至宝。清代著名的藏书家、版本校勘家黄丕烈，就因笃嗜收藏宋版书，以“佞宋主人”自号。清代的陆心源藏书甚富，号称收藏宋本二百部，乃名其藏书之室为“皕宋楼”。罗树宝先生曾指出：“宋代刻书，十分注意质量，优选底本，精于校勘，以唐楷写版，请良工镌刻，选上等纸墨，精于印装，代表了宋版书刻印的主流，历代藏书家珍重宋刻本，就在于宋刻本的这种高雅品质。”[1] 张秀民先生在谈到宋代刻书时说:“刻书印卖有利可图，故开封、临安、婺州、衢州、建宁、漳州、长沙、成都、眉山，纷纷设立书坊，所谓‘细民亦皆转相模锓，以取衣食’。至于私家宅塾以及寺庙莫不有刻，故宋代官私刻书最盛，为雕版印刷史上的黄金时代。”[2] 可以毫不夸张地说，雕版印刷在宋代书写了不朽的传奇，为两宋文化的繁荣乃至当时世界文化的进步做出了巨大贡献。

第一节　宋代刻书的特点

从北宋国子监刻书一枝独秀，到南宋书坊刻书的全面兴盛，雕版印刷技术在宋代逐步得到广泛的普及和应用，印刷出版事业迅猛发展壮大，雕印出版呈现出前所未有的繁荣。无论是刻本书的数量、刻书地域的分布、书籍刻印的种类、刻书的规模，还是刻印的技术和艺术水准，都达到了空

[1] 罗树宝：《中国古代图书印刷史》，长沙：岳麓书社，2008 年版，第 68 页。
[2] 张秀民：《中国印刷史》，杭州：浙江古籍出版社，2006 年版，第 43 页。

前的高度，在某些方面甚至元、明、清都未能超越。

一、图书雕印数量多、规模大

宋代刻书业具有雄厚的物质基础、成熟的技术条件，再加上宋代社会对图书的大量需求，所以南北两宋刻书数量非常大。据王国维考证，仅两宋国子监刻书就有近 182 种，而据潘铭燊先生统计，宋代国子监印书至少 250 种，地方书院刻书超过了 300 种。据《中国古籍版刻辞典》记载，仅南宋临安府棚北大街睦亲坊陈起父子的陈宅书籍铺就刊印了 221 种图书，一个书肆竟能雕印出这么多图书，真是让人叹为观止。而仅就南宋一代而言有名号可考的书肆就有近 200 个，无文献记载的更是不计其数，所以仅就南宋书坊刻书的数量而言就一定是一个不小的数字，据张秀民先生考证，有宋一代刻书多达万余部。

宋代刻书的规模也是相当惊人。宋代共 300 余年，仅《大藏经》就刊刻了六次，凡 35145 卷，分别是 5048 卷的《开宝藏》、6434 卷的《崇宁藏》、6117 卷的《毗卢藏》、5480 卷《思溪圆觉藏》、5704 卷的《思溪资福藏》、6362 卷的《碛砂藏》，规模之宏大堪称版印史上空前绝后的壮举。另外宋代还雕印了道藏《宝文统录》，共 5387 卷，540 函，因雕刻于政和年间福州闽县万寿观，所以这部道藏又称《政和万寿道藏》。这些佛道大藏，多历经数年甚至数十年刊刻、补刻和续刻而成，其动用的人力、物力、财力以及工程的宏大可想而知。北宋时国子监还雕印了号称“宋四大书”的其中三部：《册府元龟》《太平御览》《太平广记》，除《太平广记》为 500 卷外，其余两部均为 1000 卷，不仅在当时堪称雕版印刷的大手笔，就是现在看来也是鸿篇巨制。如果没有成熟的版印技术和熟练的雕印工人以及雄厚的财力做保障，这种大规模的雕印活动是不可能完成的。到了南宋，民间就能承担这种规模宏大的刊印，如南宋时四川眉山民间就雕印了 1000 卷的《太平御览》和 1000 卷的《册府元龟》；南宋周必大致仕后，依靠自己的力量校刻了《文苑英华》这部千卷巨帙；另外建阳余仁仲万卷堂刊刻的《画一元龟》，据现存残卷推测，其规模也应有数百卷。可见宋代无论官方还是民间，无论是以赢利为目的的书肆，还是以弘法布道为己任的寺观，都能承担千卷以上的刊刻任务。这种大规模的典籍刊刻充分证明了宋代雕版印刷的发达和兴盛。

二、刻书地域分布广阔

宋代雕版印刷的繁荣还表现在刻书地域分布的广泛上。宋代是我国版印技术迅速普及应用的一个时期，尤其是到了南宋，可以说书籍雕印遍布全国各地。北宋刻书多集中于汴京、杭州、福建、四川等地区，可考者不过 30 余处。到了南宋，杭州、福建、四川的刻书持续兴盛，并带动了附近地区刻书业的发展。像两浙地区除了杭州外，严州、婺州、明州、衢州、越州等处都出现了繁荣的刻书业，且有很多版本流传至今。南宋时福建建阳刻书异军突起，此外江之东西，两淮、两荆等很多地方都刻书，流传至今的版本也不少。据张秀民先生《中国印刷史》中《南宋刻书地域表》统计，南宋刻书之地“共约一百八十四处。以两浙东西路四十八处为最多，次为江南东西路三十七处，荆湖南北路二十八处，福建路二十三处，淮南东西路、四川路各十七八处，广南东西路最少。大致可以看出各地刊书概略。当时号称烟瘴地方的广南西路的柳州、象州，及孤悬海外的琼州，绍兴癸亥 (1143) 也刊有《初虞世必用方》”[1]。张秀民先生对刻书地的统计多少有些保守，这一点连他自己都承认，笔者估计南宋的刻书地点要超过 200 处。

宋代刻书地域分布极广，尤其南宋未有一路不刻书。今藏台北故宫博物院的《新刊校定集注杜诗》就是广东漕司的刻本，其版面宏朗，刻印精美，说明当时广东地区的版印技术也已达到很高的水平。刻书业遍地开花是宋代刻书业全面繁荣的真实写照。这样一来宋代的刻书有点有线，并且点线

[1] 张秀民：《中国印刷史》，杭州：浙江古籍出版社，2006 年版，第 71 页。

结合，织成了一张无形的图书雕印出版之大网，同时也织出了宋代文化的繁荣。

三、宋代雕印图书内容十分广泛

宋代的刻书不仅规模大、分布广，而且刻书内容十分广泛，经、史、子、集种类齐全，能够适应当时的社会需求。就官刻而言多刻正经正史，兼刻医书、文集。北宋时到天禧五年（1021），国子监就将十三部儒家经典全部雕印完毕，并且几乎所有经书的正义、注疏都已刊刻过。北宋修史之风也十分兴盛，这与北宋经济、文化的发展有关，也是宋代政治的需要。北宋国子监对雕印史书也非常重视，到熙宁年间“十七史”基本刻印完成。据王国维考证，南宋国子监刻书 69 部，其中经史就占 63 部。据曹之先生考证，宋代大量刻印经史著作的原因有两个：其一，统治者通过大量刻印经史著作，向人们灌输封建思想，从而巩固封建统治。其二，经史著作，尤其是经书拥有大量读者。经书是士子飞黄腾达、一举成名的敲门砖。[1]

宋代书坊刻书在内容上也非常广泛。书坊刻书一般喜欢刊刻比较畅销的经史百家名著以及历代诗文集，且往往有不同程度的加工，如添加插图，汇刻各种注疏索隐，等等。其次，书坊刊刻较多的是生活必备、日常使用较多的参考书、医书、类书、便览等。这类通俗、流行的图书往往广收博采，分门别类，且名目繁多。再次，书坊刊刻的童蒙读物、学习的工具书以及科举用书比较多，如《千字文》《百家姓》等这些书在普及文化、启蒙教育方面发挥着重要的作用。拥有广大读者的科考用书，更是书坊刻书的首选。另外书坊还刻印了不少民间诗歌、小说、戏曲等通俗文学作品。如杭州棚北大街睦亲坊的陈道人书籍铺就大量刻印过唐人文集及宋代江湖诗人的作品。临安中瓦子街张家书铺刻印过的《大唐三藏取经诗话》等。当然书坊在利益的引诱下有时也会刻一些与统治政策相违背的禁书。

---

[1] 曹之：《中国古籍版本学》，武汉：武汉大学出版社，1992 年版，第 217 页。

宋代，从官方到民间都非常重视医书雕印，北宋时国子监就刊刻了大量医书，前文已有叙述。宋代民间刊印的医书也很多，如徐正卿刻印的《针灸资生经》、刘甲刻的《经史证类备用本草》、严用和刻的《严氏济生方》、杭州大隐坊刻的《南阳活人书》等。有些畅销书还多次刊刻，例如《南阳活人书》就有京师本、湖南本、福建本、浙江本等多种刻本。这主要是因为医书和人的生活密切相关，需求量大。两宋朝廷都十分重视医学书籍的雕印。宋代皇帝诏令搜求名方，校勘医书，颁行医书的次数之多，在中国历史上也是罕见的。先秦两汉隋唐的一些医学著作，如《黄帝内经》《素问》《外台秘要》《太素》《难经》《巢氏诸病源候论》《灵枢》《甲乙经》《千金要方》《千金翼方》《金匮要略》《伤寒论》等医学的经典著作之所以今天还能得以流传，和宋代政府、民间大量镂版印行有着密不可分的关系。同时宋代医学研究兴盛，在外科、小儿科、妇产科等方面均有长足的进步发展，出现不少总结性成果和著述，因此也促进了宋代医书的镂版印行。

除了雕印书籍之外，宋代还雕印报纸、纸币、选官图、棋盘、扇牌儿（纸牌）、试卷、茶盐钞引、度牒、印契、广告、木版年画等和生活密切相关的日用品。可见雕版印刷在宋代应用之广泛。

四、刻书机构众多，官私刻书齐头并进

宋代的刻书机构繁多，仅中央刻书机构就有国子监、崇文院、秘书省、左廊司局、德寿殿、印经院、太医局、印历所，等等。南宋中央官刻走向式微，地方官刻则趁势而起，地方官刻的机构名目繁多，有郡斋、县斋、郡学、郡庠、府学、州学、军学、县学、县庠、学宫、学舍、转运司、安抚使司、茶盐司、漕台、漕治、漕司、仓司、计台、公使库等。宋代民间的私宅、坊肆和寺观刻书更是不计其数。杭州棚北大街一带书坊林立，陈宅书籍铺、尹家书籍铺、贾官人经书铺的刻书被后世推崇备至。建阳崇化、麻沙更是书坊遍地，出品丰富，有固定的集市售卖图书，各地书商经常云集于斯。到了南宋一

些有经济实力的文化人也纷纷加入刻书的行列，如以雕印精美著称的廖莹中世彩堂曾刻印“九经”、韩集、柳集等，最先声明不许翻版的眉山程舍人宅刻印了《东都事略》。特别是周必大以一己之力刊刻了大部头的《文苑英华》和《欧阳文忠集》，并用泥活字排印了自己的著作，成为宋代私人雕版创新的楷模。

唐五代是雕版印刷的发明和初步发展阶段，并未真正形成刻书系统。到了宋代随着政治、经济、文化的繁荣，刻书也随即兴起。北宋时以国子监为代表的中央官刻兴盛无比，北宋中后期在国子监刻书的带领下，民间刻书业有了迅猛发展；到了南宋地方官刻后来居上成为官刻的主力军，随后民间刻书更是异军突起，成为刻书业的新宠。宋代官刻从内容而言多刻正经正史，且版印优美，校勘审慎，堪称刻书之典范。宋代坊刻以赢利为最终目的，所以和市场需求有紧密的联系，多刻科举用书、生活用书以及诗文集，为了降低书价，常常节省用料，版面略显局促，用纸也不如官刻和私刻。宋代的私家刻书不以营利为目的，而是为了满足刻书人的某种需要，所以宋代家刻往往注重书的内容与形式，校勘认真，雕印精良，也多有善本。

总之，在宋代官刻、私刻两大系统日臻完善，到了南宋中后期私刻竟后来居上。官刻、私刻相互补充、相互促进成为宋代版印业不可或缺的重要力量。

五、宋代版印图书的形制特点

宋版书是时代的产物，它既遵循着雕版印刷技术自身发展的规律，又和宋代的政治、文化背景以及它所依赖的物质生产有密不可分的联系。因此宋代的印刷品，有着不同于其他时代的独特风格，这种风格主要表现在版刻印刷的特征上，包括刻书的行款、版式、字体、纸张、墨色、避讳、牌记、刻工以及装帧形式等方面。宋版书用纸坚润，墨色如漆，书法精妙，镌工精良，版式装帧美观大方。明人高濂在评论宋刻时说：“宋人之书，纸坚刻软，字画如写，格用单边，间多讳字。用墨稀薄，虽著水湿，燥无湮迹。开卷一种书香，自生异味。”[1] 孙从添《藏书纪要》云:“字画刻手古劲而雅，墨气香淡，纸色苍润，展卷便有惊人之处。所谓墨香纸润，秀雅古劲，宋刻之妙尽之矣。”[2] 宋版书鲜明独特的风格特征是我们在宋版书鉴定中的重要依据。

（一）宋版书的版式

行款版式是指书籍的版面款式与行格字数，包括边框、版心、书口等等。宋版书前期多白口，四周单边;发展至后期，出现了黑口，但亦多白口，多左右双边、上下单边，少数四周双边。一般官刻书因财力充裕，所刻多字大行疏，甚至字大如钱，气象宏朗。如咸淳元年（1265）吴革建宁府刻本《周易本义》每半叶六行，每行十五字。这样的版式给人以疏朗大气的美感。但是字大行疏，必然费料费工，增加成本，所以一般坊刻或私刻本为节约成本、降低书价计，所刻多密行小字。如开禧元年（1205）建安刘日新宅三桂堂刻本《童溪王先生易传》，每半叶十四行，每行二十四字。绍兴三十年（1160）饶州德兴县银山庄溪董应梦集古堂刻本《重广眉山三苏先生文集》，每半叶十三行，行二十七字。这种密行小字虽然在版面上显得局促，但它大大节约人力、物力，因而降低了图书的价格，促进了书籍的流通和文化的普及。

宋版书一般来说书之首行小题在上，大题在下，序文、目录和正文互相连属。由于版印图书受书版制约，同时考虑到装订形式和使用的方便，于是在一版中间的书口上多饰以鱼尾。在鱼尾上方刻字数，上下鱼尾间刻有书名、卷次、页码，下鱼尾下方镌刻工姓名或斋、堂、室名。宋代官刻书多在卷末刻有校勘人的衔名，家刻、坊刻本多在卷末刻有刻书题记或牌记。为了方便读者翻阅，建阳书坊刻书还多在版框边栏左上或右上角刻有篇名、卷次的小框，是为书耳。

[1]〔清〕叶德辉:《书林清话》卷六，上海:上海古籍出版社，2012年版，第133页。
[2]〔清〕叶德辉:《书林清话》卷六，上海:上海古籍出版社，2012年版，第134页。

（二）宋版书的字体

雕版印刷的字体也最能反映版刻的时代和地域风格。宋代雕版印刷多用颜、柳、欧这三种字体。张应文言宋版书："大都书写肥瘦有则，佳绝者有欧、柳笔法。纸质莹洁，墨色青纯为可爱耳。"[1] 谢肇淛说："所以贵宋版者，不惟点画无讹，亦且笺刻精好若法帖然。凡宋刻有肥瘦二种，肥者学颜，瘦者学欧。"[2] 好的宋版书的雕印字体不仅要求有高水平的写手来书写版样，还需要技艺高超的刻工亲自捉刀。一般来说，宋版书的刻工大都比较认真，技术水平也较高，在笔画的细微之处也能做到一丝不苟，可以很好地传达出原字的神韵。这和元明以后印刷字体的板滞无神可形成鲜明的对比。总的来说，北宋早期多用欧体，所以其字瘦劲秀丽，字形略长，转折笔画细而有角；北宋后期开始流行颜真卿的字体，颜体字雄伟朴壮，字形肥胖，撇捺遒长。进入南宋后，多用柳公权字体，柳体字笔画挺拔有劲，给人方峭锐利之感，横轻竖重，起落顿笔，过笔略细。从地区看，各地所宗字亦有不同，四川宗颜，福建学柳，汴京、两浙崇欧，而江西则兼有之。

（三）宋版书的用纸用墨

宋版书保存至今，仍然纸质洁白柔韧，墨色如新，与其所用纸、墨质量高有密切关系。古人就赞宋版书纸质莹洁，墨色青纯。赵孟頫称宋本《文选》"玉楮银钩"，明代董其昌在其后跋云："纸质如玉，墨光如漆，无不各臻其妙，在北宋刊印中亦为上品。"[3]

宋代印书的纸张多为皮纸和竹纸，麻纸过于昂贵，并且产量有限无法满足社会的需要，所以当时使用较少。宋版书中的皮纸有的厚实坚韧，有的薄如蝉翼，但是都很柔软细密，结实耐久。宋版书中的竹纸颜色茶黄，抖之有清脆声响，虽不如皮纸坚韧，却也经济实惠。一般来说，浙刻与蜀

[1]（明）张应文：《清秘藏》卷五，转引自张秀民：《中国印刷史》，杭州：浙江古籍出版社，2006年版，第133页。

[2]（明）谢肇淛：《五杂俎》，转引自张秀民：《中国印刷史》，杭州：浙江古籍出版社，2006年版，第133页。

[3] 转引自张秀民：《中国印刷史》，杭州：浙江古籍出版社，2006年版，第134页。

刻多用皮纸，福建刻本则多用竹纸。

宋代刻书用墨比较讲究，质量较高，所谓“墨香纸润”“墨色如漆”，是前人对宋版书用墨的评价。特别是宋版书中的初刻初印之本，纸洁墨莹，开卷生香，完全是一种艺术品。像国家图书馆所藏建阳黄善夫刻的《史记》，上海图书馆所藏宋蜀刻大字本《春秋经传集解》至今仍是墨色如漆，光彩夺目。南宋咸淳间廖莹中世彩堂所刻之书，据宋人记载用抚州萆钞清江纸和油烟墨刷印，当时即被赞为上品。廖氏世彩堂所刻《昌黎先生集》《河东先生集》今藏国家图书馆，如今依然纸墨莹洁，精美绝伦。

（四）宋版书的装帧

宋版书的装帧形式也很有特点。书籍的装帧形式和书籍的制作材料及制作方法有着密切的关系。宋以前流行的书籍装帧形式是卷轴装和经折装，随着宋代雕版印刷技术的蓬勃发展，书籍装帧形式逐渐被蝴蝶装与包背装所代替。蝴蝶装是册页装订的最早形式。其特点是将每张印好的书叶，沿中缝向内对折，然后逐叶粘连，再用一纸粘于书脊包成书皮。这样书叶翻开时所见为一整版文字，书口居中。书叶翻开时仿佛蝴蝶展翅，所以称为蝴蝶装。蝴蝶装适应了雕版印刷一版一叶的印刷方式，而且方便省事，所以很快流行开来。《明史·艺文志序》说：“秘阁书籍皆宋、元所遗，无不精美，装用倒折，四周外向，虫鼠不能损。”[1] 南宋中期以后，又出现了包背装。其特点是将印好的书叶，沿中缝向外对折，中缝折处为书口，书脊以纸捻装订，并以一张厚纸粘于书脊。将书脊包裹起来，装订成册，即包背装。书页翻开时，版心向外。这种装帧形式，避免了蝴蝶装一半为空白页的不便。此外，宋代佛经依然多采用经折装。需要注意的是今天我们所见的宋版书，许多是经过后人改装的线装形式。能够保留宋代装帧原貌的宋版书，数量甚少。国家图书馆所藏宋本《文苑英华》因为历藏宫廷秘府，未经改装破坏，保存了宋代蝴蝶装的原貌，所以显得尤为珍贵。

[1]〔清〕张廷玉等：《明史·艺文志》卷九六，北京：中华书局，1974 年版，第 2344 页。

宋版书无论版式、字体、纸张和装帧都极为考究，对元、明、清三代的雕版印刷业和藏书产生了深刻的影响。宋版书的美是匠心独运的结晶，后世的线装书亦是对宋版书的继承和发展，但似乎并没有超越宋版书，以至于到了清代很多人得到宋版书如获至宝，宋版书之魅力由此可见一斑。

第二节　宋代雕版印刷的历史贡献

宋代是我国古代雕版印刷发展的黄金时代。宋代版印图书不仅数量规模大，而且刻书机构众多，内容也十分广泛。宋版书摹写之精，雕印之佳，贯古绝今，因此宋版书的形制成为后世版印图书的典范。宋代刻书业在我国出版史上承前启后，宋代雕版印刷的繁荣不仅促进了宋代五大刻书中心的形成，还促进了雕印技术的创新与发展以及宋代出版管理水平的提升。宋代的版印传媒作为当时最先进的文化传播媒介，为宋代文化的登峰造极做出了不可磨灭的贡献。

一、促进了五大刻书中心的形成

宋代的雕版印刷业无比繁荣直接促进了汴京、杭州、福建、四川、江西五大刻书中心的形成。过去人们谈到宋代刻书时总说宋代有三大刻书中心，其实从叶梦得对宋代刻书的评价中，我们不难看出北宋时期就已经形成了汴京、杭州、福建、四川四大刻书中心。南渡后汴京沦陷，刻书业也随之衰败，其他三大刻书中心不仅在南宋逐步走向了全面兴盛，而且带动了周边地区刻书事业的繁荣。江西刻书就是在南宋中后期迅猛发展成为后起之秀的，如果南宋也列出四大刻书中心的话，江西定在其列。这样一来南北两宋就形成了五大刻书中心。魏隐儒先生就曾指出宋代“刻书主要的中心地区有五处，即汴梁、浙江、四川、福建、江西”[1]。曹之先生在论及

[1] 魏隐儒：《中国古籍印刷史》，北京：印刷工业出版社，1988年版，第71页。

宋代刻书特点时也曾指出："就刻书地区而言，汴京、四川、福建、江西为宋代五大刻书中心，过去人们谈论四川、浙江、福建刻书较多，对于汴京、江西刻书的谈论较少。"[1]

四川自古就有"天府之国"的美誉，经济和文化都比较发达，是我国雕版印刷的发祥地之一。尤其北宋初期《大藏经》的成功雕造更为四川成都的雕版印刷培养了一大批刻书方面的专业人才。北宋时成都刻书最盛，南宋初期四川的刻书中心由成都转移到眉山，四川转运使井宪孟主持刻印的大字本《眉山七史》是蜀刻的代表作。蜀刻校勘精当，雕印精良，版式疏朗悦目，为宋代刻本中的精品。浙江杭州早在北宋时已是著名的刻书中心，国子监许多重要书籍都下杭州雕版。建炎南渡，像荣六郎一样带领自己的工人随皇帝南迁杭州的汴京书坊主肯定也不在少数，这无疑又为杭州刻书事业注入了新的力量。南宋时杭州城经济发达、人文荟萃，这里的雕版印刷可谓既得地利，又孚人望，所以官私刻书空前兴盛。整个杭州城内书肆林立，陈起父子经营的陈宅书籍铺就是其中的佼佼者。杭州是南宋最重要的版印中心，并且带动了周边地区雕版印刷业的发展，使两浙成为南宋时期印刷业的翘楚。浙刻本纸墨上乘，刻印精美，是宋版书中的佳品。福建的刻书主要集中在福州和建阳，福州以寺院刻书闻名，建阳以坊刻著称。建阳坊刻又以麻沙和崇化为最盛。南宋时，福建刻书数量居全国之首，建本无远不至，几遍天下。

汴京作为北宋的首都，不仅是全国的政治、经济、文化中心，同时也是北宋一代最先兴起的刻书中心，也是宋代影响最大的刻书中心之一。整个北宋期间，汴京的刻书事业从未间断。汴京刻书内容之广，数量之大，质量之高，前所未有。尤其汴京国子监刻书，无论是其雕印方法，还是其书籍制度都成为后代刻书之典范。更重要的是雕版印刷技术在汴京被广泛应用到各个领域，版画艺术也因此而发扬光大，享誉海内外的朱仙镇木版年画就产生在北宋汴京。雕版印刷在汴京从神圣的殿堂走进了普通百姓的

---

[1] 曹之：《中国古籍版本学》，武汉：武汉大学出版社，1992 年版，第 215 页。

生活，三大刻书系统在这里真正强大，版权意识在这里萌芽，版画作为插图在这里第一次运用到书籍中，一系列的图书管理制度在这里初步形成。汴京刻书还对其他地方的刻书产生了深远的影响。宿白先生论及北宋汴京刻书时就指出："北宋是我国雕版印刷急剧发展的时代。都城汴梁国子监、印经院等官府刊印书籍盛极一时；民间印造文字迅速兴起，尤为引人注目。汴梁作为当时雕印的代表地点，应是无可置疑之事。"[1] 然而由于年代久远，战乱频繁，尤其是靖康之乱，给汴京刻书业带来了毁灭性的打击：不但国子监的书版全部被劫，连汴京书籍铺也没有幸免。因此汴京书籍传至今日者，寥若晨星。即便如此，汴京刻书曾经的辉煌和对后世的深远影响仍然闪耀着光芒，它应该当之无愧地成为宋代的刻书中心。

江西地处长江中游，北临长江，东西南三面群山环抱，形成以赣江、鄱阳湖为中心的大盆地，自然条件非常优越。宋代江西造纸业很发达，南康的布衣纸、吉州的竹纸、抚州清江的藤纸颇负盛名。宋代江西的文化也很发达。据统计，宋代江西共有书院 149 所，其中白鹿洞书院、豫章书院等闻名全国。宋代江西的刻书地也不少，《直斋书录解题》中记载宋代江西的刻书地就有隆兴府、江州、赣州、吉州、抚州、袁州、南安军、建昌军、临江军 9 处，除此之外还有宜春、萍乡、饶州等地。宋代江西抚州公使库刻书是较为有名的，宋孝宗淳熙年间，抚州公使库招募两浙及本地的刻字工人，集中刊印了六经三传，至咸淳黄震知抚州时，不仅对旧有的版片进行了修补，同时又刊刻了《论语》《孟子》《孝经》三部经典，这就是有名的"抚州九经"，至今仍有数种传世。南宋时周必大还在吉州刊刻《文苑英华》《欧阳文忠公集》等一系列书籍，都很著名。江西印书一般用坚韧的白纸，版式舒朗，校勘质量也较高。《四部丛刊》中的《方言》《清波杂志》就是分别以宋代九江的刻本和吉安刻本影印的。

---

[1] 宿白：《唐宋时期的雕版印刷》，北京：文物出版社，1999 年版，第 12 页。

二、促进了版印技术的创新与发展

宋代刻书不仅官刻、私刻、坊刻并举，而且校勘审慎，雕印精美，种类齐全，堪称后代刻书之典范。在推动社会文化事业持续发展进步的同时，版印技术自身也获得了长足的发展进步。

宋代在广泛使用木版雕刻的同时，还发明了用蜡版来印刷。其方法是将松蜡混和松香加热化开，均匀涂在木板上，待冷却坚硬便可雕字。用蜡版雕印比较方便快捷。绍圣元年（1094），京城为了快速传报新科进士的名单，等不及雕刻木版印刷就用蜡版来代替。何薳《春渚纪闻》是这样记载的：毕渐为状元，赵谂第二。初唱第，而都人急于传报，以蜡刻印“渐”字所模点水不着墨，传者厉声呼云：“状元毕斩，第二人赵谂。”识者皆云不祥。而后，谂以谋逆被诛，则是“毕斩赵谂也”。[1] 另外，宋代还出现了铜版雕刻，并将其使用在纸币的印刷上。隆兴元年（1163），“诏总所以印造铜板，缴申尚书省”[2]。宋孝宗乾道三年（1167）陈良祐奏称会子之弊，请求宋孝宗“捐内帑以纾细民之急”，宋孝宗答应了这个请求，“发内府白金数万两收换会子，收铜版勿造，军民翕然”[3]。北京历史博物馆现在还藏有“大壹贯文省”的行在会子库铜版实物。可见宋代铜版至少已运用在纸币印刷方面。这不但是纸币印刷的一个进步，同时也是雕版印刷的一个不小进步。

当然宋代版印最大的技术创新莫过于活字印刷术的发明。雕版印刷术的运用不知比之前的手写传抄要节省多少人力和时间，对于书籍的生产和传播已经是一次前所未有的革命。但是雕版印刷也有自身的弊端，譬如雕版印刷是一页一版，发现错字后很难更正，再如刻一部大书要花费很多的时间和木材，并且一套书版刻成后只能用它来印同一部书，不仅费用浩大，而且版片的储存也要占用很大的空间，管理起来有一定的困难。为了解决

[1]〔宋〕何薳：《春渚纪闻》卷二，北京：中华书局，1983 年版，第 18 页。
[2]〔元〕马端临：《文献通考·钱币考二》卷九，北京：中华书局，1986 年版，第 100 页。
[3]〔元〕脱脱等：《宋史·陈良祐传》卷三八八，北京：中华书局，1985 年版，第 11901 页。

这些问题，北宋庆历年间毕昇发明了活字印刷术。难能可贵的是宋代大科学家沈括把这一事件详细记载于他的《梦溪笔谈》里：

> 板印书籍唐人尚未盛为之，自冯瀛王始印五经，已后典籍皆为板（版）本。庆历中，有布衣毕昇又为活板（版）。其法用胶泥刻字，薄如钱唇，每字为一印，火烧令坚。先设一铁板，其上以松脂腊和纸灰之类冒之。欲印则以一铁范置铁板上，乃密布字印，满铁范为一板（版），持就火炀之，药稍熔，则以一平板按其面，则字平如砥。若止印三、二本未为简易，若印数十百千本则极为神速。常作二铁板，一板印刷，一板已自布字，此印者才毕则第二板已具，更互用之，瞬息可就。每一字皆有数印，如“之”“也”等字，每字有二十余印，以备一板（版）内有重复者。不用则以纸贴之，每韵为一贴，木格贮之。有奇字素无备者，旋刻之，以草火烧，瞬息可成。不以木为之者，木理有疏密，沾水则高下不平。兼与药相粘，不可取，不若燔土，用讫再火令药镕，以手拂之其印自落．殊不沾污。昇死，其印为余群从所得，至今宝藏。[1]

这是一篇详实可考的记载北宋毕昇发明活字印刷术的重要文献，到了南宋光宗绍熙四年 (1193)，周必大在潭州（今长沙）给好友程元诚的信中写道：“某素号浅拙，老益谬悠，兼之心气时作，久置斯事。近用沈存中法，以胶泥铜板（版），移换摹印，今日偶成《玉堂杂记》二十八事，首恳台览。”[2]这里提到的沈存中法，实则是指毕昇活字印书法，文中的“胶泥铜板”是指把胶泥活字排置在铜板上，“移换摹印”则表明须把活字移动调换，排成版面，才能印刷。周必大采用泥活字排版印成了自己的著作《玉堂杂记》。

---

[1]〔宋〕沈括：《梦溪笔谈·谈艺》卷十八，上海：上海书店出版社，2009 年版，第 153 页。

[2] 转引自张秀民：《中国印刷史》，杭州：浙江古籍出版社，2006 年版，第 539 页。

这一记载清楚地表明，宋代泥活字印刷不是仅停留在试验阶段，至迟在南宋淳熙、绍熙年间已得到了实际应用。北宋末、南宋初文人邓肃的文集《栟榈集》卷六中的《和谢吏部铁字韵》之九云："一得新诗即传借，许久夸谈今见真。车马争看纷不绝，新诗那简茅檐拙。脱腕供人嗟未能，安得毕昇二板铁？"[1]新诗的传播靠手写已不能满足需求，作者感叹"安得毕昇二板铁"，从而能使之大量流布。这里的"二板铁"就是前引沈括《梦溪笔谈》中所谓"常作二铁板，一板印刷，一板已自布字，此印者才毕，则第二板已具，更互用之，瞬息可就"。由此可知，毕昇的活字印刷术在当时已有相当的影响，其功能广泛地被文人所熟知。这又是活字印刷术从北宋流传到南宋并实际应用的又一有力证据。

毕昇发明的活字印刷术，与近现代铅字排版印刷术的原理基本相同，它与雕版印刷术相比，无须一块接一块地写字刻版，不仅节省了劳力费用，还提高了印书的速度，尤其适合大批量的印刷。毕昇的活字印刷比西方活字印刷要早400多年。同时，必须指出的是虽然宋代已经发明了活字印刷术，但并未在宋代以及其后的元、明、清得到广泛的普及应用。钱存训先生就曾指出："雕版印刷是中国印刷史上的主流，活字印刷仅是偶然的插曲。主要原因是中国文字的字汇数目庞大，雕版印刷比活字印刷经济并更易于处理。当所需用数量的书籍印就后，书版可以很方便地储藏起来，到了需要重印时，再拿出来使用，如此不必积压存书。只有在大量印刷卷帙繁重的书籍时，活字印刷的优点才较多。"[2]可见，由于宋代社会经济的发展水平以及社会对书籍的需求量相对有限，又加上中国汉字的数量惊人，活字印刷的优越性并没有在宋代得以充分发挥。

---

[1]〔宋〕邓肃：《栟榈集》卷六，文渊阁四库全书本。

[2] 钱存训：《中国古代书籍纸墨及印刷术》，北京：北京图书馆出版社，2002年版，第209页。

三、促进了宋代出版管理制度的形成和完善

在雕版印刷术发明以前，书籍是以手抄的方式流传，一般来说也谈不上是书籍出版，更没有所谓的侵权行为。书史专家刘国钧就曾指出："有了印刷术，然后图书才可以说得上'出版'，才开始有出版业。"[1] 随着宋代版印业的日益发达，地方官府刻书和民间刻书大肆兴起，宋代的图书事业也越来越兴旺，书籍的传播流通也越来越广泛深入，民间书坊为了营利更是不择手段，这自然引起朝廷的高度重视。为了更好地让雕版印刷为自己服务，而不是为自己制造不必要的麻烦，宋朝政府就对民间刻书采取了一系列的管制措施，从而促进了宋代出版传播管理控制体系的初步形成。李瑞良先生谈到这一点时亦指出："印刷业的蓬勃发展和印本书的大量流通，使朝廷面临一个新问题，即如何管理图书的生产和流通，如何控制图书市场。"[2]

首先，宋朝政府通过颁布诏敕、制订条例，制订了出版传播禁令。其次，宋朝政府还运用行政管理手段，加强预先审查和事后查验。对出版物进行事先审阅，防患于未然，是宋王朝对出版传播活动进行有效控制的重要行政手段之一。与此同时，国子监及各军州还随时对书坊已刻版片进行"访闻""缴审""查验"，从而加强对印刷出版业的跟踪管理。再次，宋朝借助法律手段惩治违法，强化出版控制。统治者就是通过频繁颁布的诏敕，对图书刊刻、流通中的违法行为进行追缉惩处，从而达到在出版传播领域的控制。另外，宋代版印传媒的繁荣促进了版权保护意识的形成。宋代的出版管理采取了行政命令与法律并用，预先审验与反馈控制兼行，集中查处与层层控制相结合，对于稳定社会、巩固政权、规范出版无疑起到了积极的促进作用，并为后世乃至今天的出版传播管理提供了有益的借鉴。而这

[1] 刘国钧著，郑如斯订补:《中国书史简编》，北京: 书目文献出版社，1982年版，第64页。

[2] 李瑞良:《中国古代图书流通史》，上海: 上海人民出版社，2000年版，第331页。

些制度的形成皆与宋代雕版印刷业的兴盛有着莫大的关系。

宋代雕版印刷对宋代社会发展起到了巨大的推动作用。政治上，它强化了专制制度，有利于巩固国家的统一。经济上，它发展成一个新的手工业生产部门，并且带动了相关印刷材料产业的发展。教育上，它极大地促进了知识的普及，巩固了科举制度，促进了宋代人才的培养与选拔，而且营造了社会各阶层争相读书学习的氛围。当然，宋代雕版印刷最大的贡献是促进了宋代刻书事业的全面兴盛和图书事业的空前发展，促进了知识的迅速凝聚、传播和创新，从而也促进了宋代文化的大繁荣。这些内容我们将在后文进行深入的分析和探讨。

第五章　宋代的雕版印刷与图书革命

图书是以传播知识为目的，用文字或其他信息符号记录于一定形式材料之上的著作物，是一种特定的不断发展的传播知识的工具。肖东发先生在论及图书的要素时曾指出，被传播的知识信息、记录知识的文字和图像信号、记载文字和图像信号的物质载体、生产技术和工艺、必要的装帧形式是图书构成的五要素。随后肖先生又进一步指出，图书这五要素的“重要程度呈递减趋势，但缺一不可，因为内容远比形式重要，内容又须依附于一定的形式才能得到较好的体现”[1]。如果对于书籍种类的增加来说，确实如肖先生所言，被传播的知识信息、记录知识的文字和图像信号就显得尤为重要，这两个因素无疑是书籍的灵魂。然而如果就图书传播、流通的社会作用而言，图书的载体及图书生产技术的作用又是举足轻重、不可小觑的。这是因为图书是文化积累和文化传播的重要媒介，也是一个时期文化的重要表现形式。各种思想、意识、经验、理论、科学等要想物质化、社会化，就必须依赖于图书。从传播的社会意义上来说，图书不仅仅是知识的凝聚和智慧的结晶，也和一定时期的载体和复制技术相辅相成。庄晓东先生就曾指出：“作为一种媒介的物质化实现手段，技术无疑具有重要作用。从某种程度上说，决定传播属性、媒介属性、媒介形态的是某种特殊技术操作体系。”[2] 在中国古代图书史上，纸和雕版印刷术的发明及应用对文化传播的贡献是有目共睹、不言而喻的，而宋代正是我国古代版印出版的黄金时代。

[1] 肖东发，杨虎：《插图本中国图书史·绪论》，桂林：广西师范大学出版社，2005 年版，第 6 页。

[2] 庄晓东：《传播与文化概论》，北京：人民出版社，2008 年版，第 131 页。

第一节　宋代版印技术与传媒革命

自从文字发明以后，我国古代的传播媒介有一个长期发展演变的过程，从龟甲到金石，从竹简到缣帛，待纸张出现后又选择了纸张作为图书的载体。简牍自上古一直使用到魏晋，缣帛从公元前5世纪使用到魏晋，纸书从东汉开始使用，与简帛共存三四百年。大抵是官方文书仍用简牍，重要图书多用帛书，纸书则自下而上逐步推广。相比较而言，简牍是纸发明以前图书的重要载体形式，然而竹简笨重，不利于书写和携带。《史记·东方朔传》记载："朔初入长安，至公车上书，凡用三千奏牍。公车令两人共持举其书，仅然能胜之。人主从上方读之，止，辄乙其处，读之二月乃尽。"[1]东方朔的这一封奏折就需三千根简，且需要两个人才能抬动，其笨重与不便可想而知。与简策同时使用的缣帛，质地轻软，然而却因价格昂贵非寻常人家可以问津。这就为新型载体材料的出现提出了迫切的社会需求，于是纸张应运而生。

纸的发明很好地解决了简牍不易书写和携带等一系列问题。《后汉书·蔡伦传》记载："自古书契多编以竹简，其用缣帛者谓之为纸。缣贵而简重，并不便于人。伦乃造意，用树肤、麻头及敝布、鱼网以为纸。元兴元年奏上之，帝善其能，自是莫不从用焉，故天下咸称'蔡侯纸'。"[2]后人以此多认为蔡伦发明了造纸术，据近年来的考古发现，西汉时就已经有了灞桥纸。宋人苏易简《文房四谱》卷四载："汉初已有幡纸代简。……蔡伦锉故布及鱼网树皮而作之弥工，如蒙恬已（以）前已有笔之谓也。"[3]南宋学者史绳祖在《学斋占毕》中对蔡伦有一个较为中肯的评价："纸字已见于前汉，恐亦非始于蔡伦，但蒙蔡所造，精工于前世则有之。"[4]即便纸不是蔡伦发明的，但蔡伦在造纸术改进和普及上的贡献也是不容置疑的。李致忠先生曾指出：

[1]〔汉〕司马迁：《史记》，北京：中华书局，1982年版，第3205页。

[2]〔南朝宋〕范晔：《后汉书》卷七八，北京：中华书局，1965年版，第2513页。

[3]〔宋〕苏易简：《文房四谱》卷四，北京：中华书局，1985年版，第52页。

[4]〔宋〕史绳祖：《学斋占毕》卷二，北京：中华书局，1985年版，第29页。

“蔡伦创造了造纸新法，不但为我国造纸工艺开辟了广阔的前景，为书籍的发展开辟了广阔的道路，同时也为全人类的文明与进步做出了不可磨灭的贡献。”[1]

西晋傅咸曾作《纸赋》赞美纸云：“夫其为物，厥美可珍。廉方有则，体洁性真。含章蕴藻，实好斯文。取彼之弊，以为此新。揽之则舒，舍之则卷。可屈可伸，能幽能显。”[2] 与傅咸稍后的南朝梁人萧绎作《咏纸》云：“皎白犹霜雪，方正若布棋。宣情且记事，宁同鱼网时。”由此可见，纸书给书写和阅读都带来了极大的便利，用纸写书的优越性很快就被社会所认可。东晋元兴元年（402），桓玄下令：“古无纸，故用简，非主于敬也。今诸用简者，皆以黄纸代之。”[3] 南北朝以后，纸书代替竹帛风行全国。这从敦煌遗书中可得到充分的实物证明。由此可见，自蔡伦以后造纸技术不断得以改进，经过数百年的发展，到魏晋南北朝时期终于替代了简帛，成为书写的主要材料。

纸的出现，在中国乃至世界书籍发展史上都具有划时代的意义。纸具有竹简和缣帛无可比拟的传播优势，它的发明掀开了中国乃至世界传播史上的新篇章，以纸为介质的出版传播方式也堪称人类文明史上最伟大的传播方式。纸的发明和使用大大提高了图书的生产效率，张秀民先生在《中国印刷术的发明及其影响》中曾指出：“纸的发明是人类文化史上的一件大事。纸是传布知识文化的媒介物，又为包裹、卫生日用不可缺少的东西。它有纸草之便而不易破裂，有竹木之廉而体积不大，有缣帛羊皮之柔软而无其贵，有金石之久而无其笨重。并且白纸黑字一目了然，价廉物美，具备了各种材料的优点，而没有它们的缺点，直到现在还是记载文字的理想材料。无怪自从纸张出现后，不论在什么地方，它就逐渐代替原有的书写

[1] 李致忠：《中国古代书籍史》，北京：文物出版社，1985 年版，第 53 页。

[2]（清）严可均：《全上古三代秦汉三国六朝文》卷五一，北京：中华书局，1958 年版，第 1752 页。

[3] 李昉等：《太平御览》卷六〇五，北京：中华书局，1960 年版，第 2724 页。

材料了。”[1] 李瑞良先生在论及三国两晋南北朝的图书流通时曾指出:“纸的最大优点是价廉物美，便于抄写和携带、便于传播。随着造纸原料种类不断增多，造纸技术的不断改进，纸的产量和质量不断提高，价格也越低廉，它的优点也就越明显。魏晋以后，纸写书成为图书的主要形态。这是书籍生产和流通史上的一件大事。用纸书写比用简帛简单，有了纸以后，书写速度大大加快。纸写书的制作方法逐步简化，可以大量生产。因此，纸写书出现以后，促使图书流通周期缩短，流通速度加快，使整个社会的图书流通规模不断扩大，这对书籍的传播具有不可估量的积极意义。”[2]

诚如以上两位先生所言，纸的发明对于图书的抄写和传播功劳显赫。然而在印刷术发明以前的漫长岁月里，书籍的生产全靠手一笔一画地抄写，即使在纸发明以后亦是如此。手工传抄费时费力，效率很低，严重制约着书籍的流通规模和速度。南朝梁袁峻“笃志好学，家贫无书，每从人假借，必皆抄写，自课日五十纸，纸数不登，则不休息”[3]，王筠“躬自抄录，大小百余卷”，并坚持抄书四十六载。从这些文献记载中，古人抄书、学习之不易显而易见。为了更好地说明问题，我们不妨参考以下明清的抄书情况。明人姚咨抄写宋人周辉的《清波杂志》和《清波别志》二书共用时七十余天，清人梁同书抄写萧统的《文选》耗时五年。清人蒋衡抄写“十三经”用了十二年，有抄后的跋语为证：“余遂矢志力书，计全经八十余万言，于是先其难者，以《春秋左传》二十万言始，凡五年讫工；继以《礼记》十万，又二年;其余《周易》《尚书》《毛诗》《周礼》《仪礼》《公羊》《谷梁》《尔雅》《孝经》《论语》《孟子》,又五年,共历一纪,乃毕事。以碑洞石经为式,构善本校正,用东洋纸,界乌丝阑书之。”[4] 由此可见抄书之于图书生产来说，不仅见效慢，而且收益低，且是个苦差事。据《斯坦因劫经录》S.0692号，后梁贞明五年（919）四月，敦煌郡金光寺学士郎安友盛抄写《秦妇吟》有

[1] 张秀民:《中国印刷术的发明及其影响》,上海:上海世纪出版集团,2009年版,第9页。
[2] 李瑞良:《中国古代图书流通史》,上海:上海人民出版社,2000年版,第122页。
[3]〔唐〕姚思廉:《梁书·袁峻传》卷四九，北京：中华书局，1973年版，第688页。
[4]〔清〕钱泰吉:《曝书杂记》卷中，北京：中华书局，1985年版，第57页。

题识云：“今日书写了，合有五斗米。高代（贷）不可得，环（还）是自身灾。”抄工辛辛苦苦，连抄数日，仅能得到五斗米的报酬，难免不让人抱怨。朱熹也曾给抄书工人写过一首诗《赠书工》：“平生久要（耍）毛锥子，岁晚相看两秃翁。却笑孟尝门下士，只能弹铗傲西风。”[1] 朱熹这首诗形象地描绘了抄书工的工作特点，高度评价了抄书工的奉献精神，而抄书工抄书之辛苦在诗中也不言而喻。

纸的发明和应用确实促进了书籍的生产和文化的繁荣，这是毋庸置疑的。然而在印刷术发明以前，书籍主要靠手抄，不能批量生产，随着社会文化教育事业的发展，读书人越来越多，书籍的社会需求不断增长。抄写图书的数量之于社会的迫切需求来说，仍是杯水车薪，社会需求与书籍制作方式的矛盾越来越尖锐，于是雕版印刷术在隋唐应运而生。钱存训先生亦曾指出：“纸的应用，使得书籍的成本大大降低，并且更易携带。但书籍的大量生产和广泛流通，则有赖于印刷术的发明。”[2]

印刷术的发明无疑是书籍传媒生产的巨大革命，它使得书籍的生产告别了一笔一画的抄写而变成了整版的批量印刷，进而促进了宋代文化的繁荣。上文已经述及，宋代是我国版印传媒发展的黄金时代，不仅中央政府带头刻书，地方政府部门也竞相刻书，两宋的私宅刻书和书坊刻书更是不计其数。宋代官私刻书的兴盛使得宋代的图书数量剧增，于是藏书之风大盛，赵宋王朝官私藏书之宏富大大超越前朝。宿白先生在谈到两宋刻书时就曾指出：“雕板（版）印刷虽出现于 8 世纪，但大量刊印书籍则始于 10 世纪中叶以后，至于刊本书籍数量的激增和种类的丰富，则又在国子监刊书兴盛的北宋之后。盖中原陷金，集聚于汴京的雕板（版）全部废毁，南宋建国急需书籍，于是国子监外各地官署、学宫、私人书坊大兴刊印。”[3]

---

[1]〔宋〕朱熹：《朱子全书·赠书工》第二十册，上海：上海古籍出版社，合肥：安徽教育出版社，2002 年版，第 550 页。

[2] 钱存训著，郑如斯编订：《中国纸和印刷文化史》，桂林：广西师范大学出版社，2004 年版，第 3 页。

[3] 宿白：《唐宋时期的雕版印刷》，北京：文物出版社，1999 年版，第 105 页。

一般而言，社会的藏书量和图书的生产与流通密切相关，且相互促进。然而藏书无论官藏还是私藏都是在图书的流通过程中慢慢积累起来的，且都必须以图书的生产为前提。图书流通到一定的程度才会出现藏书现象，图书生产流通的规模越大，范围越广，官私藏书的规模也就越大，反之亦然。因此，从某种意义上说，藏书的多少是衡量图书生产能力和规模的主要标志，也是衡量图书流通的一个重要尺度。同时，一定时期的图书生产也和图书的存佚密切相关。虽然两宋刻书的数量很难列出具体数字，但还是可以通过现存文献的记载，窥一斑而知全豹，尽可能地还原宋代雕版印刷之于宋代图书生产的贡献。

首先，我们从宋代官私藏书来看宋代雕版印刷的贡献。没有书籍的大量产生就不可能有藏书文化的兴盛，宋代刻书之盛从有宋一代的藏书就可见一斑。宋代社会的各阶层尤其是士大夫阶层十分重视读书和藏书，雕版印刷技术的成熟与广泛运用，给公私收藏图书提供了极大的便利，使宋代的藏书事业空前繁荣，无论是以馆阁为代表的中央官府藏书，还是各路、府、州、县的地方官府藏书以及方兴未艾的书院藏书，都出现了前所未有的繁荣局面。至于私家藏书，风气之普及、藏书家人数与藏书数量之多、藏书内容之丰富、校勘之精当，都是前代所无法比拟的。明代胡应麟就曾指出："魏晋以还，藏书家至寡，读南北史，但数千卷，率载其人传中。至《唐书》所载，稍稍万卷以上，而数万者尚希。宋世骤盛，叶石林辈，弁山之藏，遂至十万。盖雕本始唐中叶，至宋盛行，荐绅士民，有力之家，但笃好则无不可致。"[1] 由此可见，宋代是中国古代藏书史上里程碑式的重要阶段。宋代藏书文化之所以无比兴盛，雕版印刷的普及和广泛运用功莫大焉。戚福康在谈到书坊与藏书文化时就指出："为什么宋以后会藏书数量大增，唯一的答案就是宋以后印本书生产渐趋成熟，大大地加快了书籍生产的速度，使书坊成为印本书生产的社会化出版机构。而个人可以根据自己的财

[1]〔明〕胡应麟：《少室山房笔丛·经籍会通四》卷四，北京：中华书局，1958年版，第53页。

力和喜好在市场购进各类书籍。因此，书坊生产和销售各类书籍，直接推动了藏书文化的发展。”[1]

宋代中央藏书的数量大大超越了前朝。据史料记载，宋朝建立之初，“三馆书裁数柜，记万三千余卷”，[2] 后经统治阶级的征集、抄写和刊印，国家的藏书量迅速增加。据《宋史·艺文志》载，北宋一代的国家藏书“为部六千七百有五，为卷七万三千八百七十有七焉”[3]。靖康之乱，馆阁之储，荡然靡存。移都临安后，乃建秘阁省，颁献书之赏，在全国搜访佚阙，于是四方之藏稍稍复集，日益以富。“当时类次书目，得四万四千四百八十六卷。至宁宗时续书目，又得一万四千九百四十三卷……盖以宁宗以后史之所未录者，仿前史分经、史、子、集四类而条列之，大凡为书九千八百十九部，十一万九千九百七十二卷云。”[4] 由此可见，经过官私两大刻书系统的共同努力，南宋藏书数量较北宋增加了 3014 部、46095 卷。而《新唐书·艺文志》著录图书 3277 部、79221 卷，仅和南宋新增图书的数量相当。当然《宋史·艺文志》所载并不都是印本图书，这是毋庸置疑的。北宋灭亡，国家藏书荡然无存，所以这 9819 部书应为南宋时馆阁所聚，而南宋一代雕版印刷极其兴盛，其中印本应该占很大的比重，这也是毫无疑问的。两宋刻书数量巨大也由此可见。

宋代也是我国古代私人藏书的勃兴时期。宋代雕版印刷技术的成熟和广泛应用、图书出版事业的高度发展，为宋代私人求书、读书、藏书提供了极大的便利，一时间士大夫藏书蔚然成风。据曹之先生考证，宋代藏书家可考者就有 311 人，比先秦至五代可考的藏书家的总和还要多 110 人。[5]

---

[1] 戚福康：《中国古代书坊研究》，北京：商务印书馆，2007 年版，第 318 页。

[2]〔清〕徐松：《宋会要辑稿·崇儒》，北京：中华书局，1957 年版，第 2237 页。

[3]〔元〕脱脱等：《宋史·艺文志一》卷二〇二，北京：中华书局，1985 年版，第 5033 页。

[4]〔元〕脱脱等：《宋史·艺文志一》卷二〇二，北京：中华书局，1985 年版，第 5033—5034 页。

[5] 曹之：《中国印刷术的起源》，武汉：武汉大学出版社，1994 年版，第 393 页。

据《中国藏书通史》考证，宋代有事迹可考或约略可考的有500余人，藏书达万卷及其以上的藏书家就有近400人，其中藏书在四万卷以上的就有王钦臣、赵宗绰、贺铸、叶梦得、方崧卿、魏了翁、陈振孙、周密等10人，三万卷以上四万卷以下的有8人，三万卷以下二万卷以上的藏书家有20人之多。[1] 据周密《齐东野语》记载："至若吾乡故家如石林叶氏、贺氏，皆号藏书之多，至十万卷。"[2] 王明清《挥麈后录》也有记载："南度（渡）以来，惟叶少蕴少年贵盛，平生好收书，逾十万卷，置之雪川弁山山居，建书楼以贮之，极为华焕。"[3] 另据魏了翁自云："家故有书，某又得秘书之副而传录焉，与访寻于公私所板（版）行者，凡得十万卷。"[4] 由以上文献记载可见，贺铸、叶梦得、魏了翁的藏书竟多达十万卷，几乎可与宋代三馆秘阁的国家藏书相媲美，简直"富可敌国"。而据范凤书先生统计，宋代私家藏书达万卷以上的大藏书家共计214人，而这只占宋代藏书家总数的三分之一。[5] 张富祥先生更指出："宋代私家藏书极多，大凡士大夫之家几乎无不藏书。"[6] 宋代藏书家之多，私家藏书数量之大由此也可见一斑。宋代发达的版印出版业使民间的图书拥有量不断增加，藏书于是成为一种颇具吸引力的文化活动，甚至成了一部分人终生的事业。而持续旺盛的藏书风气，又促进了宋代刻书事业的巨大发展。

据曹之先生考证，自南北朝以后，藏书家呈现不断增加的势头，而宋代是藏书家最多的一个朝代，约占历代（先秦至宋）藏书家总数的64%。另据方厚枢统计，宋代出书的卷数相当于宋以前历代出书的近一半。[7] 私

[1] 傅璇琮，谢灼华：《中国藏书通史》，宁波：宁波出版社，2001年版，第350—353页。

[2]〔宋〕周密：《齐东野语》卷一二，北京：中华书局，1983年版，第217页。

[3]〔宋〕王明清：《挥麈录》卷七，上海：上海书店出版社，2001年版，第137页。

[4]〔宋〕魏了翁：《重校鹤山先生大全文集》卷四一，《四部丛刊》影宋本。

[5] 范凤书：《中国私家藏书史》，郑州：大象出版社，2001年版，第82页。

[6] 张富祥：《宋代文献学研究》，上海：上海古籍出版社，2006年版，第37页。

[7] 方厚枢：《中国出书知多少？》，《出版工作》，1981年第5期，转自《世界图书》，1981年第3期。

人藏书和雕版印刷之间是互为因果的，从宋代藏书家的数量以及宋代出书的卷数，我们不难看出宋代雕版印刷之功。曹之先生在谈到宋代私人藏书时还指出："如果说南北朝藏书家的大量增加，应当归功于纸张普及的话，那么，宋代藏书家的大量增加则应主要归功于唐代雕版印刷术的发明，它是唐代发明雕版印刷的旁证之一。私人藏书与雕版印刷之间是互为因果的关系：在雕版印刷发明之前，手工抄书的效率太低，图书供不应求，严重制约着私人藏书，'藏书难'的矛盾越来越尖锐，从而促进了雕版印刷的发明，这个时候，私人藏书是'因'，雕版印刷的发明是'果'；在雕版印刷发明之后，图书制作的效率大大提高，图书数量大大增加，聚书容易，藏书家与日俱增，这个时候，雕版印刷的发明是'因'，私人藏书的大量增加是'果'。……雕版印刷从发明到普及需要一个漫长的过程，它对图书数量、私人藏书的影响不可能立竿见影，也需要一个漫长的过程。只有在雕版印刷普及之后，图书供与求的矛盾基本解决了，藏书家才有可能大量增加。"[1]由此可见，宋代官私藏书的剧增，是雕版印刷普及和兴盛的必然结果。

其次，从宋代的图书目录看宋代刻书之盛。书目是图书的记录清单，一个时代图书目录的多寡由多种因素促成，然而这个时代的图书数量无疑是决定因素。宋代雕版印刷术的普及运用大大促进了书籍的生产及藏书事业的发展，而藏书事业的兴盛又必然会促进目录编纂事业的巨大发展。而从另一方面来说，"图书目录的多寡标志着一代图书的盛衰"[2]。姚伟钧先生在论述宋代私家目录时说："唐代中叶雕版印书的出现，使我国文化、社会的发展进入了新的历史时期，书籍的种类和数量急剧增长，促进了目录工作的发展。到宋代，官私目录大增，超过以往任何一个时代，所以说宋代是我国目录发展的辉煌时期。官修目录的代表作是《崇文总目》六十六卷，私家目录则更为兴盛。宋代私家目录不但在宋代目录学史上，而且在我国整个目录学史上都占有重要的位置。自从南北朝出现私家目录以来，宋代

[1] 曹之：《中国印刷术的起源》，武汉：武汉大学出版社，1994 年版，第 395—396 页。
[2] 曹之：《中国印刷术的起源》，武汉：武汉大学出版社，1994 年版，第 396 页。

私家目录的数量和质量，不但前代难以比拟，甚至后世也是罕见的。”[1]

据曹之先生统计，两汉至宋共有书目229种，其中两汉魏晋的书目有24种，南北朝的书目有42种，隋唐五代的书目有58种，而宋代的书目就有104种。宋代是我国产生书目最多的一个朝代，约占两汉至宋目录总数的45.4%。唐宋两代国祚相当，而宋代产生的书目总数竟然比唐代增长了64种，是唐代的2.5倍。这显然是宋代雕版印刷带来的图书生产革命的必然结果。宋代的私家藏书目录的编纂也异常兴盛，据《中国藏书通史》统计，宋代的私家藏书目录就有近四十家。[2]范凤书先生仅据《宋史•艺文志》《郡斋读书志》《遂初堂书目》《直斋书录解题》《国史・艺文志》统计，有确凿文献记录的私家藏书目录就有41种，再加上诸家文集、笔记等著述记载的私家藏书目录23种，合计共有64种私家藏书目录。而宋以前有文献记载的私家藏书目录总共不过十余部。其实宋代藏书目录要远远不止这个数。这主要是因为能够用来统计宋代目录的样本少得可怜，目录书和其他图书的性质和作用不同，它的生产和流通范围极其有限，不能和其他图书同日而语，即使在雕版印刷比较发达的宋代，目录书付梓刊行的仍屈指可数，官藏图书目录如此，私家藏书目录更是这样，所以宋代书目尤其是私家目录大多都已经亡佚，流传到今天的可以说十不存一。乔衍琯先生也曾指出：“宋代所编书目，文献可考的将近百种，实际上应当数倍于此，然今多已亡佚。”[3]即使是这样，宋代官私藏书的目录数量也是前代望尘莫及的。

从私人书目著录中我们还能看出版印传媒在南宋的“发迹史”。现存的南宋私家藏书目录主要有四种：晁公武的《郡斋读书志》、尤袤的《遂初堂书目》、赵希弁的《郡斋读书志•附志》、陈振孙的《直斋书录解题》。晁公武、尤袤、赵希弁、陈振孙都是南宋著名的藏书家，其中陈振孙的《直斋书录解题》共著录图书51180卷，甚至超过了著录图书44486卷的当时南宋朝廷纂修

[1] 姚伟钧：《宋代私家目录管窥》，《文献》，1999年第3期。
[2] 傅璇琮，谢灼华：《中国藏书通史》，宁波：宁波出版社，2001年版，第380页。
[3] 乔衍琯：《宋代书目考》，台北：文史哲出版社，2008年版，第1页。

的《中兴馆阁书目》。按四部目录的撰写时间，又可以分为前后两个时期。其中《郡斋读书志》《遂初堂书目》成书于12世纪中后期，属于前期；《郡斋读书志·附志》《直斋书录解题》成书于13世纪中期，属于后期。虽然这四部目录所著录远非当时刊本书籍之全部，但从中我们仍然可以看出南宋前后两个时期图书事业的特点。宿白先生经过分类统计研究，得出如下结论：(1) 前期刊本书籍以经史两类为主，后期子集两类急剧增加，集类激增尤为显著，子类与经类俱多理学家论著。刊印文学、理学著作极盛一时，使刊印书籍数量空前扩展。(2) 前期刊本书籍多限于经史，官方控制或半控制的官署、学宫、书院为其主要的刊印机构；后期私家、书坊刊本增多，寺院、道观经营刊印亦不鲜见，这类较少受政府控制的刊印单位的兴起和刊书商品化的繁荣，表明南宋晚期文化事业有了新发展。(3) 刊印书籍种类、数量扩展和刊印单位日益增多，必然会刺激新的刊印地点与地区的出现，前期晁、尤两目著录的刊地合计不足二十处，后期赵氏目录中即刊印地多至三十有余，陈目中的刻书地超过六十处；前期主要刊地在临安、两浙和成都（蜀）、眉山，后期则各地普遍兴起，两浙、四川新的刊地不断增多外，两江、淮东、福建、两荆发展迅速，淮西、两广也多有刊印。刊印地点的广布，是刊本书籍逐渐普及的必要前提。[1]

关于南宋刻本书超过写本书的问题，王重民先生曾有段深入浅出的分析："后人一致认为《遂初堂书目》著录了不同的刻本是一特点，并且开创了著录版本的先例。但尤袤是以抄书著名的，而且在他的时代，刻本书的比量似乎还没有超过写本书，而且《遂书堂书目》内记版本的仅限于九经、正史两类，由于著录简单，连刻本的年月和地点都没有表现出来。只有到了赵希弁和陈振孙的时代，刻本书超过了写本书，他们对于刻本记载方才详细。当然，尤袤的开始之功还是应该肯定的。"[2] 宿白、王重民二先生真乃英雄所见略同，南宋中后期刻书业可谓全面开花，印本图书大有独霸市

[1] 宿白：《唐宋时期的雕版印刷》，北京：文物出版社，1999年版，第110页。
[2] 王重民：《中国目录学史论丛》，北京：中华书局，1984年版，第120页。

场之势。据元大德年间（1297—1307）荆溪岳浚刊刻《相台书塾刊正九经三传沿革例》中所记，咸淳间（1265—1274）廖莹中刊刻“九经”时取校的二十三种版本中，全部是印本。由此可见，南宋末期写本“九经”基本上已退出历史舞台，版印传媒已成为书籍流通的主流媒介。

再次，从图书存佚看宋代版印的贡献。图书亡佚历代都不能避免，然而历代图书亡佚的情况又不尽相同。清代的《玉函山房辑佚书》共收前代佚书 593 种，据曹之先生分析，其中先秦佚书 42 种，占 7.8%；汉代佚书 139 种，占 25.8%；三国佚书 111 种，占 20.6%；晋代佚书 119 种，占 22.1%；南北朝佚书 89 种，占 16.5%；隋代佚书 14 种，占 2.6%；唐代佚书 24 种，占 4.5%；宋代佚书仅有一种，占 0.2%。可见，在《玉函山房辑佚书》中年代愈近，其佚书愈少。为了更进一步说明问题，曹之先生又据书目著录分析了唐代以前图书的存佚情况。《汉书·艺文志》著录的图书中，佚书总数为 515 家、8237 卷，佚书种数占著录总数的 85.8%，佚书卷数占著录总数的 62%，其中有 14 类图书全部亡佚。从南北朝到隋朝，佚书总数为 1579 部、17233 卷，佚书部数占《隋书·经籍志》著录总数的 32. 5%，佚书卷数占《隋书·经籍志》著录总数的 31.6%，有五类图书的部数亡佚过半。[1]

南朝梁阮孝绪编定《七录》的时候，距《七略》和《汉书》不过 500 年，而汉代书籍的散亡已经十分严重了，阮孝绪《七录序》附载《古今书最》言：“《七略》书三十八种，六百三家，一万三千二百一十九卷。五百七十二家亡，三十一家存。《汉书·艺文志》书三十八种，五百九十六家，一万三千三百六十九卷。五百五十二家亡，四十四家存。”[2] 马端临《文献通考·经籍考》云：“汉、隋、唐、宋之史俱有《艺文志》，然《汉志》所载之书，以《隋志》考之，十已亡其六七，以《宋志》考之，隋唐亦复如是。”[3] 由此可见，唐以前图书亡佚的数量实在惊人，宋人著作虽然也有亡佚，但

[1] 曹之：《中国印刷术的起源》，武汉：武汉大学出版社，1994 年版，第 437—453 页。

[2]〔唐〕释道宣：《广弘明集》卷三，四库丛刊初编本。

[3]〔元〕马端临：《文献通考·自序》，北京：中华书局，1986 年版，第 8 页。

却是最少的。宋代姚铉就曾指出:“今历代坟籍，略无亡逸，内则有龙图阁，中则有秘书监、崇文院之列三馆，国子监之印群书，虽唐、汉之盛，无以加此。故天下之人，始知文有江而学有海。”[1] 由此可见，我国古代的图书亡佚大致可以分为三个阶段，且呈逐渐递减之势：先秦到两晋为第一阶段，佚书最多；南北朝至隋唐为第二阶段，佚书次之；宋代以后佚书最少。

图书亡佚的原因是多种多样的，如天灾、人祸、统治阶级的不重视以及古代的封闭式藏书的特点，等等，然而其最关键的原因还是复本过少。在书籍传播靠手抄的时代，卷帙浩繁的大部头图书流传就更为不易，如三国魏文帝时编的《皇览》有上千卷，由于部头较大，传抄不易，至南北朝时已不见全书，只有节抄本存世，至隋朝时节抄本亦亡佚。唐代的《文思博要》1200 卷，也因卷帙浩繁，传抄不易早已散亡。这是因为传抄图书数量有限，而图书的“复本越少，就越容易失传……隋唐时的写本书，流传至今的已极少见”[2]。时永乐、门凤超在探讨历代图书亡佚的原因时就曾指出：“在雕版印刷术没有发明或普及之前，书籍的生产完全靠手抄写，不能批量生产，书籍的副本极少，一旦遇到意外，极易彻底灭绝。另外，由于抄写的不易与艰辛，当某一类书籍中出现了言简意赅、内容丰富者，人们便争先传抄，前此流行已久而文字繁复者，便会受到冷遇，逐渐消亡。”[3] 而制约图书复本数量的核心因素是图书的载体和图书的制作技术。南北朝至隋唐与前代相比佚书有所减少的原因是纸张的广泛应用，纸张的应用虽然促进了书籍的生产，然而抄书的速度毕竟还是很慢，一本书很难有大量复本，所以图书亡佚率仍然较高。宋代的佚书最少主要是雕版印刷普及应用之功，版印使得图书生产变得极其简单易行，于是图书的复本大量产生。钱存训先生就曾指出，印刷术“使书籍的成本减低，产量增加，形式统一，

[1]〔宋〕姚铉：《唐文粹·序》，光绪癸未江苏书局刻本。

[2] 李瑞良：《中国古代图书流通史》，上海：上海人民出版社，2000 年版，第 173 页。

[3] 时永乐，门凤超：《古籍散亡原因初探》，《图书馆工作与研究》，2010 年第 10 期。

流传广远，并使书籍有更多的流传后世的机会”[1]“书籍留存的机会增加，减少手写本因有限的收藏而遭受灭绝的可能性”[2]。虽然现存宋版书数量有限，但是宋版书在元、明、清的重刻本、翻刻本、影写本却大量存世，这都得益于宋代的雕版印刷。

据刘琳、沈治宏先生所编《现存宋人著述总录》统计，《宋史•艺文志》收录的“宋人著作约在5500种以上，而这实际上只是宋人著作的一小部分。清初倪文灿就黄虞稷《千顷堂书目》辑为《宋史·艺文志补》，增补近800种，[3]但还是远不完备。宋亡至今700余年，宋人著述大量散佚，不但《宋志》所录十亡七八，即倪氏所补，又有不少已经失传。不过尽管如此，宋代典籍幸而存世者，数量还是相当可观。就本书所收集到的，大致除去重复，共得4855种”[4]。宋人著述之丰，版印之盛，由此可见一斑。

张秀民先生在谈到两宋刻本的数量时曾指出：“估计宋代刻本当有数万部。明权相严嵩被抄家时，中有宋版书籍6853部。传至今日，国内外所传不过1000部左右，内台湾约存200部，又多为残本或复本。”[5]李致忠先生也指出：“明权相严嵩被劾抄家时，中有宋版书籍六千八百五十三部。既证明其巨贪暴敛，也表明宋代出版物传至明代中叶，仍为数不少。宋代出版事业的盛况，于此亦可见一斑。”[6]笔者仅据《古籍版本题记索引》统计，宋刊本图书就达6400多版种，可见张先生所言宋代雕印的图书数量至少有一万种，也是比较保守的估计。书版雕印完毕后，印刷速度之于抄写来说

[1] 钱存训著，郑如斯编订：《中国纸和印刷文化史》，桂林：广西师范大学出版社，2004年版，第360页。

[2] 钱存训著，郑如斯编订：《中国纸和印刷文化史》，桂林：广西师范大学出版社，2004年版，第349页。

[3] 《宋史·艺文志补》共著录图书实为678种，12742卷；其作者是倪灿，并非倪文灿。

[4] 刘琳，沈治宏：《现存宋人著述总录·前言》，成都：巴蜀书社，1995年版，第2页。

[5] 张秀民：《中国印刷史》，杭州：浙江古籍出版社，2006年版，第44页。

[6] 李致忠：《中国出版通史》（第四卷），北京：中国书籍出版社，2008年版，第11页。

自然不可同日而语，据利玛窦的《中国札记》记载，一个熟练的工人每天可以印刷1500张；杜哈德《中国通史》则指出，一个印刷工人，每日工作十小时，可印制3000至6000张；每块书版可以初印16000张，字迹清楚，其后略加修正，可再印10000张。[1]关于每部书版能印刷多少部图书，张秀民先生曾指出："雕好一部书版，一次可印出几百几千以至上万部同样的书来。"[2]一部书印刷万部也并非虚言，北宋王琪就用公使库钱镂版《杜工部集》，并印万本出售；[3]元代官修《农桑辑要》多次交由江浙行省印造，颁给各道廉访司，每次在一千五百部左右，各朝累计印行超过一万部。[4]何朝晖先生在进一步研究后又指出："中国传统雕版印刷的技术特点，比如需要间歇性地刷印，手工刷印效率较低等，造成雕版印刷的生产周期比较长，不可能在短时间内达到雕版的最大印数。因此在多数情况下，单次实际印数一般在几百部或千余部上下，视需要可再继续加印，短时间内密集刷印数千上万部的情况是比较少见的。吴云彀所说'板（版）子雕成，每印刷一次，以五百部为计算单位'，恐怕在一定程度上反映了这个事实。"[5]我们不妨据此来做一个估算，宋代雕版图书的数量按张秀民先生的估计为10000种，如果每种图书累计印刷200部的话，那么宋代出版印本图书的生产和流通总量就会达到200万部，这个数字已经相当可观，而这只是一个较为保守的估计。

宋代的印本图书不仅能在空间上扩大流通范围，而且能在时间上延长流通时限，如今我国和日本、韩国以及欧美的一些大型图书馆现仍藏有一

[1] 钱存训：《中国古代书籍纸墨及印刷术》，北京：北京图书馆出版社，2002年版，第166页。

[2] 张秀民：《中国印刷史》，杭州：浙江古籍出版社，2006年版，第529页。

[3]（宋）范成大：《吴郡志》卷六，南京：江苏古籍出版社，1999年版，第51页。

[4] 何朝晖：《试论中国传统雕版书籍的印数及相关问题》，《浙江大学学报（人文社会科学版）》，2010年第1期。

[5] 何朝晖：《试论中国传统雕版书籍的印数及相关问题》，《浙江大学学报（人文社会科学版）》，2010年第1期。

定数量的宋版书。日本古典文献专家阿部隆一教授经过大量的调查，对目前现存宋版书（不包括《大藏经》之类）也做出了自己的统计：日本藏 890 多部，620 版种；中国大陆有 1500 多部，1000 多版种；台湾有 840 部，500 多版种。[1] 按阿部隆一的统计，如果重复忽略不计的话，全世界的宋本仍有 3230 部，2120 版种。姚伯岳先生据张丽娟、程有庆所撰《宋本》一书中的有关数据统计，世界上现存宋版书的收藏数量，中国内地应不下 3000 部，台湾地区约 500 部，日本约 600 多部，美国约 30 多部。[2] 这样算来全世界现存宋本图书就有 4130 部。这些宋版书大多收藏在各大藏书机构中，私人手中也有部分收藏。另据《中国古籍善本书目》初步统计，全国（大陆）现藏宋版书约有 818 种 986 部（宋版元以后的递修印本不计在内），其中经部书为 129 种 136 部，史部书为 144 种 203 部，子部书为 314 种 369 部，集部书为 229 种 276 部，丛书为两种两部。[3]

各位专家学者都是在当时的情况下对宋代刻书数量做出的统计或估计，因受条件的制约，难免与实际情况有偏差。而《中国古籍总目》的出版为我们较准确地摸清世界现存宋刊本数量提供了条件。笔者据《中国古籍总目》统计，现存的宋刊本共有 756 种、968 版种、1223 部，其中包括中国台湾所藏的宋本 123 种，日本所藏的宋本 129 种。需要说明的是这 1223 部宋本中不包括宋刊本佛经，其中残宋本和宋刊元明递修本也占有一定的比重，《中国古籍总目》收录的中国台湾、日本的宋本也只是两地区所藏宋本的一部分。如果加上中国台湾、日本所藏且《中国古籍总目》未收的宋刊本图书，并把宋刊佛经也计算在内的话，笔者估计全世界现存的宋刊本图书有 1800 余版种，3000 余部。经历了近千年的沧桑巨变，宋刊本图书仍有 3000 多部，不能不说这是宋代雕版印刷创造的奇迹。而据笔者考证，保存到今天的宋代抄本包括佛经和残本在内，全世界不足十部。通过以上两个数字的对比，

[1] 黄镇伟：《中国编辑出版史》，苏州：苏州大学出版社，2003 年版，第 231 页。
[2] 姚伯岳：《中国图书版本学》，北京：北京大学出版社，2004 年版，第 211 页。
[3] 杨渭生等：《两宋文化史》，杭州：浙江大学出版社，2008 年版，第 437 页。

雕印和抄本在保存文献上孰优孰劣，不言自明。难怪连传播学的奠基人威尔伯·施拉姆都指出："在保存事实、思想和图片方面，印刷品则始终拥有极大的优势。"[1] 历经千年的宋版书仍有近千种保存至今，不得不说是宋代雕版印刷创造了这个奇迹。

图书的传播以图书的生产为前提，如果没有了图书生产，图书的传播和流通就无从谈起。宋代版印传媒兴盛，不仅使前人著作陆续开雕传世，当代作品亦多经刊印以广流传。宋代雕版印刷对于书籍流布、知识传播贡献极大。李瑞良先生在谈到三国两晋南北朝时期图书的生产和流通特点时曾说："由于图书编纂事业的发展和纸的出现所带来的图书生产周期的缩短和规模的增大，图书流通的品种和数量有了很大的增长。"[2] 随后李先生又指出："在纸写本时期，书籍的社会流通总量和流通速度，取决于复本的多少。复本越多，流通量也越大，流通速度也越快。反过来也一样。一本书的流通范围之广，意味着这本书的复本之多。"[3] 其实雕版印刷的图书亦是如此，版印图书复本多少决定了其传播、流通的深度、广度和速度。宋代的雕版印刷使宋代图书的复本大量产生，无疑给图书生产和传播带来一场革命，同时为宋代文化知识的传播创造了良好的条件和环境。

第二节　雕版印刷与宋人的图书编刊

宋代是我国雕版印刷的黄金时代。南北两宋刻书之多，摹写之精，版印之妙，规模之大，流传之广，可谓空前绝后。宋代刻书业的繁荣有一个发展渐进的过程。建立之初，书籍印版极少，在国家的重视下雕版印刷业发展神速。景德二年（1005），宋真宗到国子监检阅书库，问及经书刻版的情况，国子祭酒邢昺回答说国初不及四千，如今已有十余万。短短四十五

[1] ［美］威尔伯·施拉姆，威廉·波特：《传播学概论》，北京：中国人民大学出版社，2010年版，第119页。

[2] 李瑞良：《中国古代图书流通史》，上海：上海人民出版社，2000年版，第141页。

[3] 李瑞良：《中国古代图书流通史》，上海：上海人民出版社，2000年版，第143页。

年经书版片已经增加了二十多倍，书版增长之迅速让邢昺都感叹不已。北宋时雕版印刷已经渐入佳境，到了南宋雕版印刷更是全面繁荣，出现了无一路不刻书的局面。宋代的官刻、家刻、坊刻鼎足而立，相互补充，且各有千秋。魏了翁曾说："自唐末五季以来始为印书，极于近世，而闽、浙、庸蜀之锓梓遍天下。加以传说日繁，粹类益广，大纲小目彪列昈分，后生晚学开卷了然，苟有小慧纤能，则皆能袭而取之。"[1] 宋代雕印出版的兴盛由此可见一斑。

一、雕版印刷与宋人立言观的转变

雕版印刷作为宋代最先进的媒介制作技术可以"日传万纸"，对此宋代文人赞叹有加。宋人对雕版印刷的赞美和信任从其诗文中就可以领略一二。宋末元初的理学家吴澄说："锓板（版）肇于五季，笔功减省而又免于字画之讹误，不谓之有功于书者乎？宋三百年间锓板成市，板（版）本布满乎天下，而中秘所储，莫不家藏而人有。……学者生于今之时，何其幸也！无汉以前耳受之艰，无唐以前手抄之勤，读书者事半而功倍，宜矣。"[2] 吴澄对宋代雕版印刷的赞美之词溢于言表。苏轼在《李氏山房藏书记》中说："近岁市人转相摹刻诸子百家之书，日传万纸，学者之于书，多且易致如此，其文词学术，当倍蓰于昔人。"[3] 苏轼在这段文字则指出雕印图书"日传万纸"，为学者学习和创作提供了极大的方便。苏轼本人也是雕版印刷的忠实支持者，其文集在生前就被编纂刊印过多次。他自己也在给朋友庞安常的信中写到："人生浮脆，何者为可恃，如君能著书传后有几。念此，便当为作数百字，仍欲送杭州开板也。"[4] 一个"仍"字透露出这已经不是第一次下杭

[1]（宋）魏了翁：《鹤山集》卷四一，文渊阁四库全书本。
[2]（元）吴澄：《吴文正集·赠鬻书人杨良甫序》卷三四，文渊阁四库全书本。
[3]（宋）苏轼：《苏轼文集》卷十一，北京：中华书局，1986 年版，第 359 页。
[4] 曾枣庄，刘琳：《全宋文》第八十八册卷一九〇三，上海：上海辞书出版社，合肥：安徽教育出版社，2006 年版，第 80 页。

州刻版了，可见苏轼对杭州刻书的信任。

宋代雕版印刷的普及使图书的复制变得更加容易，宋人这种发自心底的赞美和信任也促进了“立言”观进一步转变，进而调动了宋人著书立说的积极性。楼钥在为《筠溪集》所作序中说：“士大夫种学绩文，孰不欲流传于后？”[1] 宋代苏颂从文佚则功德亦无法彰显出发，进一步为“立言”提出了新论：“或谓言不若功，功不若德，是不然也。夫见于行事之谓德，推以及物之谓功，二者立矣。非言无以述之，无述则后世不可见，而君子之道几乎熄矣。是以纪事述志必资乎言，较于事为，其贯一也。自昔能言之类，世不乏贤，若乃德与功偕，文备于道，嘉谟谠论，见信于时主，遗风余烈，不泯于将来。”[2] 从以上的宋人言论中我们不难看出，在宋人看来如果没有言语的记录，即使有功德也会湮没不传，而著书立说的意义就在于传之久远。苏颂的话无疑极具颠覆性，在其看来，立言是立德、立功传诸后世的根本所在。

由此可见，在雕版印刷繁荣的激励下，宋人对立言和传名的理解也越来越深刻，甚至认为立言是立德、立功得以传世的前提和保障，因此也更推崇立言的重要作用。显然，立言不朽在宋代获得了新的意义：“不朽”不仅在于惊世骇俗的篇什，同时还离不开高效的传播。也就是说作者要想使自己名垂千古，彪炳史册，不仅要苦思冥想创作好的作品，同时还要想方设法把自己的作品传之后世。宋人清醒地认识到雕版印刷和题壁、刊石相比其灵活、便携的传播优势是不言而喻的；在传播效率方面也是铸金、勒石、书简、抄书等传播方式无法企及的。因此宋人自然选择了雕版印刷作为文章传播的利器。

二、从诗文序跋看宋人图书编刊意识

文人都希望自己精心编纂的图书能够借助雕版印刷传之久远，这类文

[1]〔宋〕李弥逊：《筠溪集·原序》，文渊阁四库全书本。

[2] 祝尚书：《宋集序跋汇编》，北京：中华书局，2010 年版，第 34 页。

字在宋人的序跋中比比皆是。徐铉《韵谱后序》曰："因取此书，刊于尺牍，使摸（模）印流行，比之缮写，省功百倍矣。"[1] 释智圆《律钞义苑后序》曰："夫后学劳于缮写，而损于学功；损学功则壅于流通矣，岂若刻板模印，以广其道哉？"[2]"省功百倍""岂若刻板模印"等评价足见雕版印刷在当时已经深入人心。《李太白文集后序》中言："白之诗历世浸久，所传之集，率多讹缺。予得此本，最为完善，将欲镂版以广其传。"[3]《杜工部集后记》言："乃益精密，遂镂于板（版），庶广其传。"[4]"以广其传""庶广其传"则传达了宋人希望通过雕版印刷使著述传之久远的渴望。从以上宋人序跋中的这些文字，我们不难看出宋人对雕版印刷的赞美以及希望图书早日镂版印行的期盼。

由此可见，雕版传播在宋代已经深入人心。在雕版印刷的激励下，宋人已经深刻地意识到"文传"才会"名传"，若想扬名后世不仅要努力"立言"，更要"传言"，宋人借文集编刻传世而使其名不朽的用意已经非常明确。另外，宋人也清醒地意识到，文集的传播也不再仅仅是一己的私事，同时它还依赖于传者和传播媒介。宋代兴起的雕版印刷"日传万纸"，它为宋人的"文传"提供了强大的物质技术保障。郑康佐刊唐庚《唐眉山先生文集》其后有跋曰："唐公之文遂为全篇，因其名类，勒为三十卷，命刻板（版）摹既。且将以传示学者，使知至人必有至文，而先生之名可以不朽矣。"[5] 为了自己的文集能够广泛传播，为了文与名的不朽，宋人自然主动选择雕版印刷这一先进的图书复制技术。

[1] 曾枣庄，刘琳：《全宋文》第二册卷二二，上海：上海辞书出版社，合肥：安徽教育出版社，2006 年版，第 196 页。

[2] 曾枣庄，刘琳：《全宋文》第十五册卷三〇九，上海：上海辞书出版社，合肥：安徽教育出版社，2006 年版，第 218 页。

[3]（唐）李白著，瞿蜕园、朱金城校注：《李白集校注》，上海：上海古籍出版社，2016 年版，第 2107 页。

[4]（唐）杜甫著，仇兆鳌注：《杜诗详注》，北京：中华书局，1979 年版，第 2242 页。

[5] 祝尚书：《宋集序跋汇编》，北京：中华书局，2010 年版，第 964 页。

众所周知，图书刊刻需要以文章的搜集、编纂为前提，并且需要一定的物力和财力做保障。为此宋人常常想方设法，甚至使出浑身解数。南宋李流谦以文学知名，有集百余卷，却因家贫无力刊刻，后经其子李廉渠和其婿张极甫戮力合作，《澹斋集》才得以刊行。南宋爱国名臣、文学家胡铨的文章，被其子胡澥编成《澹庵文集》，因家贫没有能力刊刻，后有幸得蔡必胜、雷孝友、颜棫三人相助，其父的文集才得以印行，用心之良苦可谓昭然。

为了能使文集能够传播久远，宋人不惜将文稿交给书坊刊印。如李曾伯的《可斋稿》就由其子交付书坊刊行，其子李杓在书后有跋曰："尝欲手抄小帙，未果。会书市求为巾笥本，以便致远，杓曰：'是区区之心也。'亟命吏楷书以授之。枣刻告成，用职于后。"[1] 可见，李杓开始打算自己手抄其父亲的书稿，后来应书市的请求，于是命令属吏用楷书誊抄后交给了书坊。从李杓欣然从之的态度，足见其对书坊以巾笥本刊行《可斋稿》是非常认可的。巾笥本小巧精致、方便携带，书坊将书籍编印成巾笥本贩售于书市，可以广为流传。宋初张咏为《许昌诗集》所作的序言中亦云："依旧本例编为十卷，授鬻书者雕印行用。"[2] 由此也可见编刊印行文集在宋代已深入人心。

宋人对自己的文集编刊传播非常用心，对宋以前的尤其是唐人文集的编刊也是殚精竭虑、不遗余力。流传到今天的唐人文集几乎都经过宋人的搜集、编刊，仅南宋临安陈起编刊的唐人文集就不下 50 种。唐代文学博大精深，宋人想从唐人那里汲取营养，自然就大量编刊唐人文章并借助雕版印刷化身千万。宋人不仅编刊唐人别集，还编刊唐人总集，施昌言《唐文粹后序》中说："临安进士孟琪，代袭儒素，家富文史，爰事摹印，以广流布。观其校之是，写之工，镂之善，勤亦至矣。噫！古之藏书者，必芟竹铲木，

[1] 祝尚书：《宋集序跋汇编》，北京：中华书局，2010 年版，第 2053 页。

[2] 曾枣庄，刘琳：《全宋文》第六册卷一一一，上海：上海辞书出版社，合肥：安徽教育出版社，2006 年版，第 125 页。

殚绠竭毫，盛其蕴，宏其载，乃能有之。今是书也，积之不盈几，秘之不满笥，无烦简札而坐获至宝，士君子有志于学，其将舍诸？”[1] 施昌言将《唐文粹》刻本比作“至宝”，由此可见施昌言对《唐文粹》刻本和雕版印刷由衷的赞美。

可见，到了宋代以后，在“右文”政策鼓励和雕版印刷的推动之下，“立言不朽”的观念更加得到宋人的推崇，传之后世的观念也更加深入人心，不仅要立一家之言，更要想方设法扩大“言”的传播，不仅要传之于当时，更要传之于后世。祝尚书先生在《宋人别集叙录》前言中就指出：“文集编定之后，宋人已认识到只有雕板（版）印行，方能寿之无穷。”[2] 宋代随着“日传万纸”的雕版印刷的普及应用，图书大量印刷，更有益于“立言”传之久远。图书编撰是图书刊印出版的前提，宋代版印传媒的兴盛无疑促进了宋代图书编撰事业的快速发展。曹之先生在谈到宋代编撰事业时指出：“宋代雕版印刷的普及刺激了图书编撰。高效率的图书制作方式极大地推动了图书编撰，缓解了‘出书难’的矛盾，调动了广大著者著书立说的积极性。”[3] 毋庸置疑，宋代的雕版印刷为宋人“立言”传播提供了最先进的技术保障，同时也为宋人著书立说并传之后世插上了有力的翅膀。

三、雕版印刷的繁荣与专业编辑的出现

宋代图书编撰繁荣是多方面原因综合作用的结果，除了朝廷崇文抑武、大力提倡以及宋人好名立言以求不朽外，还在于宋代图书制作方法的改变以及图书编刊专门人才的出现，而这一切都应该归功于宋代雕版印刷的普及与繁荣。

虽然唐代已经发明了雕版印刷，然而只是用来刊刻佛像、佛经和历书的雕虫小技，并没有得到唐代统治阶级的认可和广泛使用。手抄仍是唐代

[1] 曾枣庄，刘琳：《全宋文》第十九册卷三九二，上海：上海辞书出版社，合肥：安徽教育出版社，2006 年版，第 101 页。

[2] 祝尚书：《宋人别集叙录·前言》，北京：中华书局，1999 年版。

[3] 曹之：《中国古籍编撰史》，武汉：武汉大学出版社，2006 年版，第 203 页。

书籍生产和文化传播的最重要手段。书籍主要靠抄录传播，既影响书籍传播的速度和广度，同时不可避免的笔误也影响书籍的内在质量。文章能否流传于后世，固然离不开作品本身的内容和艺术价值，但是如果没有高效的传播媒介，再好的著作也只能是养在闺中人未识。书籍靠手抄笔录费时耗力，并且抄写一本书要成年累月才能完成，所以复本有限，即使是费尽苦心，最终也难逃散佚湮灭的命运。这不仅影响到图书传播的速度和范围，而且影响了唐人编撰图书的积极性。

五代时间虽短却开了雕印经书的先河，为宋朝统治者树立了文化传播的典范。宋朝统治者崇文抑武，大兴教育，健全了国家图书编纂机构，对前人的著作进行了大规模的编纂整理，并且借助于雕印发行。“印本具有物美价廉、便携、便藏、讹误少等无远弗届的传播优势。”[1] 在朝廷的带动下，形成了官刻、家刻和坊刻三足鼎立的繁荣局面。雕版印刷的广泛应用，将图书复制方式从单纯的手抄笔录中解放出来，极大地促进了图书的生产和传播，这是推动文集编撰由自发转向自觉的强大动力。诗文著作从口耳传播、手抄笔录发展到镂版印刷，须臾之间便可化身百千。雕版印刷速度快、效率高，为宋代带来了媒介技术的革命，促进了宋人立言观的转变和编刊传播意识的提升，无疑大大激发了宋代学者作家著书立说和编刊图书的热情。而大量图书的雕印、传播和收藏，又为宋人编撰图书提供了不可或缺的素材。据统计宋代可考的私人藏书家就有311人，几乎是唐代藏书家的四倍，其中宋敏求、司马光、郑樵、李焘、朱熹、陆游等人既是宋代伟大的藏书家也是著名的编撰家。

宋代刻书事业的繁荣还促使编辑这一专门人才出现。宋以前，供个人学习的抄本图书，很少会有人校勘，并且客观上书籍难求也缺乏校勘的必需条件，所以一般来说抄本图书讹误较多。唐人的文集编纂意识虽然很浓厚，但是由于客观条件的限制，从总体上仍未摆脱古人“立言”的窠臼，唐人的图书编纂只是简单的作品整理，是著述的延伸，唐代的图书传播仍然属

[1] 于兆军：《论宋代版印图书的传播优势》，《新闻爱好者》，2021年第5期。

于自然传播的范畴，并非真正意义的编辑出版传播。宋代雕版印刷的繁荣促进了图书编刊发行，而图书编纂是图书出版质量的重要保证。由于图书校勘成了雕版印刷的必要环节，在宋代无论是政府出版还是民间出版，都需要对图书进行校雠和编纂，于是作为印本图书质量把关人的编辑自然就出现了。高文超先生在谈到宋代编辑繁荣的原因时也指出："印刷术和造纸术的发展提高使书籍生产、传播比较方便容易，因此也吸引了更多的人从事著述编选工作，使编辑事业更加发达。加之科举制度对教科书和参考书以及大众对日常生活用书的迫切要求，使得书籍的编辑出版有了商品化的可能。"[1] 当然宋代政府出版图书的编辑多由学识渊博的官员兼任，民间出版图书的编辑职能多由学者和书坊主来完成。宋代国子监刊刻图书，需要"三校"后方可镂版，甚至有的书版刻成后还要进行勘版，待修订无误后才能印刷颁行。可见，宋代雕版印刷的繁荣促进了编辑职业的诞生，而宋代图书编辑的出现又提高了图书的质量，加快了版印图书的流通。

总之，宋代繁荣的雕版印刷为图书的编撰、刊印、传播提供了便利条件，而大量图书的刊印、传播和收藏又为图书的编撰提供了丰富的给养。同时，宋代雕版印刷的繁荣激发了宋人立言不朽的热望，进而促进了宋代文集编刊由自发向自觉转变。而"立言"观的转变更激发了宋人"文传"的热情，于是官刻、私刻、坊刻如火如荼，读书、写书、编书、刻书蔚然成风。雕版印刷在宋代全面开花，成为宋代文化传播的利器。华夏民族之文化历数千年之演进，能够造极于两宋之际，宋代雕版印刷之功甚伟！雕版印刷之于宋代文化的贡献，亦能为我们今天数字传媒时代文化的传播发展提供不少有益的借鉴。

第三节　宋代版印传媒的传播方式

在人类文化传播史上，迄今为止共经历了 5 次传媒革命：语言传播、

[1] 高文超：《文化价值：宋代编辑繁荣的原因》，《河南大学学报（社会科学版）》，1992 年第 4 期。

文字传播、印刷传播、电子传播和数字传播。每次传播革命都使人类的交流方式发生巨大的变革，使信息和知识传播变得更加便捷，给人类文明的发展产生深远的影响。[1] 而这 5 次传媒革命都和传播媒介的变化形影不离，可以说媒介技术深深影响着传播的深度与广度。版印传媒作为一种先进的传播媒介，它的大规模应用不仅影响图书生产的数量，还影响到图书的形制、图书生产规程以及其传播、消费的途径。刘光裕先生谈到这一点时就曾说："印刷，是一种复制作品的技术。印刷术发明以后，若将印刷取代手抄而用于书籍出版，必须解决一系列的相关问题。首先，手抄时的书籍形式是卷轴。由于雕板（版）只能一板（版）一板（版）地镌刻，造成卷轴很难与印刷复制相适应。因此利用印刷术，就有必要革新卷轴。第二，手抄时，读者各自复制作品，多数不校书或一般不校书。利用印刷术以后，复制而不校书就行不通了。第三，手抄时，可以抄一本两本而不出售；利用印刷术以后，复制的数量必定很多，再坚持不售书也行不通了。"[2] 由此可见，宋代雕版印刷的广泛普及应用还促进了图书由卷轴向册页转变，同时还促使校勘成为图书出版的必要程序。更重要的是雕版印刷的繁荣，还极大地促进了图书贸易的兴盛。

宋代雕版印刷的普及逐步代替了古老的手工抄写，彻底改变了我国书籍生产与传播的方式，使书籍的数量迅猛增加，传播范围不断扩大，传播途径也有了新的变化，从而极大地促进了宋代文化教育事业的发展，推动了思想和学术的日益繁荣，进而促进了宋代文化事业的腾飞。《中国典籍史》指出："中国采用雕版印刷的方法制作典籍，自唐代开始，中经五代的缓慢发展，至两宋而极盛，标志着典籍的生产方法发生了划时代的变革，人类文明也跨进了新的历史时期。"[3]

随着雕版印刷的发明，唐末五代已经出现了版印传媒的流通，但由于

---

[1] 黄焕明：《传媒：一种新的发展工具》，《出版经济》，2004 年第 10 期。

[2] 章宏伟：《十六—十九世纪中国出版研究·序言》，上海：上海人民出版社，2011 年版，第 2 页。

[3] 李致忠等：《中国典籍史》，上海：上海人民出版社，2004 年版，第 228 页。

战乱频仍，社会动荡，民生凋敝，雕版印刷在晚唐五代并未能全面推广，印本图书传播流通的数量和范围有限。直到北宋初年，写本仍是图书传播的主流。北宋前期随着经济、文化的恢复和发展，版印传媒技术逐步在全社会推广开来。由于宋代雕版印刷的普及和繁荣，版印传媒逐步成为图书的主要形态。因此宋代是我国图书生产和传播的重大变革期，人类文化知识传播由此也进入了印刷传播的新时代。宋代版印传媒的主要传播方式和途径有图书贸易、图书赐赠和图书租借等。

一、宋代印本书的贸易

据现有的文献记载，买卖图书西汉时已有之。《艺文类聚》所引《三辅黄图·明堂》中记载："列槐树数百行，为隧，无墙屋。诸生朔望会此市，各持其群（御览五百三十四作郡）所出货物，及经传书记，笙磬乐器，相与买卖，雍雍揖让，论义（议）槐下。"[1] 这里用来交易的"经传书记"很显然就是书籍，无疑这是我国有文献记载的最早的书市，当然这里出售的不仅有图书，还有笙磬乐器等文化用品以及其他货物。随后扬雄的《法言·吾子》里最早出现了"书肆"一词。图书的生产决定着流通，在雕版印刷发明以前，图书贸易的规模相对有限。到了宋代随着雕版印刷普及和繁荣，刻书成了宋代一大文化产业，图书贸易也随之更加兴旺。因此，宋代不仅是我国雕版印刷的黄金时代，也是我国古代图书贸易的繁荣时代。

印本图书在宋代有着巨大的市场需求，宋代雕版印刷和城市商品经济的发达，使得图书贸易成为宋代版印传媒流通的主要方式。宋代重文抑武，在这种治国方略的指导下，宋代很多人视读书为第一要务，"父笃其子，兄勉其弟，有不被儒服而行，莫不耻焉"[2]。在宋代读书、买书不仅是一种风尚，

[1]〔唐〕欧阳询：《艺文类聚》卷三十八，上海：上海古籍出版社，1965 年版，第 692 页。

[2]〔宋〕范成大：《吴郡志》卷四，南京：江苏古籍出版社，1999 年版，第 38 页。

久而久之，也成了士人生活乃至生命中的必不可少的一部分。宋代御史中丞赵安仁“尤嗜读书，所得禄赐，多以购书”[1]。宋代朱昂，字举之，喜好读书，“昂前后所得奉赐，以三之一购奇书，以讽诵为乐”[2]。据《曝书杂记》记载，宋代藏书家许棐少安于贫，壮乐于贫，老忘于贫，但“市有新刊，知无不市”。不仅有财力者买书聚书，一般士人也纷纷购书，甚至有的人不惜为买书而举债。正如郑刚中《自笑》所云：“他人将钱买田园，尚患生财不神速。我今贷钱买僻书，方且贪多怀不足。较量缓急堪倒置，安得瓶中有储粟。自笑自笑笑我愚，笑罢顽然取书读。”[3] 正是这一社会群体，构成了宋代书籍传媒出版流通的广阔市场，吸引官府、私宅、坊肆竞相刻书售书。宋代版印传媒的贸易渠道多种多样，最主要的贸易形式有固定店铺、书市和流动书摊。

宋代图书贸易的繁盛，根本原因在于宋代雕版印刷业的繁荣，以及印本图书已经具备了完全的商品属性。在宋代无论是官刻、坊刻或家刻的图书都以商品形式投入市场，通过买卖方式进行流通。书坊刻书是以营利为目的，其产品具备完全的商品属性是不言而喻的。书坊刻书在宋代刻书业中开始较早，地域分布最广，其刻印图书的数量和种类在社会图书生产总量中占着举足轻重的地位，是图书商品流通的主力军。

除坊刻外，官刻和家刻除少量赐赠外，也有相当一部分作为商品进入流通领域。宋代官刻图书出售的情况很多，在中央以国子监为代表。宋代的国子监掌印经史群书，除一部分供朝廷宣索赐予之用外，大部分图书用来“出鬻而收其值以上于官”。叶德辉在《书林清话》中指出：“宋时国子监板，例许士人纳纸墨钱自印。凡官刻书，亦有定价出售。今北宋本《说文解字》后，有‘雍熙三年中书门下牒徐铉等新校定《说文解字》’，牒文有‘其书宜付史馆，仍令国子监雕为印板（版），依《九经》书例，许人纳

---

[1]〔元〕脱脱等：《宋史·赵安仁传》卷二八七，北京：中华书局，1985 年版，第 9659 页。
[2]〔元〕脱脱等：《宋史·朱昂传》卷四三九，北京：中华书局，1985 年版，第 13008 页。
[3]〔宋〕郑刚中：《北山文集》卷二，北京：中华书局，1985 年版，第 41 页。

纸墨钱收赎’等语。”[1] 叶氏这里所说的国子监版许士人纳纸墨钱自印似有不确，因为“收赎”乃收购之意，和自印并没有什么必然联系。另外作为国家最高的版印出版机构的书版，也不可能谁出钱就让谁私自印刷，这也不利于版片的保护和利用。李致忠先生在谈到这一点时亦指出：“其实‘收赎’并不意味着自印，当是依纸墨成本价花钱自买。因为书版繁重，不可能谁花了纸墨钱，就能立刻为谁清版刷印。必是先期印好，装帧完毕；或是凑多少人要买，再行刷印。所以‘许人纳纸墨钱收赎’，实际就是定价出售。”[2] 从“依《九经》例”可知“九经”诸书也允许私人收赎，这也证明了国子监出版的图书确实是出售的，并且只收纸墨钱，价格相当的优惠。宋代国子监刊印的图书还发行到各地进行售卖，据《书林清话》记载：“宋时官刻书有国子监本，历朝刻经、史、子部见于诸家书目者，不可悉举。而医书尤其所重，如王叔和《脉经》《千金翼方》《金匮要略方》《补注本草》《图经本草》五书，于绍圣元年（1094）牒准奉圣旨开雕，于三年刻成。当时所谓小字本，今传者有《脉经》一种，见《阮外集》。绍兴年间重刊，仍发各州郡学售卖。既见其刻书之慎重，又可知监款之充盈。天水右文，固超逸元、明两代矣。”[3] 国子监刊印的图籍不仅发行给各路儒学出售，同时也供文人、雅士直接购买。由于国子监所刻图书品种齐全、数量众多、质量一流，在全国刻书出版业中独占鳌头。所以北宋时监本书以良好信誉，迅速占领市场。《鹤山集》里记载，眉山孙氏就曾买监本书万卷，成为名重一时的藏书家。潞州的张仲宾家有巨万之产，是全路之首富，后来不惜千金“尽买国子监书，筑学馆，延四方名士，与子孙讲学”，儿孙多成才。[4] 周密的《齐东野语》卷十一记载，沈思之子沈偕擢第后，尽买国子监书以归。杨孝本还把买监本作为自己告老还乡的唯一要求，赵明诚和李清照夫妇家中也

[1]〔清〕叶德辉：《书林清话》卷六，上海：上海古籍出版社，2012 年版，第 119 页。
[2] 李致忠：《中国出版通史》（第四卷），北京：中国书籍出版社，2008 年版，第 161 页。
[3]〔清〕叶德辉：《书林清话》卷三，上海：上海古籍出版社，2012 年版，第 49 页。
[4]〔宋〕邵伯温：《邵氏闻见录》卷十六，北京：中华书局，1983 年版，第 176 页。

藏有大量监本。北宋监本真可谓不胫而走天下，不少外地的藏书家还通过各种渠道进京不惜重金购置监本。

除国子监以外，各地政府的刻书机构也积极参与图书发售，以此来补贴财政，充实办学经费。如两浙东路茶盐司印卖《外台秘要方》和《资治通鉴》，两浙东路安抚使印卖《元氏长庆集》，福建转运司印卖《太平圣惠方》，江西提刑司印卖《容斋随笔》，等等。除此之外，宋代各州、军、府学、县学也刻书出售。其中以公使库刻书售卖最为知名，规模也较大。公使库是宋时所设招待来往官吏的机构，由于公使钱数量有限，远远不够公使开销，于是国家也允许公使库自找财源补偿，卖书就是其广开财源的手段之一。根据有关史料可知，宋代参与书市贸易的公使库有苏州公使库、吉州公使库、沅州公使库、舒州公使库，台州公使库、信州公使库、泉州公使库、两浙东路茶盐司公使库、婺州公使库、抚州公使库、明州公使库、扬州公使库等。据文献记载，苏州郡守王琪瞄准市场，利用公使库钱刻印《杜工部集》，并售卖万部，每部价值千钱，士人争相购买，不仅偿还了数千缗旧账，而且还有不少剩余。

淳熙三年（1176）舒州公使库刻印出版《大易粹言》十二卷，该书前镌有该公使库雕造所贴司胡至和的具文告白如下：“今具《大易粹言》壹部，计贰拾册，合用纸数印造工墨钱下项，纸副耗共壹仟叁百张，装背饶青纸叁拾张，背青白纸叁拾张，棕墨糊药印背匠工食等钱共壹贯伍百文足，赁板（版）钱壹贯贰百文足，本库印造见成出卖，每部价钱捌贯文足。右具如前。淳熙三年正月日雕造，所贴司胡至和具。”[1] 可见舒州公使库刻印《大易粹言》也是用来出售的。据周生春、孔祥来考证当时印造《大易粹言》一部共需4360文足，[2] 却能卖到每部八贯文足，其利润空间之大由此可见一斑。由于拥有学生这一良好的市场，宋代的官学也刻书出售。淳熙十年（1183）象山

[1]（清）叶德辉：《书林清话》卷六，上海：上海古籍出版社，2012年版，第119页。
[2] 周生春，孔祥来：《宋元图书的刻印、销售价与市场》，《浙江大学学报（人文社会科学版）》，2010年第1期。

县学刻印出版宋林钺辑的《汉隽》十卷，有杨王休题记云："象山县学《汉隽》，每部二册，见卖钱六百文足。印造用纸一百六十幅，碧纸二幅，赁板钱一百文足。工墨装背钱一百六十文足。"又题云："善本锓木，储之县庠，且藉工墨盈余为养士之助。"[1] 这则题记不仅清晰地列出《汉隽》出售的价格，而且把经销盈余养士助学的用意也说得清清楚楚。由此可见，宋代大量官刻图书也作为文化产品进入了商业流通领域。

宋代社会对图书的需求量巨大，仅靠官方刻印售卖无法满足社会需求，于是书坊纷纷刻书售卖。到了南宋书坊更是如雨后春笋般地大量涌现，并生机勃勃地成长和发展。戚福康就曾指出："书坊发展到南宋时期，它以全新的面貌出现在中国的出版业中，只有在这一历史时期，书坊业才有了长足的发展，才成为中国出版业的主力军，确立了它的主体地位。书坊业不仅引起了社会各阶层的广泛的关注和评判，而且已在经济、文化中占有了一席之地，形成了一个重要的社会行业。"[2]

书坊往往集图书的编纂、刊印、销售于一体，一般拥有自己的写工、刻工、印工。宋代的书坊主往往都具有较高的文化素质，他们尊重知识和读者，在图书编刊上善于创新，并讲究经营之道，为宋代图书的生产和流通做出了巨大的贡献。书坊刻书以营利为唯一目的，所以书坊刻书灵活机动，能投市场之所好，价格又比官刻图书便宜，所以坊刻图书占有较大的市场份额。宋代刻书售卖的书坊遍布全国各地，仅南宋有名号可考的书坊就有近 200 个，有名号却没有留下文献记录的以及无名号的书坊更是不计其数。相比较而言汴京、杭州、福建、四川、江西等几大刻书中心的书坊刻书售卖更是异常活跃，其中尤以福建为盛。福建书坊业又以建宁府为最，其中麻沙、崇化两坊更是号称"图书之府"。据郑士德先生考证，建宁府有文献可考的书坊就有 39 家，有些私家宅塾也刻书出售，并逐渐发展成为书

---

[1]〔清〕叶德辉：《书林清话》卷六，上海：上海古籍出版社，2012 年版，第 119 页。

[2] 戚福康：《中国古代书坊研究》，北京：商务印书馆，2007 年版，第 131—132 页。

坊，算上这个数字，建宁府从事刻书出售的达57家。[1] 其实南北两宋建宁府的书坊远不止这个数，据李瑞良先生考证，单建阳麻沙镇有牌号可考的书坊就有36家之多。[2] 南宋时期，建安较著名的书坊有余氏勤有堂、余仲仁万卷堂、刘日新宅三桂堂、麻沙水南刘仲吉宅、陈八郎书铺、黄三八郎书铺、高氏日新堂、叶氏广勤堂、江仲达群玉堂、虞氏务本堂、朱氏与耕堂、崇文书堂等。余氏和刘氏为建安的两大书坊世家，祖祖辈辈经营图书。在崇化镇，余氏书坊有6家；在麻沙镇，刘氏书坊有9家。

建阳崇化里的书市最为兴盛火红，比屋皆鬻书籍，天下掮客商贩来此批发书籍者如梭如织。朱熹的学生祝穆家住建阳，也开坊印卖图书，他自己编纂、校对并刊印的《方舆胜览》《事文类聚》等书，一出版就受到读者的热烈欢迎，市场上出现了供不应求的局面，“蜀中人士来购者，一次竟以千部计”[3]。建阳盛产竹纸，建阳的书坊刻书有很强的市场针对性，在经营上批发和零售相结合，书价又相对低廉，所以建本书很快就占领了市场，并远销海内外。南宋理学家朱熹在《建宁府建阳县学藏书记》中就曾指出，南宋建阳版本书籍，行四方者无远不至。[4] 郑士德先生也曾指出：“基于上述成本优势，麻沙本（建本）书的价格约较浙本书便宜30%，较苏州等江南本书便宜50%。由于建本书价格低廉，得以北销临安、开封、洛阳、鄂州（武昌），南下福州、泉州，经海船行销日本、高丽、暹罗。”[5]

宋代家刻的目的虽然不全在于谋利，但由于刻书需要一定的经济费用，所以家刻也往往通过售卖部分图书来收回成本。

宋代出现的很多大型书市，是印本图书贸易兴盛的真实写照。据曹之先生统计，宋代的书市贸易有文献可考的就有124处之多，比较而言，汴

[1] 郑士德:《中国图书发行史》，北京：中国时代经济出版社，2009年版，第170页。

[2] 李瑞良:《中国古代图书流通史》，上海：上海人民出版社，2000年版，第310页。

[3] 谢水顺，李珽:《福建古代刻书》，福州：福建人民出版社，1997年版，第83页。

[4]（宋）朱熹：《朱子全书·建宁府建阳县学藏书记》第二十四册，上海：上海古籍出版社，合肥：安徽教育出版社，2002年版，第3745页。

[5] 郑士德:《中国图书发行史》，北京：中国时代经济出版社，2009年版，第174页。

京、浙江、福建、四川、江西、湖北、湖南等地都是宋代图书贸易的中心。由于宋代刻书者本身就是发行者，所以哪里有刻书，哪里就有图书市场。据张秀民先生考证，宋代的刻书地有200余处，这些地方无疑都售卖图书。夸张一点来说，凡是宋代商业繁荣的城镇都有印本图书贸易。据《东京梦华录》卷三载，东京汴京大相国寺附近就有很大的图书贸易市场。“殿后资圣门前，皆书籍、玩好、图画”[1]，“寺东门大街，皆是幞头、腰带、书籍、冠朵、铺席”[2]。建阳的麻沙和崇化两地就是印本图书批发贸易的大市场。有了图书市场就少不了书贩，《道山清话》中就记载了北宋一个书贩的故事：

> 张文潜尝言：近时印书盛行，而鬻书者往往皆士人，躬自负担。有一士人，尽掊其家所有，约百余千，买书将以入京。至中途，遇一士人，取书目阅之，爱其书而贫不能得。家有数古铜器，将以货之。而鬻书者雅有好古器之癖，一见喜甚。乃曰：毋庸货也，我将与汝估其值而两易之。于是尽以随行之书换数十铜器，亟返其家。其妻方讶夫之回疾。视其行李，但见二三布囊，磊魄然铿铿有声。问得其实，乃詈其夫曰：你换得他这个，几时近得饭吃。其人曰：他换得我那个，也则几时近得饭吃。因言人之惑也如此，坐皆绝倒。[3]

张文潜即是苏门四学士之一的张耒，虽然讲的是一个笑话，却为我们透露出这样的信息：宋代不仅刻书业兴盛，而且书贩众多，这就说明当时社会对图书的需求很大，刻书贩书都有利可图。尤其值得关注的是，宋代的书贩往往还都是读书人。

---

[1]〔清〕孟元老撰，邓之诚注：《东京梦华录注》，北京：中华书局，1982年版，第89页。

[2]〔清〕孟元老撰，邓之诚注：《东京梦华录注》，北京：中华书局，1982年版，第102页。

[3]〔宋〕佚名：《道山清话》，北京：中华书局，1985年版，第6页。

图书广告在宋代大量出现，是宋代印本图书贸易兴盛的重要表现。宋代的商品经济发达，由于宋代刻书业很兴盛，所以图书市场的竞争也很激烈。书坊为了能在竞争中立于不败之地，为了能使自己刊印的图书销路更广，获得更多的利润，书坊主在图书发售上可谓绞尽脑汁。为自己的图书做广告，加大宣传力度成了书坊扩大销售的重要手段之一。宋佚名无年号刻《东莱先生诗武库》目录前有牌记广告云："今得吕氏家塾手抄武库一帙，用是为诗战之具，固可以扫千军而降勍敌，不欲秘藏，刻梓以淑诸天下，收书君子，伏幸详鉴。谨咨。"[1] 宋刻《诚斋先生四六发遣膏馥》目录后牌记广告云："江西四六，前有诚斋，后有梅亭，二公语奇对的，妙天下，脍众口，孰不争先睹之。今采二先生遗稿切于急用者绣木一新，便于同志披览，以续膏馥，出售幸鉴。"[2] 两宋的图书广告有咨文式广告、提要式广告、书目类广告、导购类广告四种形式。广告的产生来源于激烈的市场竞争。"宋代商人能够产生并形成广告自觉，其根本原因在于市场竞争以及当时社会思想文化的影响。"[3]

宋代的出版管理和宋代印本图书贸易的繁荣也关系密切，版权保护制度在宋代萌芽，宋代政府多次禁书，也是宋代图书贸易兴盛的必然结果。在雕版印刷术发明以前，图书都是靠抄写传播，图书的贸易流通量有限，作者和传抄者的权益一般不会受到严重的侵犯。正是由于雕版印刷术的广泛应用，使得宋代的书籍可以大量刊印和出售，才有了真正意义上的图书出版。大量印本图书进入市场，自然就产生利润之争，并且一些书坊主为了谋利不择手段，甚至盗窃别人的劳动成果去赚钱，自然也就与出版者和作者利益产生了密切的关联。朱熹的《四书章句集注》在当时是士子必读教材，十分畅销，就常被其他书坊盗印，让人很是气愤，只好函请县官和挚友追索其版。吕祖谦弟弟吕祖俭的著作也被麻沙书坊盗印出售，并且把

[1] 林申清：《宋元书刻牌记图录》，北京：北京图书馆出版社，1999年版，第10页。
[2] 傅增湘：《藏园群书经眼录》，北京：中华书局，2009年版，第1038页。
[3] 杨玲：《宋代出版文化》，北京：文物出版社，2012年版，第167页。

文章弄得面目全非。朱熹知道此事后也曾感慨说："麻沙所刻吕兄文字真伪相半，书坊嗜利，非闲人所能禁。在位者恬然不可告语，但能为之太息而已。"[1] 在这种情况下，一些书坊主也想方设法保护自己的权益不受侵害。叶德辉《书林清话》载："书籍翻版，宋以来即有禁例。吾藏五松阁仿宋程舍人宅刻本王偁《东都事略》一百三十卷，目录后有长方牌记云：'眉山程舍人宅刊行。已申上司，不许覆板（版）'。"[2] 此书成书于南宋中期，可见至少至南宋中期，已有了对出版权的保护措施，且通过民间出版者提出申请，以有司公告的形式来禁止翻版。这可以看作我国古代历史上最早的版权宣言。而当宋代书坊主和图书的作者融为一体时的版权和现在意义上的版权保护就更加接近了。南宋嘉熙二年（1238）十二月，两浙转运司为保护祝穆自编自刊的《方舆胜览》《四六宝苑》《事文类聚》等几部书籍的版权而发布榜文。据宋刻祝穆的《方舆胜览前集》四十三卷、《后集》七卷、《续集》二十卷、《拾遗》一卷，自序后印有两浙转运司录白：

据祝太傅宅幹人吴吉状：本宅见刊《方舆胜览》及《四六宝苑》《事文类聚》凡数书，并系本宅贡士私自编辑，积岁辛勤。今来雕板（版）所费浩瀚。窃恐书市嗜利之徒，辄将上件书版翻开，或改换名目，或以节略《舆地纪胜》等书为名，翻开搀夺，致本宅徒劳心力，枉费钱本，委实切害。照得雕书，合经使台申明，乞行约束，庶绝翻板（版）之患。乞给榜下衢婺州雕书籍处张挂晓示，如有此色，容本宅陈告，乞追人毁板（版），断治施行。奉台判，备榜须至指挥。右令出榜衢婺州雕书籍去处张挂晓示，各令知悉。如有似此之人，仰经所属陈告追究，毁版施行。故榜。嘉熙二年十二月□□日榜。衢婺州雕书籍去处张桂，转运副使曾

[1]（宋）朱熹：《朱子全书·答沈叔晦》第二十二册，上海：上海古籍出版社，合肥：安徽教育出版社，2002 年版，第 2529 页。

[2]（清）叶德辉：《书林清话》卷二，上海：上海古籍出版社，2012 年版，第 30 页。

□□□□□□□台押。福建路转运司状，乞给榜约束所属，不得翻开上件书版，并同前式。更不再录白。[1]

版权意识在宋代萌芽是雕版印刷的兴盛、书坊刊印售卖图书的繁荣以及宋人商品意识的提高共同作用的结果。

随着宋代图书出版和贸易的蓬勃发展，书商们为了追求高额的利润，图书的刊印和售卖超出了政府所允许的界限，甚至和国家的出版政策相左，其中最集中的表现是大肆禁书，宋代禁书次数之多远非前朝所能比拟。据《宋会要辑稿》记载，宋代朝廷下令禁绝图书印卖多达 20 次，所禁绝的内容越来越广泛。从内容上具体来说，宋代禁天文图书，禁术数谶纬图书，禁兵书，禁历法图书，禁刑律典册、制书敕文，禁事涉政治、军机边防之图书流入境外，禁印本朝史籍，禁私人文集、诗集，禁科场程文，禁宗教典籍等。[2] 这类禁令，从北宋初期一直延续到南宋末期。据林平考证，北宋太祖至太宗朝禁书之举就不少于 6 次，北宋真宗朝至英宗朝禁书不少于 22 次，北宋神宗朝至南宋高宗朝禁书不少于 63 次，南宋孝宗至南宋末禁书不少于 23 次。[3] 这样算来天水一朝禁书多达 114 次，这在中国古代史中虽然不敢说是绝无仅有的，但绝对是颇为罕见的。这里需要指出的是，宋朝的图书禁令和禁书次数虽多，由于缺乏法律保障和监管机制，大都流于一纸空文。宋代刻书业兴盛，印本图书贸易发达是宋代大肆禁书的重要原因之一。杨玲在谈到宋代的出版管理时就曾指出：宋代社会结构的巨大变化以及繁荣发展的刻书印刷事业所带来的大量出版物作为一种新兴的大众传播方式促使宋代出版控制法令规则的详备，所以中国古代刻版印刷的法律制度、版权、出版权及最早的大众传播控制思想等大多奠基或发展于宋代，就不足为奇了。[4]

[1]（清）叶德辉：《书林清话》卷二，上海：上海古籍出版社，2012 年版，第 30—31 页。
[2] 林平：《宋代禁书研究》，成都：四川大学出版社，2010 年版，第 35 页。
[3] 林平：《宋代禁书研究》，成都：四川大学出版社，2010 年版，第 26—34 页。
[4] 杨玲：《宋代出版文化》，北京：文物出版社，2012 年版，第 193 页。

综上所述，宋代印本传媒贸易异常发达，具体地说，宋代的图书贸易具有以下特点：书坊是印本图书贸易的主力军，官府刻书机构积极参与；宋代有刻书的地方就有书市，尤其是到了南宋书市已经遍布全国各地；整体来说印本图书比抄本便宜，便民购买；宋代繁荣兴盛的图书贸易是刻书业兴盛的必然结果，也是宋代印本传媒流通和传播的主要方式。

二、宋代印本书的颁赐

中国古代，帝王为了对臣庶表示恩宠，常有赐书之举。朝廷的颁赐是宋代印本图书传播的又一重要方式和途径。唐代以前由于图书生产困难，朝廷赐书屈指可数。而到了宋代由于雕版印刷的广泛应用，朝廷赐书不胜枚举。宋代的国子监刻书可谓中央刻书的一枝独秀，景德二年（1005）国子监刻版就已达到 10 万余片。国子监所刻图书主要是供朝廷宣赐使用。据曹之先生考证，宋代接受朝廷赐书有文献可考者就有李符、王宾、孔延世、李维、宋绶、王尧臣、赵叔韶、司马光、萧燧、史浩等 13 人。宋代朝廷还经常赐书于诸王、诸路州府、孔庙等。宋初建隆中，太祖下诏河南府建国子监、文宣王庙，赐以九经。太平兴国八年 (983)，田锡在睦州建立孔庙，太宗赐以“九经”。淳化元年 (990)，太宗“赐诸路印本《九经》，令长史与众官共阅之”[1]。淳化三年 (992) 诸道贡士 17000 人参加科举考试，为了安抚考生，诏刻《礼记·儒行篇》赐之。淳化时，“诏以《九经》赐荆楚、湖湘、江、吴、杭、越、闽中、岭外诸郡”[2]。大中祥符元年 (1008) 十一月赐给曲阜孔庙经史书籍多种。大中祥符二年（1009）再次赐给曲阜孔庙经史书籍若干。大中祥符六年(1013)，赐御史台“九经”、诸史。天禧元年 (1017) 二月赐宗正寺经史各一本，以备修撰玉牒。天禧三年（1019）赐皇太子《六

[1]〔清〕毕沅：《续资治通鉴》卷十五，上海：上海古籍出版社，1987 年版，第 72 页。

[2]〔宋〕李闶：《修九经堂记》，《乾道四明图经》卷九，台北：成文出版社，1983 年版，第 501 页。

艺箴》一卷，《承华要略》十卷，《授时要录》十二卷等。天禧四年（1020）十月赐天下宫观《祥符降圣记》各一本。天圣七年（1029）张士逊出守江宁府，奏请于朝，全赐国子监书。元祐七年（1092）七月十八日赐与西京、南京等地《资治通鉴》各一部。宣和三年（1121）八月十日，礼制局言被旨雕印御笔手诏共五百本，诏赐宰臣、执政侍从、在京执事官、外路监司守臣各一本。宋代颁历甚多，有关臣僚每年均可得到赐历一本。罗濬《宝庆四明志》卷二详细记述了魏王给予明州的赐书：经一百一十五部计五百八十一册，史七十九部一千三百四十二册，子一十五部四十五册，文集一百七十一部计一千二百五十册，杂书九十五部计七百二十八册，御书临帖五册，宸翰诏书一轴。右皇子魏王判州，藏书四千九十二册，一十五轴，淳熙七年有旨就赐明州，于是守臣范成大奉藏于九经堂之西偏，继又恐典司弗虔，乃奉藏于御书阁，列为十厨。[1] 宋代赐书品种之全、数量之多由此可见一斑。

宋代重视医学书籍的刊印，仅北宋国子监刊印医书就达二十多部。宋代统治者关心百姓疾苦，多次向各州县颁赐医书。淳化三年（992）太宗命人编刊《太平圣惠方》，并“应诸道州府各赐两本，仍本州选医术优长、治疾有效者一人，给牒补充医博士，令专掌之，吏民愿传写者并听”[2]。景德三年（1006）秋“赐广南《圣惠方》，岁给钱五万，市药疗病者”[3]。景德四年（1007）九月，真宗赐京城郊县《太平圣惠方》。庆历四年（1044）正月赐顺德军《太平圣惠方》及诸医书各一部。庆历八年（1048）二月颁《庆历善救方》。皇祐三年（1051）五月，“颁《简要济众方》，命州县长吏按方剂以救民疾”[4]。

---

[1]〔宋〕罗濬：《宝庆四明志》卷二，转引自曹之：《中国印刷术的起源》，武汉：武汉大学出版社，1994 年版，第 419 页。

[2]《宋大诏令集》卷二一九，北京：中华书局，1962 年版，第 842 页。

[3]〔元〕脱脱等：《宋史·真宗本纪二》卷七，北京：中华书局，1985 年版，第 131 页。

[4]〔元〕脱脱等：《宋史·仁宗本纪四》卷十二，北京：中华书局，1985 年版，第 231 页。

宋代扩大科举取士，大兴教育。苏轼在《南安军学记》中曾指出："朝廷自庆历、熙宁、绍圣以来，三致意于学矣。虽荒服郡县必有学，况南安江西之南境，儒术之富，与闽、蜀等，而太守朝奉郎曹侯登，以治郡显闻，所至必建学，故南安之学，甲于江西。"[1] 耐得翁《都城纪胜》记载："都城内外，有文武两学，宗学、京学、县学之外，其余乡校、家塾、舍馆、书会，每一里巷须一二所。弦诵之声，往往相闻。遇大比之岁，间有登第补中舍选者。"[2] 宋代还拥有众多的书院，据邓洪波考证，宋代的书院多达711所。宋代朝廷重视教育，多次向各级各类学校颁赐印本"九经"等图书，以作为士子学习的标准教材。真宗咸平四年（1001）六月，"诏州县学校及聚徒讲诵之所，并赐《九经》"[3]。以后，朝廷多次对官学颁印国子监雕印的经史典籍。景祐元年（1034）仁宗批准京兆府建立府学，赐以"九经"，并拨给学田五顷。宋代的白鹿洞书院、嵩阳书院、岳麓书院等很多书院还不止一次得到过朝廷的赐书。太平兴国二年（977），应江州知州周述之请，宋太宗将国子监所印"九经"赐予白鹿师生，并派车专程送到书院中。岳麓书院在前后不到十五年的时间里，两次得到朝廷的御赐印本图书。第一次咸平四年（1001）岳麓书院山长李允乞赐经籍，上赐《九经义疏》《史记》《玉篇》《唐韵》等。第二次是大中祥符八年（1015），岳麓书院山长周式以"学行兼善"，办学卓有成效而受到真宗皇帝的接见，并任命为国子监主簿，因周式坚决请求回山教授，真宗答应了他的请求，并赐予内府秘藏图书。

北宋统治阶级还经常把印本图书作为外交的礼品赐给高丽、日本，以及我国少数民族地区。据不完全统计，在宋辽共处的一百多年中，"辽的各

[1]（宋）苏轼：《苏轼文集》卷十一，北京：中华书局，1986年版，第374页。

[2]（宋）耐得翁：《都城纪胜·三教外地》，北京：中国商业出版社，1982年版，第16页。

[3]（元）脱脱等：《宋史·真宗本纪一》卷六，北京：中华书局，1985年版，第115页。

种使节到东京的有300次左右，人数约在700人以上”，[1]获赐并购买印本图书，是辽使的任务之一。嘉祐七年（1062），西夏使者“乞国子监所印诸书、释氏经一藏”[2]。英宗时，还根据夏使的请求，赐给“九经及正义、《孟子》、医书”[3]等。太宗雍熙元年（984），日本僧人奝然与其徒弟五六人一行浮海来到中国，奝然求印本《大藏经》，太宗也慨然应允，赐《大藏经》一部及新译经卷280卷。宋代中越两国之间文化交流也很密切，据刘玉珺考证，仅北宋朝廷向越南赐《大藏经》就有八次。[4]高丽自古以来就是中国的友好邻邦，北宋一代赐予高丽的文化典籍有记载的就有多次。淳化四年（993），高丽求印本九经，以敦儒教，宋太宗答应了他们的要求。大中祥符九年（1016）赐经史、日历、圣惠方。真宗天禧五年（1021）赐阴阳、地理、圣惠方。哲宗初（1086）还赐给高丽《文苑英华》《太平御览》各一部。据文献记载，宋代赐予高丽的《大藏经》就达七部。[5]

曾枣庄在《宋朝的对外文化交流》一文中也指出，流传到高丽的宋代典籍，经、史、子、集四部皆具。经部有《周易》《诗经》《尚书》《左传》《周礼》《礼记》《孝经》《论语》等九经；史部有《史记》《汉书》《后汉书》《三国志》《晋书》《北史》以及历日地理书等；子部有诸子、阴阳书以及大型类书《册府元龟》、医书《圣惠方》；集部有大型总集《文苑英华》。可以说宋以前的中国主要典籍及宋代编印的重要图书都已流传到高丽。宋人编刻的大型图书如《册府元龟》、《文苑英华》、蜀版《大藏经》等，在中韩文化交流中占有重要的地位，如果没有印刷术的发展，简直是不可想象的。[6]印刷术就

[1] 周宝珠：《宋代东京研究》，开封：河南大学出版社，1992年版，第573页。
[2]（宋）司马光：《涑水记闻》卷九，北京：中华书局，1989年版，第165页。
[3]（清）徐松：《宋会要辑稿·礼》，北京：中华书局，1957年版，第1715页。
[4] 刘玉珺：《越南汉喃古籍的文献学研究》，北京：中华书局，2007年版，第30—31页。
[5] 顾宏义：《宋朝与高丽佛教文化交流述略》，《西藏民族学院学报（社会科学版）》，1996年第3期。
[6] 曾枣庄：《宋代文学与宋代文化》，上海：上海人民出版社，2006年版，第355页。

随着这些书籍传到域外，与此同时也把北宋的文明、文化传播到这些地区，为世界文明的进步做出了不可磨灭的贡献。

宋代赐书范围广、数量大。从朝廷赐书的内容来看，对内赐书以“九经”和正史为主，对外宣赐以《大藏经》为主。国子监大量刻印图书，为宋代皇帝赐书提供了充足的物质保障。

三、宋代印本书的借赠

图书借赠是宋代印本传媒传播的另一渠道。宋人崇尚文化，喜好附庸风雅。有些宋人刻印自己或祖上的诗文集，往往并不是为了出售赚钱，而是为了赠送亲友，彼此切磋，当然也希望因此能传之久远。词人汪莘曾把自己一年的词作付梓并送给友人，他在《诗余序》中写到：“余平昔好作诗，未尝作词。今五十四岁，自中秋之日至孟冬之月，随所寓赋之，得三十篇，乃知作词之乐过于作诗，岂亦昔人中年丝竹之意耶！每水阁闲吟，山亭静唱，甚自适也，则念与吴中诸友共之，欲各寄一本，而穷乡无人佣书，乃刊木而模之，盖以寄吾友尔，匪敢播诸众口也。”[1] 虽然汪莘表面上说只是寄给自己的朋友，不敢播诸众口，但如果能够播诸众口，汪莘自然也是求之不得的。宋自逊（字谦父）也曾将自己新刊行的词集寄给好友戴复古。戴复古《望江南》词中小序云：“壶山宋谦父寄新刊雅词，内有《壶山好》三十阕，自说平生。仆谓犹有说未尽处，为续四曲。”[2] 陈造《题东堂集》云：“予读《东堂集》，玩绎讽味……此集嘉禾有板（版）。予己酉岁考是郡秋试，郡将赵侯送似，遂得宝藏之。”[3] 南宋杭州著名刻书家陈起也经常把新刊的诗集寄给好友，许荣《陈宗之叠寄书籍小诗为谢》云：“君有新刊须寄我，我逢佳

[1] 曾枣庄，刘琳：《全宋文》第二百九十二册卷六六四五，上海：上海辞书出版社，合肥：安徽教育出版社，2006 年版，第 136 页。

[2]〔宋〕戴复古：《望江南序》，唐圭璋编纂，孔凡礼补辑：《全宋词》，北京：中华书局，1999 年版，第 2969 页。

[3]〔宋〕陈造：《江湖长翁集》卷三一，文渊阁四库全书本。

处必思君。"[1] 南宋四灵诗人之一赵师秀在《会宿再送子野》诗中也写道:"自说印书春可寄，独斲阙酒夜难赊。"[2] 杨万里也曾说:"得故人刘伯顺书，送所刻《南海集》来，且索近诗。于是汇而次之，得诗四百首，名曰《朝天集》寄之云。"[3] 而台州知州唐仲友利用官钱开雕书籍，也要遮人视线，先送人二百部，其余四百部则发回婺州自家书坊售卖。由以上材料可知，赠送是宋代印本诗文集传播的主要方式之一。

宋代还有把自己多年的藏书整体馈赠于人的。井度任职四川转运使时收藏了许多奇书异本。井度与晁公武平时关系甚密，去世前，井度感觉自己的子孙不能很好地守住这份家产，便将自己的五十箧藏书全部赠给昔日属官晁公武。晁公武在《郡斋读书志》序言中记载："宿与公武厚。一日，贻书曰：'某老且死，有平生所藏书，甚秘惜之。顾子孙稚弱，不自树立。若其心爱名，则为贵者所夺；若其心好利，则为富者所售；恐不能保也。今举以付子，他日其间有好学者，归焉。不然，则子自取之。'公武惕然从其命。书凡五十箧，合吾家旧藏，除其复重，得二万四千五百卷有奇。"[4] 晁公武就是在这批藏书的基础上，撰写成流芳百世的目录学名著《郡斋读书志》。

借阅也是宋代印本图书传播的渠道之一。明代姚士粦曾指出，藏书者以传布为藏，乃真能藏书者矣。宋代官府藏书允许借阅。宋代国家藏书除专供御览的秘阁藏书外，在一定范围内对高级官员及其子弟开放。贵族大臣子弟可以在馆阁读书，高级官员可以入阁观书，有些书还可以出借。叶德辉在《书林清话》中记述了宋代官书允许借读的情况："刻书以便士人之购求，藏书以便学徒之借读，二者固交相为用。宋、明国子监及各州军、

[1]〔清〕叶德辉:《书林清话》卷二，上海:上海古籍出版社，2012 年版，第 41 页。
[2]〔宋〕徐照等撰，陈增杰校点:《永嘉四灵诗集》，杭州:浙江古籍出版社，1985 年版，第 264 页。
[3]〔宋〕杨万里撰，辛更儒笺校:《杨万里集笺校》卷三三，北京:中华书局，2007 年版，第 3266 页。
[4]〔宋〕晁公武:《郡斋读书志・序》，上海:上海古籍出版社，2005 年版，第 15 页。

郡学，皆有官书以供众读。”[1] 据《续资治通鉴长编》载:“近年用内臣监馆阁书库，借出书籍，亡失已多……其私借出与借之者，并以法坐之。”[2] 这说明宋代馆阁图书是能够出借的。北宋前期借阅对象较宽泛，凡朝官与诸王官都能借阅。由于借阅制度不严，管理较为混乱，有的馆阁成员私自将馆阁内图书出借，以致“借出书籍亡失已多”。北宋中期以后，对馆阁图书管理逐渐严格，但仍允许出借，并专门设有借本书库供外借。宋版《大易粹言》册末纸背印记云:“国子监崇文阁官书，借读者必须爱护。损坏阙污，典掌者不许收受。”[3] 据《中国藏书通史》中记载:“宋代馆阁图书虽自北宋中期后有严格的借阅制度，甚至规定不准外借，但自熙宁七年(1074)起，每逢科场殿试，‘即馆阁供书入殿’。而据绍兴二年（1132）权秘书少监王昂所言：‘御试举人，其合用入殿供应书籍，自来本省都监司排办，本司行下国子监关借。若不系监书，依条不行取索。’也证明每逢殿试，馆阁供书入殿是一项例行的制度，至南宋初仍由秘书省主办此事，而入殿的书籍主要是国子监图书。”[4] 可见参加殿试的举人也可以借阅馆阁藏书，且借阅的书籍多为国子监图书。笔者认为这主要是因为国子监刊印图书，所以图书的复本较多，且以经史为主，适合参加御试的举人借阅。

宋代的私人藏书也无比兴盛，他们既执着于藏书，又重视图书的利用。在宋代官府倡导下，宋代私人藏书家的藏书有不少也是对外开放的。晁说之《刘氏藏书记》即云：“李文贞所藏既富，而且辟学馆以延学士大夫，不待见主人，而下马直入读书，供牢饩以给其日力。与众共利之如此，宜其书永久而不复零落。”[5] 苏轼友人李公择有书九千余卷，藏在庐山僧舍，名之李氏山房，以供人借阅。苏轼还为之作了《李氏山房藏书记》以赞美他

[1]〔清〕叶德辉:《书林清话》卷八，上海:上海古籍出版社，2012年版，第183页。
[2]〔宋〕李焘:《续资治通鉴长编》卷一八九，北京:中华书局，2004年版，第4551页。
[3]〔清〕叶德辉:《书林清话》卷八，上海:上海古籍出版社，2012年版，第183页。
[4] 傅璇琮，谢灼华:《中国藏书通史》，宁波:宁波出版社，2001年版，第340页。
[5] 曾枣庄，刘琳:《全宋文》第一百三十册卷二八一五，上海:上海辞书出版社，合肥：安徽教育出版社，2006年版，第267页。

的这种行为。北宋著名藏书家宋敏求，累官馆阁校勘、集贤校理、龙图阁直学士，“家藏书三万卷”，也乐于借书与人。据朱弁《曲洧旧闻》载，宋敏求“居春明坊。昭陵时，士大夫喜读书者多居其侧，以便于借置故也。当时春明宅子比他处僦直常高一倍”[1]。由于就近租屋者多，春明坊周围房租当然就比他处高。王安石就曾居住于此。据朱弁《风月堂诗话》记载：“王介甫在馆阁时，僦居春明坊，与宋次道宅相邻。次道父祖以来藏书最多，介甫借唐人诗集日阅之，过眼有会于心者，必手录之，岁久殆遍。或取其本镂行于世，谓之《百家诗选》。”[2] 胡仲尧聚书数万卷，居然在家中“设厨廪以延四方游学之士”[3]。可见宋代私人藏书很多是可以借读的，并且其中的一些私人藏书家比现在的图书馆对读者的服务还周到。

宋代的一些书坊不仅编书、刻书和售书，同时也借书给人看，一些家境贫寒而买不起书的读书人可以在此免费阅读。如宋孝宗乾道年间的进士周孚，“自济北徙丹徒，读书过目辄成诵，日过书肆，得尽阅天下书”[4]。南宋陈起在临安府棚北大街睦亲坊开书肆，鬻书以奉母。他不但“诗刊欲遍唐”，还大量印行时人的著作，刊《江湖集》《江湖后集》《中兴江湖集》等。更值得被人称赞的是，他不惜把刻印的书籍借给别人看，让人先睹为快，从别人写他的诗中我们可以看到。赵师秀的《赠卖书陈秀才》云：“每留名士饮，屡索老夫吟。最感春烧尽，时容借检寻。”叶绍翁《夏日从陈宗之借书偶成》五律一首云:“案上书堆满，多应借得归。”杜耒《赠陈宗之》云:“成卷好诗人借看，盈壶名酒母先尝。”黄简《秋怀寄陈宗之》云:“独愧陈征士，赊书不问金。”[5] 从借读到传抄，这是宋代印本图书流通的有益补充。

---

[1]〔宋〕朱弁：《曲洧旧闻》卷四，北京：中华书局，2002 年版，141 页。

[2]〔宋〕朱弁：《风月堂诗话》，北京：中华书局，1988 年版，第 107 页。

[3]〔元〕脱脱等：《宋史・胡仲尧传》卷四五六，北京：中华书局，1985 年版，第 13390 页。

[4]〔清〕黄之隽等：《乾隆江南通志》，扬州：广陵书社，2010 年版，第 2740 页。

[5]〔清〕叶德辉：《书林清话》卷二，上海：上海古籍出版社，2012 年版，第 41 页。

第四节 宋代版印图书的传播优势

宋之前，写本图书是文化知识传播的主要形式。入宋以来，随着雕版印刷的普及，印本传媒逐渐成为图书传播之新宠，至南北之交印本和写本已能平分秋色，而到了南宋中后期，印本图书已基本上取代写本，成为图书流通的主体。印本图书之所以能够逐步取代写本，当然最主要的原因是雕版印刷促进了图书的大量复制生产，进而促进了宋代图书贸易和流通的兴旺发达。

谈到雕版印刷之于图书的贡献，明代胡应麟《少室山房笔丛》中曾有一段精辟的论述："今人事事不如古，固也。亦有事什而功百者，书籍是已。三代漆文竹简，冗重艰难，不可名状。秦、汉以还，浸知钞录，楮墨之功，简约轻省，数倍前矣。然自汉至唐，犹用卷轴。卷必重装，一纸表里，常兼数番。且每读一卷，或每检一事，绸阅展舒，甚为烦数。收集整比，弥费辛勤。至唐末宋初，钞录一变而为印摹，卷轴一变而为书册，易成难毁、节费便藏，四善具焉。溯而上之，至于漆书竹简，不但什百而且千万矣。士生三代后，此类未为不厚幸也。"[1] 与写本相比，印本图书确实具有易成、难毁、节费、便藏之优点，胡应麟所言极是。关于雕版印刷促进了图书的大量生产，前文所述已较为详备，这里不再赘述。另外从传播学的角度看，宋代是书籍传播由写本向印本全面转化的时期，对人类传播事业的贡献是难以估量的。"作为中国古代四大发明之一的印刷术不仅改变了文字媒介的生产方式，使书籍得以大量生产，文字媒介得以更快、更迅疾地进入传播渠道，宋代的邸报、书籍等的大量复制成为可能，还使得纸质媒介的生产成为一项社会事业，出版传播业由此产生，并使得编辑工作成为一种专门职业，编辑活动成为人类传播活动中不可或缺的中界和守门人。这一切对

[1]〔明〕胡应麟：《少室山房笔丛·经籍会通四》，北京：中华书局，1958年版，第61页。

人类传播事业的贡献是难以估量的。”[1] 与前代写本相较，宋代印本图书还具有物美价廉、便于阅读携带、知识传播准确性高等传播优势。

一、印本图书价格相对便宜

商品价格是商品价值的货币表现，影响商品价格的因素很多，而成本和供求关系是影响商品价格的核心因素，宋代印本图书的价格也不例外。随着雕版印刷术的普及应用，宋代的印本图书成本大大降低，书价与前代相比也大大降低。钱存训先生就指出：“印刷成本比起费时费工的手抄成本要低廉得多。”[2] 翁同文先生在谈到印刷术对于书籍成本的影响时也曾说：“在雕板（版）印刷术发明以前，主要的知识传播工具书籍，全靠抄写，在历史上，各国并无例外。书籍的抄写是一种慢性的工作，何况抄手要限于受过文字训练的人，工资一般地比普通工人要高些，所以书籍不能大量生产，而为少数有财力的知识分子垄断把持，使他们成为社会上的特殊阶层。印刷术的发明，减轻书籍生产的成本，令书籍的传布相对地普及化，即使比较清寒的知识分子也能享用，自然是人类文化史极重要的史迹。”[3] 由此可见，宋代造纸术的进步和印刷术的普及不仅促进了图书的大量生产，而且降低了图书的成本。

宋代监本书的价格大体上和工本费相当，这是因为国子监刻书是为了传播文化，普及教育，为政治服务，所以国子监刻书并非全是为了营利。太宗雍熙三年（986），国子监刻印《说文解字》中的牒文中所说的“依九

[1] 清飏：《媒介技术的发展与宋代出版传播方式的变革》，《浙江大学学报（人文社会科学版）》，2001 年第 5 期。

[2] 钱存训著，郑如斯编订：《中国纸和印刷文化史》，桂林：广西师范大学出版社，2004 年版，第 353 页。

[3] 翁同文：《印刷术对于书籍成本的影响》，《宋史研究集》第八辑，台北：“中华丛书编审委员会”，1976 年版，第 487 页。

经书例，许人纳纸墨钱收赎”[1]，意思就是指《说文解字》按纸墨的工本出售。天禧元年（1017）有人建议提高监本书价，宋真宗就没有答应。毕沅《续资治通鉴》中就有记载：“癸亥，上封者言国子监所鬻书，其直甚轻，望令增定。帝曰：‘此固非为利，正欲文籍流布耳。’不许。”[2] 哲宗元祐初，监本书因用纸较好曾一度提高书价，陈师道上书说：“伏见国子监所卖书，向用越纸而价小，今用襄纸而价高，纸既不迨而价增于旧，甚非圣朝章明古训以教后学之意。臣愚欲乞计工纸之费以为之价，务广其传，不以求利，亦圣教之一助。……诸州学所买监书系用官钱买充官物，价之高下何所损益；而外学常苦无钱而书价贵，以是在所不能有国子之书，而学者闻见亦寡。今乞止计工纸，别为之价，所冀学者益广见闻，以称朝廷教养之意。”[3] 皇帝采纳了陈师道的建议，恢复了监本书售卖只收工本费的书价制度，不允许国子监变着花样涨价。

元祐三年（1088），官方下令刊刻医书小字本，以降低成本，便民购买。《仲景全书四种》有元祐三年（1088）牒文云：“中书省勘会：下项医书册数重大，纸墨价高，民间难以买置。八月一日奉圣旨：令国子监别作小字雕印，内有浙路小字本者，令所属官司校对，别无差错，即摹印雕板，并候了日，广行印造，只收官纸工墨本价，许民间请买。奉敕如右，牒到奉行。”可见为了节约成本，方便人们购买，国子监有时还用小字刻印图书，因为小字本用纸和用墨都相对较少，书价自然就相对便宜。如绍圣元年（1094），国子监上书言本监所刊医书皆为大字本，医人往往无钱请买，欲乞开小字本，重新校对出卖，哲宗再次批准国子监用小字刊印日用医书的请求。这些书后附国子监的牒文云：“今有《千金翼方》《金匮要略方》《王氏脉经》《补注本草》《图经本草》等五件医书，日用而不可缺。本监虽见出卖，皆是大字，医人往往无钱请买，兼外州军尤不可得。欲乞开作小字，重行校对出卖，

---

[1]〔清〕叶德辉：《书林清话》卷六，上海：上海古籍出版社，2012 年版，第 119 页。
[2]〔清〕毕沅：《续资治通鉴》卷三三，上海：上海古籍出版社，1987 年版，第 153 页。
[3] 曾枣庄，刘琳：《全宋文》第一百二十三册卷二六六四，上海：上海辞书出版社，合肥：安徽教育出版社，2006 年版，第 278—279 页。

及降外州军施行。”[1] 由此可见，宋代国子监刻印图书售卖，不仅只收工本费，而且通过使用越纸、刻小字本等积极努力降低书价，以方便士人购买。宋代国子监刻本因只收工本费，所以价格较低，又因监本图书是宋代科举的权威教材，无论外在质量还是内在质量都很高，所以宋代的监本书是士子们和藏书家的首选。

宋代印本图书的价格主要包括纸墨费、赁版费、装印工食费。宋代的书价到底是多少呢？据周生春、孔祥来考证：绍兴十七年（1147）沈虞卿所刻的《小畜集》，印造一部需 1584 文足，页均价格为 3.667 文足；绍兴二十七年（1157）沅州公使库所刻的《续世说》，印造一部需 1109 文足，页均价格为 3.509 文足；淳熙三年（1176）舒州公使库所刻《大易粹言》，印造一部需 4360 文足，页均价格为 3.433 文足；淳熙十年（1183）象山县刻《汉隽》，印造一部需 432 文足；庆元六年（1200）华亭县学刊《二俊文集》，印造一部需 751 文足，页均价格为 3.18 文足。嘉泰二年（1202）绍兴府所刊的《会稽志》，印造一部需 2914 文足，页均价格为 3.643 文足。由以上可以推出，于绍兴至嘉泰间刊刻的这六部书，页均造价为 3.367 文足。按汪圣铎先生的研究，南宋前期江淮等地的米价约为每石 2 贯，据此可推算出，这一时期印本图书的页均造价可折合米为 0.6184 宋升。[2] 由以上数据可知，印本图书也并不像我们想象中那么便宜，这也是在情理之中的，图书在古代社会而言，无论抄本还是印本相对于一般人来说都是较为“奢侈”的商品。印本图书在宋代对普通人来说毕竟也是一个新生事物，况且图书雕版的首次投入成本高。而书籍的价格虽然取决于价值，但又因供求关系而上下浮动，一部书版的印数多了，其成本自然就会降低，故可以更廉价地出售，反之如果一部书的印数有限，或者需求量不大，其价格自然就会偏高。从南宋官刻、坊刻齐头并进、大肆刻书的情况来看，刻书一定是有利可图的。

[1]〔清〕叶德辉：《书林清话》卷六，上海：上海古籍出版社，2012 年版，第 123 页。

[2] 周生春，孔祥来：《宋元图书的刻印、销售价与市场》，《浙江大学学报（人文社会科学版）》，2010 年第 1 期。

据袁逸先生统计，宋代刻印图书的平均利润率是141%，[1] 并且以上各书多为官刻，可能也会比市场价格略高一些。由于价格的影响因素很多，而现存有关宋代书籍价格的文献又有限，如果仅通过对几个毫无关联的样本的简单比较，就轻易得出宋代“雕版图书大多印数有限，刊印成本和价格高于抄本”[2] 也是不够科学的。

笔者认为在价格文献不足的情况下，印本图书的价格优势应从与抄本的宏观比较中去进行研究。对此翁同文先生就曾指出，按印本图书与抄本书籍成本的比较，最理想的方法，自然是将某一时期有关该两类书籍价值的文献并列对照，令人一目了然，即有具体概念。可是即使找到有关这两种书籍价值的文献，却很少属于同一时期。何况物价常有变动，不同时期的价值，其实很难比较，又不论抄本印本，其决定价值的因素，除抄印的精粗之外，尚涉及纸张的素质以及装订的优劣，等等，所以对此问题的讨论，只能就二者的一般性着眼。[3]

雕版本身是需要更长的时间和更多的财力投入，然而一旦刻版完毕，印刷起来就相当简单，就能以低廉的成本大量出版，如果能够发现同一部书在同一时期的抄本和印本的价格史料，我们就基本上能够确定这一时期的印本图书是否具有价格上的传播优势。据李焘《续资治通鉴长编》卷一〇二记载，仁宗天圣二年（1024）十月辛巳条引王子融之言称：“日官亦乞模印历日。旧制，岁募书写费三百千，今模印，止三十千。或曰：‘一本误则千百本误矣。’沂公曰：‘不令一字有误可也。’”[4] 这是一条极为难得的

[1] 袁逸：《唐宋元书籍价格考——中国历代书价考之一》，《编辑之友》，1993年第2期。

[2] 周生春，孔祥来：《宋元图书的刻印、销售价与市场》，《浙江大学学报（人文社会科学版）》，2010年第1期。

[3] 翁同文：《印刷术对于书籍成本的影响》，《宋史研究集》第八辑，台北：“中华丛书编审委员会”，1976年版，第487页。

[4]〔宋〕李焘：《续资治通鉴长编》卷一〇二，北京：中华书局，2004年版，第2368页。

史料，可见就当时书籍的成本而言，印本图书的成本仅为抄本的十分之一。由抄本和印本的成本比较，我们可以得出当时同一部书手抄本市场价格比印本要贵九倍。高效率、大规模版印出版才能使得印本图书物美价廉。上边这则史料唯一遗憾的是没有明确记载刊印的数量，然从历书这一和人民生产、生活密切相关的性质来看，应该不在少数。熙宁初，民间更印小历，每本仅售一二钱，如此低价，其售卖量一定不小。[1] 并且北宋朝廷还多次下诏禁止民间私雕日历，如熙宁四年（1071），宋神宗颁布诏令："民间毋得私印造历日，令司天监选官，官自印卖；其所得之息，均给在监官属。"[2] 即便有诏令，私雕历日还是屡禁不止，到了南宋，还专门设立了印历所，隶属秘书省。由以上史料可知，历书在宋代有着巨大的市场。由以上材料可知，历书应属于"畅销书"，需求量一定不小，历书印刷得多，成本自然就会降低。所以笔者认为就一般销量的图书而言，印本和抄本的价格差距可能要小一些。明代的胡应麟曾指出："往往宋世书十卷，其直仅可当六朝一；至功力难易，则六朝之一，足以当宋世百矣。"[3] 之后胡氏又云："凡书市之中，无刻本则抄本价十倍。刻本一出，则抄本咸废不售矣。"[4] 虽然图书的价格也会随市场时涨时落，但手抄本和印本的这种价格比率，却始终变化不大。由此可见，就宋代的畅销书而言，印本图书的价格比抄本便宜了十分之九，印本图书在价格上具有巨大的传播优势。

二、印本图书便于阅读携带

张铿夫先生在谈到中国书装源流时就曾指出："自有书，则有装。盖字

[1] 程民生：《宋代物价研究》，北京：人民出版社，2008 年版，第 375 页。
[2]（清）徐松：《宋会要辑稿·职官》，北京：中华书局，1957 年版，第 2796 页。
[3]（明）胡应麟：《少室山房笔丛·经籍会通四》，北京：中华书局，1958 年版，第 53 页。
[4]（明）胡应麟：《少室山房笔丛·经籍会通四》，北京：中华书局，1958 年版，第 59 页。

不著于书，则行之不远，书不施于装，则读者不便。”[1]可见图书的形制主要是为了阅读的方便。书籍的装帧和书籍的制作材料与制作方法密切相关，用简牍和缣帛制造的图书，其装帧形式是卷轴装。后来虽然采用纸张来书写，但还是沿用了卷轴的装帧形式，敦煌遗书基本上都是卷轴装就是很好的证明。纸张具有缣帛的柔软，却没有缣帛的坚韧，多次卷舒容易断裂，同时也不方便检阅。所以随着雕版印刷术的发明，唐代以后又逐渐出现了经折装、旋风装等书籍装帧形式。欧阳修《归田录》中云：“唐人藏书皆作卷轴，其后有叶子，其制似今策子。凡文字有备检用者。卷轴难数卷舒，故以叶子写之。如吴彩鸾《唐韵》，李郃《彩选》之类是也。”[2]韩愈《送诸葛觉往随州读书》中还有“邺侯家多书，插架三万轴”的诗句，陈师道在《后山丛谈》中亦指出：“古书皆为长卷，至唐始有叶子，今称书册。”可见唐代图书仍然多为卷轴，晚唐以后才出现了叶子。

入宋后，雕版印刷事业得到空前发展，书籍的制作方式也由抄写逐步变为雕版印刷，引发了书籍在版式、行款、字体和装帧等各方面的变革，书籍制作方式的重大变革直接影响到书籍的装帧形制，于是出现了蝴蝶装和包背装。钱存训先生曾指出：“印刷术的发展，使得书籍形式统一、版面标准化、字体固定、校勘仔细，因而可获得较佳的板（版）本。在9世纪末或10世纪初，书籍的外形从卷轴演变为折页或平装，虽因开展较便，但为了印刷的方便当亦有关。”[3]来新夏先生亦曾指出：“宋初，处于写本书向印本书全面转化的时代。印本书的普及，使图书形态也发生明显变化。北宋盛行的册叶制度是雕版印刷普及的产物。”[4]

就现有文献来看，宋代印本图书中最盛行的是蝴蝶装。李致忠先生就曾说：“蝴蝶装是随着版印技术大兴，适应书籍雕印成一版一版的新形式而

[1] 张铿夫：《中国书装源流》，《装订源流和补遗》，北京：中国书籍出版社，1993年版，第35页。

[2]〔宋〕欧阳修：《归田录》卷二，北京：中华书局，1991年版，第25页。

[3] 钱存训：《印刷术在中国传统文化中的作用》，《文献》，1991年第2期。

[4] 来新夏等：《中国图书事业史》，上海：上海人民出版社，2009年版，第125页。

出现的新的装帧方式。"[1] 这主要是因为雕版印制书籍与手写不同，手写书籍可以随意自裁；雕版印书必须一版一版地雕刻印刷，印出来的书实际上是以版为单位的若干书叶。所以，雕版印刷的书页必须经过装订。而如果再采用已有的卷轴装、经折装、旋风装，不但浪费不必要的粘连、折叠手续，也无法适应社会文化高效传播的需求。于是一种既适应雕版印刷，又方便阅读的蝴蝶装就应运而生。余嘉锡先生在谈到书册制度时曾说："元人吾邱衍《闲居录》云：'古书皆卷轴，以卷舒之难，因而为折，久而折断，复为薄帙。原其初，则本于竹简绢素云。'此其说书册之变迁，可谓要言不烦，叶子之变为蝴蝶装，其故可知矣。"[2]

蝴蝶装是把一版一版印好的书叶，以印字的一面为准，从中间版心处对折，一本书的书叶折完后，再把折好的书叶均从版心背面依次相粘连，再用一张厚纸对折后粘于书脊，作为书皮，最后将其他三面裁齐，一册蝴蝶装的书就装帧完毕了。蝴蝶装的图书翻开后，书页朝两面分开，似蝴蝶展翅，故称之为蝴蝶装。叶德辉在《书林清话》中指出："蝴蝶装者，不用线订，但以糊粘书背，夹以坚硬护面。以板（版）心向内，单口向外，揭之若蝴蝶翼然。"[3] 蝴蝶装适应了印制书籍一版一叶的特点，并且文字和版心集于书脊，有利于保护版框以内的文字。正因它有这些优点，所以这种装帧形式在宋元两代流行了将近400年。

蝴蝶装全书的书叶完全靠粘连固定，若是经常翻阅，则容易脱落和散乱。同时，蝴蝶装的书叶都为单面，致使翻检时多见纸背空白页，这就给阅读带来了不便。为了解决这些难题，又出现了一种既便于翻阅又更加牢固的新的装帧形式，这就是包背装。包背装是将书叶无字的一面对折，版心向外，然后将如此折好的书叶依次放在一起，版心向外作为书口，在版心的另一侧边框外余幅上打眼，用纸捻穿订并裁齐、压平形成书脊。再用一张硬厚

[1] 李致忠：《古代版印通论》，北京：紫禁城出版社，2000年版，第119页。
[2] 余嘉锡：《余嘉锡古籍论丛》，北京：国家图书馆出版社，2010年版，第96页。
[3]〔清〕叶德辉：《书林清话》卷一，上海：上海古籍出版社，2012年版，第13页。

整纸比试书脊的厚度，双痕对折，作为封皮，用糨糊粘贴于书背，再裁齐天头地脚及封面的左边，一册包背装的书籍就大功告成。包背装的书籍打开后，每一页看到的都是合页装订的正面文字。包背装在南宋中后期就已经出现。

由此可见，宋代雕版印刷的普及促进了蝴蝶装和包背装的流行，使得图书更加方便携带、存放，尤其给阅读和知识传播带来了极大的便利。写本时代，书籍多为卷轴装，卷轴装虽然有容量大等优点，但卷面过长，书卷展阅极不方便，尤其是前后文对比阅读就更加困难。张秀民先生就曾指出："阅读卷子时，必须摊开卷子，才能看到内容，阅毕再卷好，外用缥带束住，若改成方册，就无展卷、收卷的麻烦，由卷子而成方册，是书籍形式的一大进步。"[1] 雕版印刷同时还促进了宋代印本图书版式的变革，也给阅读带来了极大的便利。宋代建阳书坊还首先在书版边栏的左上角或右上角设计了书耳，里面刻有书名卷次。宋代印本图书的商业化还促使书坊的编刊创新，使得"纂图""互注""重文""重义""注疏合刊"等版本形式大量出现，不仅使图书图文并茂，而且更有利于阅读理解，促进知识的快速传播和吸收。

三、印本图书传播知识更准确

在版印普及以前的手抄图书时代，虽然也有校勘，如传说中孔子删定《六经》，西汉时刘向父子就遍校群书等，但由于无条件出版，所以宋以前的图书校勘多为藏书而校，至多为勒石校书而已，所以校勘的意义并没有充分发挥。宋以前供个人学习用的手抄本图书，很少会有人校勘，并且客观上书籍难求也缺乏校勘的必需条件，所以一般来说抄本图书讹误较多。到了宋代校勘成了版印出版的必要环节，所以一般来说，宋代的印本图书与前代的抄本相比较而言内容上也较为可靠。

宋代中央刻书尤其重视校勘，据宋代王应麟《玉海》记载："端拱元

[1] 张秀民：《中国印刷史》，杭州：浙江古籍出版社，2006 年版，第 154 页。

年三月，司业孔维等奉敕校勘孔颖达《五经正义》百八十卷，诏国子监镂板（版）行之。《易》则维等四人校勘，李说等六人详勘，又再校，十月板（版）成以献。《书》亦如之，二年十月以献。《春秋》则维等二人校，王炳等三人详校，邵世隆再校，淳化元年十月板（版）成。《诗》则李觉等五人再校，毕道昇等五人详勘，孔维等五人校勘，淳化三年壬辰四月以献。《礼记》则胡迪等五人校勘，纪自成等七人再校，李至等详定，淳化五年五月以献。是年，判监李至言：'《义疏》《释文》尚有讹舛，宜更加刊定。杜镐、孙奭、崔颐正苦学强记，请命之复校。'至道二年，至请命礼部侍郎李沆，校理杜镐、吴淑，直讲崔偓佺、孙奭、崔颐正校定。咸平元年正月丁丑，刘可名上言诸经板（版）本多误，上令颐正详校。可名奏《诗》《书》正义差误事，二月庚戌，奭等改正九十四字。沆预政二年，命祭酒邢昺代领其事，舒雅、李维、李慕清、王涣、刘士元预焉，《五经正义》始毕。”[1] 由以上文献记载可知，仅一部《毛诗正义》就有勘官、都勘官、详勘官、再校等 15 人参加校勘，经过“三校”后方才镂版，可见宋代中央出版图书时其校勘用力之深。这样的例子不胜枚举，如开宝年间刊《经典释文》，有勘官张崇甫等人，详勘官聂朝义一人，重详勘官陈鄂等二人。从太宗端拱元年 (988) 至真宗咸平元年 (998)，历经十年寒暑，《五经正义》经反复校勘，最后才由国子监正式刻印出版，足见宋代馆阁与国子监对校雠的重视。经书如此，正史亦然。

不仅如此，有的书版刻成后还要进行勘版，待修订后才大量印刷。宋初国子监校刻《汉书》，印出后发现谬误，遂复校，又校正了 2200 余字。天圣年间，国子监校定《文选》，净本送三馆雕印，版成后，又命直讲黄鉴、公孙觉校对。经馆阁和国子监校勘过的书籍内容是非常权威的，不仅仅因为这些书籍校勘的次数多，更因为馆阁和国子监任职的都是学识渊博的高级人才。他们个个学有专长，并希望有所建树。如督勘官国子祭酒孔维，集贤殿大学士晏殊、李昉、宋敏求、欧阳修等都在馆阁或国子监任过职。

[1]〔宋〕王应麟：《玉海·端拱校五经正义》卷四十三，扬州：广陵书社，2003 年版，第 813 页。

经过这些才俊校勘和编纂的书籍，其内在质量绝对一流。

宋代不仅中央刻书进行校勘，地方官府和私人刻书也进行图书校勘。淳熙三年（1176），舒州公使库刻印《大易粹言》一书，书后附有舒州公使库雕造所的牒文：

> 舒州公使库雕造所本所依奉台旨，校正到《大易粹言》雕造了毕。右具如前。淳熙三年正月日。
>
> 池州青阳县学谕李祐之校勘；
>
> 迪功郎舒州怀宁县尉许邦弼校勘；
>
> 迪功郎新无为军无为县主簿方颐校勘；
>
> 迪功郎舒州太湖县主簿张橐校勘；
>
> 迪功郎舒州望江主簿程九万校勘；
>
> 从政郎舒州录事参军莫抃校勘；
>
> 儒林郎安庆军节度掌书记赵善登校勘；
>
> 从事郎舒州州学教授方闻一校勘；
>
> ……
>
> 杭州路儒学教授李洧孙校勘无差。[1]

可见舒州公使库刻印的《大易粹言》就有9人参与校勘，经过多次校勘后刊印的库本《大易粹言》其质量也绝对有保证。宋代的书坊主为了占领市场，也大都重视图书校勘，提高图书的内在质量。隆兴间（1163—1164）王叔边所刻《后汉书》目录后镌有牌记云："本家今将前后《汉书》精加校证，并写作大字锓板（版）刊行，的无差错。收书英杰，伏望炳察。钱塘王叔边谨咨。"[2] 建阳龙山书院刻印出版的宋王明清《挥麈录》余话总目后镌有牌记五行："此书浙间所刊，止《前录》四卷，学士大夫恨不得见

[1] 李致忠：《宋版书叙录》，北京：北京图书馆出版社，1994年版，第37页。

[2] 林申清：《宋元书刻牌记图录》，北京：北京图书馆出版社，1999年版，第12页。

全书。今得王知府宅真本全帙四录，条章无遗，诚冠世之异书也。敬三复校正，锓木以衍其传，览者幸鉴。龙山书院谨咨。”[1] 由此可见，宋代的很多书坊在图书刻印前都进行校勘，而且有的图书甚至进行了三校。有些书坊还聘请有学识的文人和私塾先生担任编撰校对，如建阳余氏广勤堂延请名儒徐世载校辑《诗传义疏》，耗时 40 年才刊刻成书。[2] 宋代私宅刻书更重视图书的质量。南宋绍兴三十年（1160），饶州董应梦集古堂刻印出版的《重广眉山三苏先生文集》卷三十二后牌记云：“饶州德兴县庄溪董应梦宅经史局逐一校勘，写作大字，命工刊行。”[3] 世彩堂刊刻韩柳《文集》，是廖莹中亲自校定的。

宋代图书校勘无论是校勘理论还是校勘实践都取得了丰富的成果，值得一提的是南宋学者楼大防还制定了通用的校勘“正误表”，表格列出了“卷”“版”“行”“字”“误”“改”6 个项目，后面都留有空格，以备有错误需要勘正时填写。这种体例格式直到 20 世纪还被沿用。钱存训先生就曾指出：“印刷使版本统一，这和手抄本不可避免产生的讹误，有明显的差异。印刷术本身不能保证文字无误，但是在印刷前的校对及印刷后的勘误表，使得后出的印本更趋完善。”[4] 随后钱先生又进一步指出：“印刷术的发展，使书籍形式统一，版面标准化，字体固定，校勘仔细，因而可以获得较好的版本。在中国，无论是官修或私印，对书籍的校勘均极为重视，以确保版本的可靠无误。在印刷之前，在抄写、上版、刊刻或试印之后，至少校对 4 次，由于细心准备，一部精工校勘和印刷的印本，价值高过一部抄本；后者多不能避免一些无心的手误。所以，除了价格便宜外，版本准确也是

[1] 林申清：《宋元书刻牌记图录》，北京：北京图书馆出版社，1999 年版，第 16 页。
[2] 郑士德：《中国图书发行史》，北京：中国时代经济出版社，2009 年版，第 173 页。
[3] 林申清：《宋元书刻牌记图录》，北京：北京图书馆出版社，1999 年版，第 6 页。
[4] 钱存训著，郑如斯编订：《中国纸和印刷文化史》，桂林：广西师范大学出版社，2004 年版，第 349 页。

读者喜爱印本的另一主要原因。”[1]

宋代图书的版印出版促进了宋代校勘的发展成熟，宋代的校书不仅频繁，而且在规模上大大超过前代。宋代的图书出版往往都是先校后刻，校勘真正成为出版的重要环节。经过校勘的印本图书与写本相比讹误较少，其知识传播更加准确。宋代校雠名家辈出，有关校雠的专著也雨后春笋般地涌现：廖莹中的《九经总例》、郑樵的《校雠略》、吴缜的《新唐书纠谬》和《五代史纂误》、洪兴祖的《楚辞考异》、方崧卿的《韩集举正》、朱熹的《韩文考异》、余靖的《汉书刊误》、彭叔夏的《文苑英华辨证》等。他们不仅在图书校勘史上产生了重大而深远的影响，在我国文化传播史上也具有举足轻重的地位。

四、宋代印本图书加速了图书流通

宋代统治者崇文抑武，重视教育，并且大兴科举。在这种治国方针的指导下，宋代读书人的数量大大超过前代，那么多的学子对图书的需求也与日俱增。于是，宋代的官刻、坊刻、私刻逐步兴起，雕版刻书印书日益兴盛。宋代印本书的传播途径非常广泛，如贸易、赐赠和租借，而商业传播是宋代印本书传播的最重要的途径。图书需求决定图书生产和流通，在雕版印刷发明以前，图书贸易的规模相对有限。到了宋代，伴随着雕版印刷的普及和繁荣，刻书迅速成为宋代的一大文化产业，图书贸易也随之更加兴旺。因此，宋代不仅是我国版印传媒的黄金时代，也是我国古代图书贸易的繁荣时代。当然宋代图书贸易的繁荣也得益于宋代商品经济的繁荣和城市的发展进步。关于宋代印本书贸易之繁荣，前文已有论证，这里简单述之。

宋代官刻图书出售的情况很普遍，北宋时国子监就开始刻书售卖。宋

[1] 钱存训著，郑如斯编订：《中国纸和印刷文化史》，桂林：广西师范大学出版社，2004 年版，第 353 页。

代国子监刻印了大量的经书、史书和医书，除一部分供朝廷使用和颁赐外，多余的图书则用来出售以收回刻书和印刷所需的成本。国子监刊印的书籍不仅向各路儒学出售，同时也供文人雅士直接购买。由于国子监所刻图书品种齐全、数量众多、质量一流，在全国刻书出版业中独占鳌头。所以北宋时国子监的刻书以良好信誉迅速占领市场。宋代除国子监以外，中央的崇文院、秘书省与各地政府的刻书机构也积极参与图书发售。

由于宋代社会对图书的需求激增，仅靠政府刻书又满足不了需求，于是，大量书坊纷纷建立，刻书售卖以营利。书坊刻书往往瞄准市场需求，并且经营灵活，很快就占领了图书市场。宋代繁荣的刻书业与图书贸易的繁荣相辅相成。宋代书市的火爆是前代无法企及的。

总之，宋代雕版印刷的繁荣使得印本传媒大量产生，图书贸易也因此变得更加兴盛，再加上印本图书本身所具有的廉价、便携、便藏、讹误少等传播优势，自然就使得宋代文化知识的传播比前代更加方便快捷和广泛深入。台湾学者张高评指出："科技的发明和应用，改变了人类的文明。雕版印刷崛起，刊印典籍，讯息流通，无远弗届，随时易得，转换了知识传播和接受的方式，于是藏本写本文化逐渐变成印本文化。印本以量多、质高、物美价廉、阅读便利、传播快迅，促成知识革命，蔚为宋型文化之特色。"[1] 从某种意义上说，一本本雕印的书籍犹如一列列满载文化知识的"高铁"引领着宋代文化驶向繁荣昌盛。

---

[1] 张高评：《印刷传媒与宋诗特色》，台北：里仁书局，2008 年版，第 30 页。

第六章　雕版印刷与宋代文化的繁荣

宋代文化之普及，教育之发达，乃至学术空气之浓厚，皆远非前代所能比拟。宋代的经学、史学、哲学、科技、宗教、文学、艺术等各个领域不仅超越前代，而且光照后世。“宋代武功不竞，而学术昌明。中国学术有汉学、宋学之分，程张朱陆诸子所倡的理学，影响到元明以至现代。经学不泥古而富创见，且能综合前人成就。史学人才辈出，著述之丰超越古今，且创纪事本末体，与纪传编年鼎足而三。唐宋八大家，宋人居六，词为宋文学代表，戏曲小说盛于元明源于宋。”[1] 可以说传统文化发展到宋代，已达到一个全面繁荣和高度成熟的新境界。后代学人对宋代文化历来都赞叹有加，元代史臣曾云：“三代而降，考论声明文物之治，道德仁义之风，宋于汉、唐，盖无让焉。”[2] 国学大师王国维也曾指出，近世学术多发端于宋人。[3] 由此可见，宋代在我国学术史上乃至文化史上具有崇高的地位。著名宋史专家邓广铭先生也曾指出：“宋代是我国封建社会发展的最高阶段。两宋期内的物质文明和精神文明所达到的高度，在中国整个封建社会历史时期之内，可以说是空前绝后的。”[4] 西方学者卡特也赞美宋代说：“除了希腊有一个时期可与媲美外，都非中国其它时期或西方所能梦想到的。”[5] 宋

[1] 乔衍琯：《宋代书目考》，台北：文史哲出版社，2008 年版，第 1 页。

[2]（元）脱脱等：《宋史·太祖本纪三》卷三，北京：中华书局，1985 年版，第 51 页。

[3] 王国维著，傅杰编校：《王国维论学集》，北京：中国社会科学出版社，1997 年版，第 201 页。

[4] 邓广铭：《谈谈有关宋史研究的几个问题》，《社会科学战线》，1986 年第 2 期。

[5]［美］卡特著，吴泽炎译：《中国印刷术的发明和它的西传》，北京：商务印书馆，1957 年版，第 70 页。

代文化在我国文化史上承前启后，兼具传承与拓展之功劳，这“空前绝后”的美誉，宋代是当之无愧的。

宋代文化兴盛发达，璀璨夺目，其原因是多方面的。譬如宋代的“右文”政策、宋代的科举和教育都是促进宋代文化兴盛的重要原因。而图书是文化的结晶，图书的大量生产和传播不仅是衡量一个朝代文化兴盛与否的重要标志，而且也是促进文化兴盛的重要因素之一。这是因为书籍传媒是文化传播的重要工具，钱振东先生曾经指出：“文化之于国家，犹精神之于形骸。典籍者，又文化所赖以传焉者也。”[1] 在中国古代社会中，图书作为文化传播媒介具有不可替代的重要作用。从传播学的角度而言，宋代印本图书就是一种先进的文化传播媒介。宋代版印技术的普及和运用促进了书籍的生产和传播，同时也是宋代教育普及的重要物质保障。因此，宋代的雕版印刷是直接促进宋代文化繁荣的又一重要原因。

文化的生产、传播和消费都离不开传播媒介。美国传播学者施拉姆认为媒介就是插入传播过程的中介，用以扩大并延伸信息传送的工具。[2] 媒介文化将每个人裹挟其中，它不仅影响到文化传播的范围、内容及速度，成为文化传播的强大推动力，而且其本身也是文化的重要组成部分。传播媒介的发展大大拓展了文化传播的时空，改变了文化的生产、传播和消费，使得文化能在更大的范围传播、碰撞，进而创造出更先进的文化。传播媒介之于文化传播的作用是有目共睹的。文字的发明突破了语言在时空上的局限，开创了人类历史的新纪元；纸和印刷术的发明则为文化传播奠定了坚实的基础，进一步拓展了文化的时间和空间；而如今网络媒介的普及则让地球变成了一个村庄，也把人类送入信息化时代，若没有网络这一便捷的交流平台则是不可能实现的。毋庸置疑，这些传播媒介的出现都给人类社会的发展带来了翻天覆地的巨变。

---

[1] 王余光主编：《藏书四记》，武汉：湖北辞书出版社，1998 年版，第 398 页。
[2] [美] 威尔伯·施拉姆，威廉·波特：《传播学概论》，北京：中国人民大学出版社，2010 年版，第 134—135 页。

宋代版印作为当时世界上最先进的传播媒介，无疑是促进宋代文化普及和兴盛的重要原因。日本学者坂本太郎指出，印刷术是普及教育、普及文化的重要手段。这是因为手抄传播和雕版印刷传播虽然都是以纸张为载体，然二者传播效率已不可同日而语矣。“在手写传播时代，书籍的生产只有人工抄写一种方式，费时耗力、差错率高是其基本特征。在这种状态下，书籍的复制量非常有限，‘家有书疏者，百无一二’的现象十分普遍。图书复本稀少，首先难以形成大规模的社会传播潮流，不利于社会文化水平的整体提高；其次造成图书流传保存的困难。”[1] 而宋代的版印“日传万纸”，大大提高了文化信息的生产和传播效率，对文化信息的传播与普及起到巨大的推进作用。宋代版印传媒的普及标志着我国印刷传播时代的到来，同时也为宋代文化的腾飞插上了翅膀。

第一节　雕版印刷与两宋文化教育的普及

图书对文化传播的贡献不言而喻，而文化的普及则有赖于图书的普及，或者说文化的普及往往以图书的普及为前提。图书作为文化的主要物质形态，和文化有着不解之缘。图书作为人类对自然和人类自身认识的记录，作为人们表达思想感情，传播知识，交流经验，保存文化的有效工具，对满足人类的精神需要，促进文化的发展起着重大作用。图书传媒对文化的贡献主要是通过以下三个具体环节来实现的：图书生产、图书传播、图书消费。从历史文化学的角度看，图书的生产实现了人类储存文化的愿望，图书的传播实现了文化在不同人和群体之间交流和传递，而图书文献的消费则是促进文化传承和创新的动力。图书传媒具有物质和精神的双重属性，所以图书消费外在的表现形式往往是对图书物质形态的占有，然而其实质却是对图书所承载的文化知识的吸收和利用。图书消费是图书生产和图书传播的必然结果，图书生产和图书传播则是图书消费的前提。图书必须通

[1] 黄镇伟：《中国编辑出版史》，苏州：苏州大学出版社，2003 年版，第 179 页。

过生产、传播和消费等必要的具体环节，方能实现对文化的储存、交流、继承和创造。可见图书作为文化的载体，对文化的普及和发展具有举足轻重的意义，而文化的普及必须以图书生产、传播和消费为前提。

在我国古代纸张发明以前，书籍的生产十分不易。所以在汉代之前，图书只是供上层贵族阶级专享的奢侈品。这一时期图书的生产者基本上就是图书的消费者，其传播的范围极其有限。纸张发明以后，它既有竹木的方便易得，又有缣帛的柔韧便携，终于让图书有了较为合适的载体。到了魏晋时期，纸张作为图书载体的普及和使用，极大地促进了图书的生产、传播和流通。纸张的广泛应用无疑是我国古代图书史上第一次伟大飞跃。魏晋时期我国古代文学的第一次觉醒以及随后唐朝文化高峰的出现，都与纸质图书的生产、传播和消费有着十分密切的关系。纸张的使用在一定程度上促进了图书的生产，然而手工抄写费时费工，而且讹误较多，并且用手抄的方式生产图书，数量依然有限，仍然不能满足社会的迫切需求。于是在唐代雕版印刷得以发明。印刷术的发明改变了过去抄写图书的历史，对中国文化的发展意义重大。它提高了信息传播的全面性和准确性，极大地提高了信息传播的质量。方便的复制手段使信息的辐射面和信息传递的数量大大增加，降低了图书的成本，使过去很少人才能拥有的图书从“王谢堂前”飞入“寻常百姓家”，为社会教育实现平民化奠定了基础，促进了文化的发展和社会的进步。

从现有文献来看，唐代虽然已经发明了雕版印刷，然而当时只是民间用来刊印佛经和历书的雕虫小技，作为图书生产新技术的雕版印刷并未进入官方的视野。到了五代，中书门下省奏请以石经文字刊刻印版，以冯道为首的一批学者在国子监主持刊刻了“九经”，并大获成功，这是我国古代官方对雕版印刷的第一次大规模应用，对于我国古代的图书出版具有举足轻重的作用。刘光裕先生就曾指出：“冯道《九经》问世是中国出版史上的一个里程碑，它代表一个旧时代结束了，又代表一个新时代开始了。这个新时代，就是延续一千多年的印刷出版时代。”[1] 由于国家频繁更替，社会动荡不安，所以雕版印刷并没有在五代时得到普及。而宋朝的建立为雕版印刷的普及和繁荣提供了难得的契机。

宋朝统治者为了国家长治久安，实行崇文抑武的国策，于是广开科举，大兴教育，读书学习并求取功名自然就成为整个社会的风尚。宋代雕版印刷乘着“右文”的东风，在我国古代印刷史、图书史、出版史乃至文化史上都写下了辉煌无比的华丽篇章。南北两宋刻书机构之多、地域之广、规模之大、内容之赡、数量之多以及图书的贸易之盛、流通之广堪称前所未有。宋代雕版印刷的普及和繁荣使得图书的生产变得简单易行。由于宋代印本图书的大量生产，又加上印本图书具有物美价廉、校勘精确、便于携带保存、利于翻阅检寻等传播优势，使得宋代印本图书在社会上的传播更加方便快捷。所以宋人和前人相比能更容易获得范围更广、更廉价的图书。平心而论，生活在宋代的读书人真的是非常幸运，就连宋人自己也常常会从心底发出由衷的感叹。北宋景德二年（1005），真宗亲自到国子监视察，询问经版的数量，国子监祭酒邢昺感叹道：“今板（版）本大备，士庶家皆有之，斯乃儒者逢辰之幸也。”[2] 大中祥符三年（1010）十一月，宋真宗对大臣向敏中说：“今学者易得书籍。”向敏中答曰：“国初惟张昭家有三史。太祖克定四方，太宗崇尚儒学，继以陛下稽古好文，今“三史”、《三国志》《晋书》皆镂板（版），士大夫不劳力而家有旧典，此实千龄之盛也。”[3]《宋史·艺文志序》指出，宋人无笔札之劳，而能获睹全书。一代文豪苏轼也曾感叹道:“近岁市人转相摹刻诸子百家之书，日传万纸，学者之于书，多且易致如此。”[4]

[1] 章宏伟：《十六—十九世纪中国出版研究·序言》，上海：上海人民出版社，2011 年版，第 6 页。

[2]〔元〕脱脱等：《宋史·邢昺传》卷四三一，北京：中华书局，1985 年版，第 12798 页。

[3]〔宋〕李焘撰：《续资治通鉴长编》卷七四，北京：中华书局，2004 年版，第 1694 页。

[4]〔宋〕苏轼：《苏轼文集》卷十一，北京：中华书局，1986 年版，第 359 页。

宋代刻书之多以及宋代印本传媒获得之易由此也可见一斑。

可是当印本图书多起来以后，宋人又生出另一种担忧。苏轼就曾指出当时的后生士子们，束书不观，游谈无根。叶梦得在《石林燕语》中说："国朝淳化中，复以《史记》，前后《汉》付有司摹印，自是书籍刊镂者益多，士大夫不复以藏书为意，学者易于得书，其诵读亦因灭裂。然板（版）本初不是正，不无讹误，世既一以板（版）本为正，而藏本日亡，其讹谬者遂不可正，甚可惜也。"[1] 叶氏认为学者诵读灭裂以及藏本日亡，讹误遂不可正，都是印本多且易得所致，言语中大有都是印本惹的祸之意。张镃在《仕学规范》中亦云："时（按：指仁宗嘉祐年间）世间印板（版）书绝少，多是手写文字。每借人书，多得脱落旧书，必即录甚详，以备检阅，盖难再假故也。仍必如法缝粘，方继得一观，其艰苦如此。今子弟饱食放逸，印书足备，尚不能观，良可愧耻。"[2]

理学集大成者朱熹则更直截了当："今人所以读书苟简者，缘书皆有印本多了。如古人皆用竹简，除非大段有力底人方做得。若一介之士，如何置。所以后汉吴恢欲杀青以写《汉书》，其子吴祐谏曰：'此书若成，则载之兼两。昔马援以薏苡兴谤，王阳以衣囊徼名，正此谓也。'如黄霸在狱中从夏侯胜受书，凡再踰冬而后传。盖古人无本，除非首尾熟背得方得。至於讲诵者，也是都背得，然后从师受学。如东坡作《李氏山房藏书记》，那时书犹自难得。晁以道尝欲得公、谷传，遍求无之，后得一本，方传写得。今人连写也自厌烦了，所以读书苟简。"[3] 在这里朱熹一方面批评当时的读书人因为印本图书多了，读书就不像从前那么认真了；一方面又指出在印本图书尚未广泛流传以前，得书是何等的不易。从以上宋人的担忧中，我们不难看出，随着宋代雕版印刷的普及，印本图书多且易得；然而随着书籍的增多，宋人读书却没有以前认真了。但把读书苟简、藏本日亡、讹误难正都归为雕

[1]〔宋〕叶梦得：《石林燕语》卷八，北京：中华书局，1984 年版，第 116 页。
[2]〔宋〕张镃：《仕学规范》卷二，上海：上海古籍出版社，1993 年版，第 20 页。
[3]〔宋〕朱熹：《朱子全书·朱子语类》第十四册，上海：上海古籍出版社，合肥：安徽教育出版社，2002 年版，第 324 页。

版印刷的原因似乎又欠公允。就整体而言印本图书多经校勘，比抄本的讹误要少很多，并且如果没有雕版印刷的发明和大规模使用，图书会亡佚更多。宋人在这一点上无疑犯了以偏概全、求全责备的错误。宋末元初的理学家吴澄曾指出：

> 古之书在方册，其编袠繁且重，不能人人有也。京师率口传，而学者以耳受，有终身止通一经者焉。噫，可谓难也已。然其得之也艰，故其学之也精，往往能以所学名其家。历代方册以来，得书非如古之难，而亦不无传录之勤也。锓板（版）肇于五季，笔功简省而又免于字画之讹误，不谓之有功于书者乎？宋三百年间锓板（版）成市，板（版）本布满乎天下，而中秘所储，莫不家藏而人有。不惟是也，凡世所未尝有与不必有，亦且日新月光，书弥多而弥易。学者生于今之时，何其幸也！无汉以前耳受之艰，无唐以前手抄之勤，读书者事半而功倍，宜矣。而或不然，何哉？挟其可以检寻考证之且易，遂简于耽玩思绎之实，未必非书之多而易得者误之。噫，是岂锓者之罪哉？读者之过也。[1]

吴澄所言极是。古代得书极难，自然学习的时候就倍加认真，即使这样，有的人终生也只能通一经。雕版印刷出现以来，使图书既省笔功，又少讹误。尤其是到了宋代版印传媒大盛，印本图书布满天下，图书更为普及，家藏而人有；按理说有这么好的条件，读书更应该事半功倍，然而事实并非如此，究竟是什么原因呢？最后吴澄进一步指出这并不是大家所说的书多易得的缘故，也不是刻书人的罪过，而是读者自身的原因。柳诒徵先生亦曾指出：“然宋时博闻强记之士甚多，皆由刻书藏书者之众所致。未可以‘束书不观’及‘诵读灭裂’概全体之学者也。”[2] 张邦炜先生在谈到宋代文化的相对普

[1]〔元〕吴澄：《吴文正集·赠鬻书人杨良甫序》卷三四，文渊阁四库全书本。
[2] 柳诒徵：《中国文化史》，北京：中国人民大学出版社，2012 年版，第 584 页。

及时也曾指出:“把当时某些人读书不认真，归罪于书籍太易得，说什么‘今人所以读书苟简者，缘书皆有印本多了’，这实在是太偏颇。书籍增多无疑是一件有利于文化普及的大好事。它为社会各阶层掌握文化并进而参与政治提供了物质条件。”[1] 就整个宋代社会而言，版印出版促进了图书的大生产，而且为文化的传播创造了便利条件是不争的事实。

宋代版印传媒极大地促进了图书的生产、传播和消费，自然也促进了宋代文化的广泛普及。庄晓东等人就曾指出:“在印刷术产生之前，人类社会的信息是难以大规模复制的。书本知识仅仅掌握在少数特权阶级手里，成为他们发号施令、进行文化垄断的工具。印刷术的发明，给整个世界的文明带来了新的曙光，使人类社会发生了翻天覆地的巨大变化，使文化传播告别‘贵族’而面向大众，人类的文化传播真正步入了一个崭新的大众传播时代。”[2] 翁同文先生亦指出:“印刷术的发明，令书籍的价值一般地减低十分之九左右。这自然使书籍的传布相对地普及化，使比较清寒的知识分子也能享用，间接地影响到社会阶级的消融，其在人类文化史上的重要性，不言而喻。按印刷术发明的效果及影响，牵涉的方面很是广阔，原不仅限于书籍的普及化一点。可是书籍普及化，毕竟是印刷术许多效果中最重要的一件。其能有此效果，由于使书籍生产的成本减轻。这一点实为印刷术对于人类文化在物质方面的显著贡献。”[3] 宋代大量书籍的刊印和相对低廉的价格，为文化知识的普及提供了必要的条件，也是实现文化知识普及的关键。

宋代的雕版印刷在某种意义上是空前绝后的，它让我国的古代出版有了一个高起点的良好开端，使得以纸为媒介的传播又发生一次巨大的飞跃，不仅把传播的触角延伸到宋代文化的各个方面，而且极大地推动了宋代社

---

[1] 张邦炜：《宋代政治文化史论》，北京：人民出版社，2005 年版，第 380 页。

[2] 庄晓东：《文化传播：历史、理论与现实》，北京：人民出版社，2003 年版，第 25—26 页。

[3] 翁同文：《印刷术对于书籍成本的影响》，《宋史研究集》第八辑，台北：“中华丛书编审委员会”，1976 年版，第 492 页。

会的全面发展。宋代雕版印刷的兴盛使得包括印本图书在内的印刷品层出不穷，它不仅大幅度降低了书籍等印刷品的价格，使每一个读书人都能较容易地得到图书，而且还大大激发了人们的求知欲，燃起了宋人读书参加科举的热望，从而推动了教育下移和文化的普及。

文化的普及离不开教育，而教育的兴起离不开图书。中华书局的创办人陆费逵先生谈到出版的作用时曾经说："我们希望国家社会进步，不能不希望教育进步；我们希望教育进步，不能不希望书业进步。我们书业虽然是较小的行业，但是与国家社会的关系，却比任何行业为大，此项工业为以知识供给人民，是为近世社会一种需要，人类非由此无由进步。"[1] 陆先生的这番话可谓真知灼见，国家的进步、教育的进步、文化的普及和图书出版都有重要的关系。钱存训先生也曾指出，作为手工抄写延伸的印刷术是人类思想交流的一种大众媒介，也是文化延续的一种记录方式。当印刷传媒的数量迅猛增加并流通广远以后，它就成为传播思想、普及教育、影响社会变革的一种重要工具。宋代印本图书的大量生产为教育的普及创造了必要条件。

与此同时，宋代雕版印刷还促进了宋代的人才培养。宋代帝王大都崇尚读书。《宋史·文苑传》记载："太宗、真宗其在藩邸，已有好学之名，作其即位，弥文日增。自时厥后，子孙相承，上之为人君者，无不典学；下之为人臣者，自宰相以至令录，无不擢科，海内文士彬彬辈出焉。"[2] 帝王的号召和身体力行确实能为世风带来一些影响，然而更能刺激宋人读书的无疑还是宋代取消门第限制的平民科举。何忠礼先生就曾指出，应举人数大幅度增加是宋代读书人数剧增的主要原因。科举成了对宋代士人影响最大和最具吸引力的事业，由此直接推动了两宋文化的大普及。[3] 在宋代

[1] 陆费逵：《书业商会二十周年纪念册序》，《进德季刊》，1924 年第 3 卷第 2 期。

[2]〔元〕脱脱等：《宋史·文苑一》卷四三九，北京：中华书局，1985 年版，第 12997 页。

[3] 何忠礼：《科举制度与宋代文化》，《历史研究》，1990 年第 5 期。

只要稍具文墨便都可以参加科举。“朝为田舍郎”，通过科举可以“暮登天子堂”。这“一日之长取终身富贵”的诱惑，让各个阶层都跃跃欲试，于是整个社会醉心科举，学习成风。据考证，太祖时参加省试的举人只有2000人左右，而到了英宗时全国参加发解试的读书人就达42万。宋代参加科考的人数之众，发展之迅速，由此可见一斑。科举的兴盛自然也促使了宋代教育的勃兴。宋朝于庆历、熙宁、绍圣间还掀起了三次兴学运动，即使是荒服郡县，都建有学校。总之，宋代的官学、私学都很发达，从国子监到县学，从私塾到书院，宋代学校的数量和规模远远超过前代。如白鹿洞、应天书院等著名书院，可同时容纳数千名学生，规模和学术水平可与官学相媲美。官学、私学相互补充，使得宋代受教育的人数大大增加。朱长文《学校记》云：“虽濒海裔夷之邦，执耒垂髫之子，孰不抱籍缀辞以干荣禄，褎然而赴诏者，不知其几万数。”[1]不仅经济发达地区如此，即使是僻远的福建永福县也是“家尽弦诵，人识律令，非独士为然。农、工、商各教子读书，虽牧儿馌妇亦能口诵古人语言”[2]。可见文化知识已经普及到农、工、商各个阶层，表明宋代文化较前代有了很大的进步和深入。《宋史·选举制》中说：“学校之设遍天下，而海内文治彬彬矣。”[3]

要参加科举考试，就必须读书接受教育，就必须有科举考试的教材和相关参考书籍。只有这样士子们才能提高学习效率，才能提升举子们金榜题名的几率。在宋以前由于书籍的难得，受教育也只是贵族阶级的特权。宋代版印出版业突飞猛进的发展，打破了贵族对教育的垄断，为宋代教育的普及创造了良好的物质条件。何忠礼在谈到科举与宋代文化时指出：“两宋科举制度促进了雕版印刷业的大发展，作为传播文化知识重要工具的书

[1]〔宋〕郑虎臣：《吴都文粹》卷一，文渊阁四库全书本。

[2]〔宋〕方大琮：《宋宝章阁直学士忠惠铁庵方公文集》卷三三，《北京图书馆古籍珍本丛刊》，北京：书目文献出版社，1990年版，第724页。

[3]〔元〕脱脱等：《宋史·选举志一》卷一五五，北京：中华书局，1985年版，第3604页。

籍的大量问世和流布，反过来又有力地推动了文化的普及。”[1] 台湾著名学者李弘祺在谈到印刷术与大众教育时认为，对民众教育做了重要贡献的还有印刷术的大量运用，它对中国大众教育的影响，似乎不在理学之下。随后李先生又解释道："到了西元十世纪雕板（版）印刷开始应用之后，中国印刷史遂出现了其有真正重要意义的突破。雕板（版）印书对于大规模散播书籍提供了经济上的可行性，宋代因此从雕板（版）印刷的发明中获益良多。印刷术极为便利与经济，它标志着中国历史上重要转折点的出现。印刷术的广泛使用，对中国社会产生了积极与消极两个方面的影响。首先，它明显地创造了一个前所未有的机会使中国民众可以接触书本，结果使可以参加科举考试的学生人数大量增多，在宋代统治者的鼓励下，接受教育的机会增加，其结果使科举制的重要性得到同样的提高。印刷术的广泛应用所产生的第二个影响是识字能力的提高。识字率是一种社会现象，难于进行具体测评，但证据似乎肯定宋代的识字率有明显的增高。”[2] 由此可见，雕版印刷在宋代的广泛应用，确实是一场伟大的传播革命。它大大降低了图书的生产成本，使图书的产量剧增；并且雕版印刷促进图书内容和形式的统一，使图书能传播得更为久远，扩大了图书的阅读范围。宋代的雕版印刷为宋代社会教育的普及、识字率的提高以及宋代的文化发展做出了巨大的贡献。

宋代中央和地方政府多刻正经、正史，并以此作为科举考试的统一标准教材。神宗时，王安石还主持编刊了《三经新义》作为士子们学习的教科书。宋代参加科举考试的人数众多，仅靠官刻也无法满足教育的需求，于是书坊纷纷设立并大量刊刻图书，经史以及和科举有关的各类参考书是宋代书坊刊刻图书的重头戏。究其原因很简单，宋代教育兴盛，参加科举的人数众多，这类图书因此具有广阔的市场，更容易赢利。为了扩大销路，

[1] 何忠礼：《科举制度与宋代文化》，《历史研究》，1990 年第 5 期。

[2] 李弘祺：《宋代官学教育与科举》，台北：联经出版事业公司，1994 年版，第 30 页。

占有更大的市场，宋代书坊刻书还在形式上花样翻新，对经史典籍进行各种形式的加工。如宋代书坊刊刻的经书，有纂图互注本、附释音本、附音重言互注本、监本纂图本、监本纂图重言重意互注本、京本点校附音重言重意互注本等诸多名目，这些附有插图、释音、互注、句读、重言重意等内容的图书，便于读者阅读理解，因而得到士子们的热烈欢迎。书坊刻书一般都具有成本低、价格廉的特点，因而更易于为大众所接受，如建阳地区坊刻本行销天下，对于文化的传播、知识的普及，发挥了重大的作用。南宋岳珂就曾指出："自国家取士场屋，世以决科之学为先，故凡编类条目、撮载纲要之书，稍可以便检阅者，今充栋汗牛矣。建阳书肆，方日辑月刊，时异而岁不同，以冀速售，而四方转致传习，率携以入棘闱，务以眩有司，谓之怀挟，视为故常。"[1] 同时宋代的书坊还刊刻了很多《三字经》《百家姓》《千字文》《千家诗》等，来作为小孩子识字的启蒙教育教材。漆侠先生就曾慨叹："这些书铺对我国古代文化的传播起了不可磨灭的重要的作用。"[2]

宋代刻书业为科举和教育提供了必要而相对廉价的图书，促进了教育的下移，使更多人拥有了读书和接受教育的机会。陈力丹在谈到这一点时曾说："印刷术的发明在文字媒介的传播史上是一个转折点，它打破了中古时代极少数人对信息传播的垄断，第一次造就了信息传播向社会下层转移的契机，印刷媒体成为第一种规模人群可以共同接触的传媒，并为启动公共教育提供了充分条件。"[3] 由于宋代科举取消了门第限制，基本上向全民开放，雕版印刷的兴起使得图书廉价易得，又为教育文化的普及创造了条件，于是读书人大增，著书人也日益多了起来，而新著作的层出不穷又为版印出版提供了充足的稿源，进一步促进了雕版印刷的兴盛。这就使得宋代文化的发展具有了一个良好的互促系统，而版印出版无疑就是这个系统的动力传送带。

[1]（宋）岳珂：《愧郯录·场屋编类之书》卷九，北京：中华书局，1985年版，第78页。

[2] 漆侠：《宋代经济史》，北京：中华书局，2009年版，第722页。

[3] 陈力丹：《传播学是什么》，北京：北京大学出版社，2007年版，第27页。

在宋代，由于雕版印刷推动了文化教育的普及，不仅男子读书著文，女子也巾帼不让须眉。据宋代刘斧《青琐高议·温琬》载，宋代名妓温琬就著《孟子解义》八卷、诗五百篇等，清虚子为之整理成帙，即《南轩杂录》，“其间九经、十二史、诸子百家，自两汉以来文章议论、天文、兵法、阴阳、道释之要，莫不赅备。以至于往古当世成败，皆次列之。常日披阅，赅博远过宿学之士。其字学颇为人推许，有得之者，宝藏珍重，不啻金玉。就染指书，尤极其妙。性虽不喜讴歌，或自为辞，清雅有意到笔不到之妙，信其才也”[1]。温琬的才识令人折服，当时有人称赞“若许佳人折桂枝，应当甘棠女状元”，钦佩之情，溢于言表。据统计，《宋诗纪事》入选的诗人中女诗人有106人，《全宋词》收录词作的女词人达107人。这些女诗人、女词人出身于不同阶层，上至皇后嫔妃，下有婢妾娼妓，其中不乏像李清照、朱淑真这样的大家。如果没有雕版印刷的广泛运用和文化的普及，这种局面绝对不可能在宋代出现。

宋代版印传媒为宋代文化的普及立下了汗马功劳，宋人的文化素质远远高于前代，宋代人才辈出就是明证。刻书、教育和文化之关系十分密切，在宋代的刻书中心往往都是文化中心和教育中心，都是人才的培养高地。汴京、杭州、四川、福建、江西等几大刻书中心莫不如此。洪迈称：“七闽二浙与江之西东，冠带诗、书，翕然大肆，人才之盛，遂甲于天下。”[2]叶适在《汉阳军新修学记》中说:“今吴、越、闽、蜀，家能著书，人知挟册。”[3]据文化史研究学者程民生先生统计，《宋史》中两宋时期南方官员数量按地区排序如下：两浙250人、福建124人、江西93人、淮南80人、江东75人、成都74人。[4]在前6名当中，两浙、福建、江西和成都在宋代尤其是在南宋都是非常有名的刻书中心。徐吉军先生也分别对宋史列传人物，宋

[1]〔宋〕刘斧：《青琐高议》，西安：三秦出版社，2004年版，第231页。

[2]〔宋〕洪迈：《容斋随笔》四笔卷五，北京：中华书局，2005年版，第682页。

[3]〔宋〕叶适：《叶适集·汉阳军新修学记》，北京：中华书局，2010年版，第140页。

[4] 程民生：《宋代地域文化》，开封：河南大学出版社，1997年版，第135页。

代宰相，宋代词人、画家、儒者作了统计，最终得出“宋代人才辈出的地区，首推浙江、河南，次为福建、江西、四川、江苏、河北”[1]的结论。不难看出，徐先生统计出来的人才盛地的前五名浙江、河南、福建、江西、四川无一不是宋代的刻书中心。宋代的刻书中心虽然并非都是当时政治中心和经济中心，但它们清一色都是当时的文化中心。日本学者清水茂在谈到印刷术和宋代的学问时就指出，刻书实际上成为文化发达的一种契机：福建出版兴盛，使福建人得到更多接触书籍的机会，福建于是成为学者的摇篮。[2]无独有偶，两宋文学家的地域分布和宋代刻书中心也惊人地吻合。以词人为例，据唐圭璋的《唐宋词简编》统计，两浙路 87 人，江西路 37 人，福建路 29 人位居宋代的前三甲。北宋的诗人中，两浙路 231 人位居第一，福建路 128 位居第二，江西路 91 位居第三。[3]王水照先生在谈到南宋文学的特点时也指出：“除移民作家外，南宋诗文作家的占籍地域多集中在浙江、江西、福建、两湖地区，他们既浸渍于中原文化的营养，保存北宋欧、苏、王、黄诸大家之文学创造精神与特点，又与南方的地域文化、风土习俗、自然山川相交融，形成有南国韵味的文学风貌。”[4]可见南宋时浙江、江西、福建的文化之盛和这三地都是刻书中心不无关系。

第二节　雕版印刷与宋学[5]的鼎盛

我国的传统文化发展到宋代呈现出百花齐放、推陈出新的繁荣景象。

[1] 徐吉军：《论宋代文化高峰形成的原因》，《浙江学刊》，1988 年第 4 期。

[2] [日]清水茂著，蔡毅译：《清水茂汉学论集·印刷术的普及与宋代的学问》，北京：中华书局，2003 年版，第 97 页。

[3] 程民生：《宋代地域文化》，开封：河南大学出版社，1997 年版，第 332—334 页。

[4] 王水照：《南宋文学的时代特点与历史定位》，周裕锴编：《第六届宋代文学国际研讨会论文集》，成都：巴蜀书社，2011 年版，第 9 页。

[5] “宋学”有广义和狭义之分，广义的“宋学”是指以宋代经学为中心的宋代一切学术，狭义的“宋学”则专指宋代经学，从思想史的意义上来说，后者是宋代一切学术的中心。

宋史专家邓广铭先生也不止一次强调指出，宋代文化在中国封建社会历史时期之内达于顶峰，不但超越了前代，也为其后的元明之所不能及。学术是文化的核心和灵魂，学术昌，则文化兴，宋代文化的登峰造极和宋代学术的勃兴有着莫大的关系。国学大师王国维先生谈到宋代学术时就曾指出：

> 宋代学术，方面最多，进步亦最著。其在哲学，始则有刘敞、欧阳修等脱汉唐旧注之桎梏，以新意说经；后乃有周（敦颐）、程（颢）、程（颐）、张（载）、邵（雍）、朱（熹）诸大家，蔚为有宋一代之哲学。其在科学，则有沈括、李诫等于历数、物理、工艺均有发明。在史学，则有司马光、洪迈、袁枢等，各有庞大之著述。绘画则董源以降，始变唐人画工之画而为士大夫之画，在诗歌则兼尚技术之美，与唐人尚自然之美者蹊径迥殊。考证之学亦至宋而大盛。故天水一朝人智之活动与文化之多方面，前之汉唐、后之元明皆所不逮也。近世学术多发端于宋人，如金石学亦宋人所创学术之一。宋人治此学，其于蒐集、著录、考订、应用各面无不用力，不百年间遂成一种之学问。[1]

唐虽然也是我国古代的文化高峰，然而其文化之高度，却无法与宋比肩。钱穆先生也曾指出："经学、史学各方面，唐朝都远不能与宋相比。"[2] 宋代学术之勃兴，以至于发展达到鼎盛，其原因也是多方面的，而宋代雕版印刷的普及和繁荣，印本图书的方便易得以及知识传播的方便快捷是其中不可忽视的重要原因之一。

经学是儒家学说的灵魂，也是进行统治的思想武器。儒家学说自汉武帝"罢黜百家、独尊儒术"以来就是历代的统治学说，儒家经典也为统治

[1] 王国维著，傅杰编校：《王国维论学集》，北京：中国社会科学出版社，1997年版，第201页。

[2] 钱穆：《中国史学名著》，北京：三联书店，2000年版，第162页。

阶级所高度重视。发展到宋代更是得到宋代统治阶级的大力弘扬，并成为宋代学术的核心。《宋史》云："宋有天下，先后三百余年。……其时君汲汲于道艺，辅治之臣莫不以经术为先务，学士缙绅先生，谈道德性命之学，不绝于口，岂不彬彬乎进于周之文哉！"[1] 可见宋朝统治者对儒家经典是相当的重视。宋真宗为了阐明儒学的重要性，还特意撰写了《崇儒术论》，并刻石于国子监："儒术污隆，其应实大，国家崇替，何莫由斯。故秦衰则经籍道息，汉盛则学校兴行。其后命历迭改，而风教一揆。有唐文物最盛，朱梁而下，王风寖微。太祖、太宗丕变弊俗，崇尚斯文。朕获绍先业，谨遵圣训，礼乐交举，儒术化成。"[2] 宋朝统治者对儒家经典格外重视，对经书的校勘刻印更是不遗余力。宋太宗继承五代国子监校刻出版"九经"的传统，于端拱元年 (988) 至淳化五年（994），先后命国子监校刻出版了《三经正义》和《五经正义》，并予颁行。宋真宗于咸平中又命国子监校刻出版《七经正义》，景德至天禧 (1004—1021) 中，又命国子监校勘出版了《九经注疏》《十二经传注》。景德二年（1005），真宗幸国子监，向祭酒邢昺询及国子监书版情况，邢昺答道："国初印板止及四千，今仅至十万，经史义疏悉备"。可见，在短短几十年间，国子监已经把经史义疏全部校勘付刻，"有的版刻还经过多次校订，成为定本，士庶之家不必再苦于图书传写之难了"[3]。哲宗元祐间 (1086—1093)，又把《孟子》升为"经"，儒家的十三经至此形成。南迁临安以后，高宗命令所缺经书与其他书一道刊印补全。随后南宋国子监又先后刊印了《十二经正文》《十二经正义》以及《十三经传注》。嘉定十六年 (1223)，国子监还曾刊印了"六经"。

上之所好，下必尤之。再加上经书是宋代科举考试的法定标准教材，随着宋代科举人数的不断增加，对经书需求量极大，仅靠朝廷刊刻又无法

[1]（元）脱脱等：《宋史・艺文志一》卷二〇二，北京：中华书局，1985 年版，第 5031 页。

[2]（宋）李焘：《续资治通鉴长编》卷七九，北京：中华书局，2004 年版，第 1798—1799 页。

[3] 张丽娟：《宋代经书注疏刊刻研究》，北京：北京大学出版社，2013 年版，第 11 页。

满足社会的需要，于是地方政府和不断涌现的书坊也开始大肆刊印儒经。南宋绍兴初年，叶梦得于建康刻印出版了“六经”，四川刻印出版了《六经义疏》《九经正文》，严州刻印出版了《六经正文》。绍熙元年（1190）朱熹守漳州，刊《易》《诗》《书》《左氏经文》。绍兴庾司也曾刊印了《易》《书》《周礼》，正经注疏萃见一书，便于披绎。婺州还刊印了“五经”“八经”白文，两浙东路茶盐司及绍兴府刻印出版了所谓越州本《六经疏义》，抚州公使库刻印了“六经”“三传”，兴国于氏雕印了“九经”，建阳余仁仲万卷堂刻印了“九经”，廖莹中世彩堂刻印出“九经”，等等，不胜枚举。元初岳飞九世孙岳浚校刻“九经”时所用的经书校本就达23种，宋代尤其是南宋经书刊刻之多由此可见一斑。不仅国子监等官刻经书的质量无可挑剔，就连坊刻和私人刻书也不乏精善之本。譬如建阳余氏万卷堂以及廖氏世彩堂刊印的“九经”历来都为后人所称道。宋人周密就曾指出：“廖群玉诸书……《九经》本最佳，凡以数十种比校，百余人校正而后成，以抚州萆抄纸、油烟墨印造。其装褫至以泥金为签。”[1] 其他的诸如单经以及学校、书院、私宅、坊肆所刻的经书，更是不计其数。

据张丽娟统计，现存的宋刻经书注疏版本就有104种。南宋民间刻经，除廖莹中世彩堂、余仁仲万卷堂刻“九经”外，今有传本的还有建安王朋甫刻《尚书》、魏县尉宅刻《附释文尚书注疏》、建安宗氏刻《纂图互注尚书》、刘氏天香书院刻《监本纂图重言重意互注论语》、鹤林于氏家塾栖云阁刻《春秋经传集解》、潜府刘氏家塾刻《春秋经传集解》、婺州市门巷唐宅刻《周礼》、婺州义务酥溪蒋宅崇知斋刻《礼记》、建安刘叔刚刻《附释音毛诗注疏》《附释音春秋左传注疏》，等等。[2] 南宋的私人刻经，尤其是书坊刻经，在版本内容方面还多有创新，如在经注本中散入释音，附入各种插图，加以句读圈发，加入重言重意。又将经注与疏文合刻，或将注疏与释音合为一书。

---

[1]（宋）周密：《癸辛杂识·后集》，北京：中华书局，1998年版，第84—85页。

[2] 张丽娟：《宋代经书注疏刊刻研究》，北京：北京大学出版社，2013年版，第13—14页。

于是出现了经注附释文本、纂图互注重言重意本、注疏合刻本、附释文注疏合刻本，等等，这些版本名目多样、体例不断创新的经书，更多地适应了普通大众的阅读需要，发行量大，流传下来的版本也比较多。

据笔者考证，今有文献可考的宋代所刊印经部图书有近千种。据《中国古籍总目》统计，现存的经部宋刻本春秋类图书就有《春秋经传》二十卷、《京本春秋左传》三十卷、《春秋经传集解》三十卷、《春秋经传集解》三十六卷、《春秋经传集解》三十卷、《经传识异》一卷、《春秋经传集解》三十卷、《监本纂图春秋经传集解》三十卷、《京本点校重言重意春秋经传集解》三十卷、《婺本附音春秋经传集解》三十卷、《婺本附音重言重意春秋经传集解》三十卷、《春秋经传集解》三十卷附《春秋名号归一图》二卷、《纂图互注春秋经传集解》三十卷附《春秋名号归一图》二卷、《春秋年表》一卷、《东莱先生吕成公点句春秋经传集解》三十卷、《春秋正义》三十六卷、《春秋左传正义》三十六卷、《附释音春秋左传注疏》六十卷、《春秋年表》一卷、《春秋总要》一卷、《春秋左氏传杂论》二卷、《增注东莱先生左氏博议》二十五卷、《公羊春秋》不分卷、《春秋公羊经传解诂》十二卷附《释文》一卷、《春秋公羊经传解诂》十二卷、《春秋公羊疏》三十卷、《谷梁春秋》不分卷、《春秋谷梁传》十二卷、《监本附音春秋谷梁注疏》二十卷、《春秋意林（刘氏春秋意林）》二卷、《春秋五礼例宗》十卷、《西畴居士春秋本例（春秋本例）》二十卷、《春秋集注》十一卷附《纲领》一卷、《春秋分记》九十卷、《公羊春秋》不分卷、《谷梁春秋》不分卷、《春秋繁露》十七卷。国家图书馆所藏的宋刻本（包括递修本在内）经部图书就有近140部。由此可以想见，宋代刊刻的经书何其多也。如果没有宋代雕版印刷的广泛应用，仅靠手抄是绝对不可能实现的。张丽娟也曾指出：

> 有宋一代，雕版印刷技术得到了充分广泛的应用，印刷出版事业迅猛发展。无论是刻本书的数量、书籍刻印的种类、刻书地域的分布、刻书的规模以及刻印的技术艺术水准，在宋代都达到

> 了相当的高度，呈现繁荣发展的兴盛局面。而宋代统治者崇文抑武的政策、文化教育的普及、科举制度的发达及学术思想的勃兴，形成社会各阶层对各类图籍的广泛需求。在这样繁荣发展的文化需求与繁荣发展的雕版印刷事业当中，儒家经书作为统治阶层的最高经典，作为学校教授、士子研习用书，地位崇高，需求量巨大，得到从朝廷、地方到私人书坊的一致推重，成为各级官府及民间刻书的首要内容。从中央政府的国子监，各州、府、军、县的地方官府、官学，到普通的书坊、私家，都在儒家经书的刊刻上投入很大的力量，形成了宋代儒家经书版本的多样化发展。[1]

经书的大量刊刻，旨在传播推广经义。在宋代，朝廷就常向各州县学校和书院颁赐“九经”，这不仅便利经籍的普及，而且促进了教育和经学的大发展。由此可见，宋代雕版印刷在经学传播的过程中做出了巨大贡献。张高评先生就曾说：“宋学之发皇，因北宋经籍之刊行，藏本之流通，相得益彰，形成绝佳之触媒与推助，自是一大关键。”[2] 宋代儒学之所以迅速复兴，诸经镌印，盖其一因。卡特指出：“九经的刊印，是使儒家经文和学说在全国人民视听中恢复佛教兴起以前地位的力量之一，其后继起的古学重兴，只有欧洲重新发现古典文献以后出现的文艺复兴堪以相比；而欧洲的文艺复兴，也是得到印刷术发明的帮助的。”[3] 彭清深先生也曾指出:“在儒学复兴的浪潮中，雕版印刷放出了绚丽的光辉，创造了至精至美的宋代书籍版式。同时，高速发达的刻书业又为儒家文化的发展、传播及宋代文教的勃兴起

[1] 张丽娟：《宋代经书注疏刊刻研究》，北京：北京大学出版社，2013 年版，第 15 页。

[2] 张高评：《印刷传媒与宋诗特色》，台北：里仁书局，2008 年版，第 554 页。

[3] [美]卡特著，吴泽炎译：《中国印刷术的发明和它的西传》，北京：商务印书馆，1957 年版，第 71 页。

了重大的促进作用。”[1] 可见宋代的版印出版对经学的传播和儒学的复兴功劳显赫。据司马光《资治通鉴》记载：“自唐末以来，所在学校废绝，蜀毋昭裔出私财百万营学馆，且请刻板（版）印《九经》；蜀主从之。由是蜀中文学复盛。”[2] 由此可见，后蜀毋昭裔刊印《九经》就促进了蜀地文学的兴盛，所以宋代儒家经典的大量刊印自然也促进了宋学的繁荣。

宋代印本图书的大量传播使得宋代文化得到前所未有的普及，它扩大了宋人的文化视野，提高了宋人的文化修养。图书的大量传播和收藏促进了宋代文献学的形成，对经学也产生了极大的影响，主要表现在宋人注经、疑经层出不穷。如司马光、欧阳修、苏轼、苏辙、程颐、王安石、朱熹、吕祖谦、蔡沈等，对经书多有注释，各呈己见，互相发挥。宋人说经、解经之著作被四库馆臣收入清《四库全书》中的就有 185 部。顾颉刚先生谈到宋人疑经时就曾说：“自从唐代有了佛经的雕版以后，到五代时，刻了《九经》和《文选》等书，北宋时又刻了《十五史》和诸子等书，学者得书方便，见多识广，更易比较研究；又受了禅宗‘呵佛骂祖’的影响，敢对学术界的权威人物和经典著作怀疑。”[3] 杨新勋先生谈到宋人疑经的原因时也指出：

北宋前期，朝廷在整理、注释和刊印经籍方面成就卓著，宋代文化发展迅速，文献学水平得到了极大提高，欧阳修之后，疑经言论深入人心，在一定程度上也可以说是得力于宋代文献学的发展：宋人对传统经籍文本和秦汉经学派别的演变多详加考订，对先秦的史事、人物、典制、名物、地理以及语言等也不乏新的认识，尤其是在类比文本、史事考订和联系分析方面有了新的进展，宋儒怀疑《易传》《诗序》《周礼》《尚书》以及《春秋》三传的完

[1] 彭清深：《宋明刻书文化精神之审视》，《故宫博物院院刊》，2001 年第 4 期。

[2]（宋）司马光：《资治通鉴》卷二九一，北京：中华书局，1956 年版，第 9495 页。

[3]（清）崔述著，顾颉刚编订：《崔东壁遗书》，上海：上海古籍出版社，1983 年版，第 40 页。

成和这些方面言论的流行在很大程度上都与文献学的发展有关。[1]

任何一种媒介都会制约人们获取信息的途径，影响人们的思维方式，从而形成特定的知识结构。宋代书籍的普及不仅使宋人求知欲大增，同时也向人们提供了寻求理论规范的依据，导致注释方法也随之发生了变化。宋人疑经的原因是多方面的，而版印图书作为一种新兴的传播媒介，无疑是促使宋人学识提高最基础的原因。于是宋人逐渐突破汉唐训诂治经的家法，勇于创新和向古人挑战，在治学上另辟蹊径，进而默识心通，专言义理，因而重新构建了儒学体系，走向一条与前人不同的“自由解经”的学术之路，进而影响到宋代社会风尚的变化。雕版印刷的兴盛促使宋代社会步入印本时代，于是读书成为一种社会风气，教育呈现“平民化”趋向，整个社会的文化素养得以提升，文人群体急剧壮大，文化创造盛况空前，尤其是中原地区的儒家文化借力于“教育下移”与图书流通，一方面北传南进，一方面在传播过程中吸纳佛、道文化因子，转变成为理学。朱熹就是理学的集大成者，他治经的主要成果《大学章句》《中庸章句》《论语集注》《孟子集注》被称为《四书章句集注》，在南宋时期被多次刊刻。从此，儒学由“五经时代”进入了“四书时代”，对后世影响深远。传播学者仲富兰还曾指出：“印刷文化阶段，信息不再依赖于现场交流，它贮存在可移动的媒介中，使得不在场的交流成为可能。印刷文化出现，在跨越时空限制的同时，也动摇了传统的权威。”[2] 这也是宋代疑经之风兴起的又一重要原因。

著名学者叶坦在分析宋代文化发展原因时指出：雕版印刷与造纸技术的进步，特别是活字印刷术的发明，使文献的记述和书籍的流通大大便利，扫除了文化发展的技术性障碍，为文化的传播与普及提供了关键性的手段，成为宋代文化大发展的重要条件。前人传抄之书至宋刻印定本，时人著作诗文得以付梓印行，尤其是卷帙浩繁之书的大规模刊印，使有宋一代成为

---

[1] 杨新勋：《宋代疑经研究》，北京：中华书局，2007年版，第323页。

[2] 仲富兰：《民俗传播学》，上海：上海文化出版社，2007年版，第169页。

划时代的文化复兴高潮。[1] 钱存训先生亦曾指出："印刷术的普遍应用，被认为是宋代经典研究的复兴及改变学术和著述风尚的一种原因。宋代是中国历史上伟大的学术兴盛时期之一，在经学、理学、史学、文学、美术、考古和技术方面的研究，都有特别的成就。儒学的复兴，表现在儒家经典的新注和新疏著作的大量印行，也表现在训诂、校勘以至篇幅庞大的通史、方志、类书和目录等的编纂活动上。儒学复兴是中国传统思想和政治哲学的一次明显的胜利。宋代理学家的著作，长期支配中国社会，一直到19世纪末，才受到西方思想和制度的冲击而发生激烈的变化。"[2] 由此可见，宋代雕版印刷的广泛应用为宋代学术和文化的繁荣贡献良多。宋学的理学倾向、疑古精神对宋代文化都产生了深远的影响。

第三节　雕版印刷与宋代史学的繁荣

宋代史学极为昌盛发达。据统计,《宋史·艺文志》史部书目是《隋书·经籍志》的3.5倍;《四库全书总目提要》收录史部书籍凡564部，而宋代史著就占了总数的三分之一。陈寅恪对宋代史学的赞美常溢于言表："中国史学，莫盛于宋。……元明及清，治史者之学识更不逮宋。"[3] 著名史学家蒙文通也认为:"经学莫盛于汉，史学莫精于宋。"[4] 当然宋代史学的繁荣原因是多方面的，它与两宋时的国家处境和时人对政局的关注，教育文化事业的兴盛和宋人受教育程度的提高以及经济繁荣和史学自身的发展等特定社会环境密切相关。特别是雕版印刷的发展与繁荣、史籍传播方式的改变也为宋代史学的繁荣起着非常重要的作用。

[1] 叶坦：《宋代社会发展的文化特征》，《社会学研究》，1996年第4期。

[2] 钱存训著，郑如斯编订：《中国纸和印刷文化史》，桂林：广西师范大学出版社，2004年版，第356页。

[3] 陈寅恪：《金明馆丛稿二编》，北京：三联书店，2001年版，第270页。

[4] 蒙文通：《蒙文通文集》第三卷，成都：巴蜀书社，1995年版，第470页。

一、宋代刻书业的兴盛为史学繁荣奠定了传播的物质基础

宋代是我国古代雕版印刷最为繁荣兴盛的一个时期，官私刻书，经史子集四部皆备。宋代刻书数量之多，版印图书传播范围之广，刊刻技艺之高，甚至有些方面明清两代也无法企及。据张秀民先生统计，宋代刻书数量至少在一万部以上。在宋代印本传媒逐渐成为图书传播的主流，大量图书的雕版印刷和流通，让古人读书破万卷的梦想在宋代变成了现实。

宋代统治阶级“重文抑武”，书籍一事尤切用心，经书和史书自然就成为重中之重，所以在宋初史籍编刊日渐兴起。北宋朝廷即先后校订刊印十七史，《玉海》卷四九对此有详细记载:“国初承唐旧，以《史记》、两《汉书》为三史，列于科举，而患传写多误。雍熙中，始诏三馆校定摹印。自是刊改非一，然犹未精。咸平中校《三国志》《晋》《唐书》，后又校《隋书》《南》《北史》。独《唐书》以讹略不用，改修，十七年乃成。又以宋、齐、梁、陈、后魏、北齐、周七史各有正书，或残缺，令天下悉上异本，崇文院校定，与《唐书》镂板颁之。”[1] 可见北宋朝廷刊刻史籍的范围之广以及用心之良苦。据现存宋刻史籍及相关史料考索，官刻史籍率先在中央机构展开。最著名的为北宋国子监刻书。从宋初到北宋末年，正史已全部由国子监镂版印刷了。国子监刊刻书籍也推动了中央其他部门的刻书活动，如崇文院、司天监、太史局、秘书监、德寿殿、左廊司局等，也刻印了一批与其职责相关的书籍。

与中央积极刻书相呼应，地方机构和官员主持刻印史书者也有很多，且国子监时常遣送某书下地方镂版，杭州嘉祐五年（1060）奉旨镂《新唐书》二百五十卷，元祐元年（1086）奉国子监之命刻《资治通鉴》二百九十四卷，因此又带动了地方刻书事业的发展繁荣。宋代的州郡县诸学及各级公使库、转运司、茶盐司、安抚司和各地书院，都相继刻印史书。如漳州转运使淳熙十二年（1185）刻印大字本《三国志》；荆湖北路安抚司绍兴十八

[1] 〔宋〕王应麟著，武秀成、赵庶祥校证：《玉海艺文校证》，南京：凤凰出版社，2013 年版，第 729 页。

年（1148）刻《建康实录》二十卷；四川转运使井度绍兴十四年（1144）刻《宋书》一百卷、《魏书》一百四十卷、《梁书》五十六卷、《南齐书》五十九卷、《北齐书》五十卷、《周书》五十卷、《陈书》三十六卷，即后世所称“眉山七史”；建昌军学南丰县主簿林宇冲庆元六年（1200）刻《宋书》二百卷；会稽郡斋绍熙二年（1191）刻鲍彪《战国策校注》十卷；严陵郡斋宝祐五年（1257）刻袁枢《通鉴纪事本末》四十二卷；吴兴郡庠绍兴八年（1138）刻《新唐书纠缪》二十卷；福唐郡庠刻《汉书》一百二十卷；严州府学淳熙二年（1175）刻袁枢《通鉴纪事本末》二百九十卷；吉州白鹭州书院嘉定十七年（1224）刻《汉书集注》一百卷、《后汉书注》九十卷、《汉志注补》五十卷；鄂州孟太师府鹄山书院刻《资治通鉴》二百九十四卷，等等。[1]

除官府刻印史书之外，私人和书坊亦刊印史书。特别是书坊作为书籍生产和流通的主力军，其经营书籍活动在南宋更是欣欣向荣。书坊刻书是为了获利，所以不乏粗制滥造者，但也有不少精品。如南宋黄善夫刊刻《史记》《汉书》《后汉书》，堪称精善。其在《汉书》刊语中称：“集诸儒校本三十余家，及予五六友，澄思静虑，雠对同异，是正舛讹。始甲寅之春，毕丙辰之夏。”[2]可见黄善夫刻《汉书》，所用参校本达三十余家，校勘人五六名，两年多的时间方完成。但私家刻印、传布史籍的情况较为复杂，北宋朝廷对于私家著史采取较为宽容的态度，往往以赐金、赏官等多种方式激励士大夫著史和献史。不过，对于涉及敏感问题的本朝史，则冠以“私史”“野史”之名，加以限制甚至禁毁。两宋时期朝廷不断颁布相关政令来管控、约束其书籍的发行，但在具体操作层面，禁令执行时有疏漏和异动，所以有些禁止私家版印流布的所谓“野史”还是在当时社会上流通，为藏书家庋藏，这也恰好说明南宋时期私家刻印史书仍很频繁。

官私刻印史籍之活动，直接促成皇家秘阁、郡县学校甚至私人藏书的

[1]〔清〕叶德辉：《书林清话》卷三，上海：上海古籍出版社，2012年版，第49—63页。

[2]［日］涩江全善等著，杜泽逊等校：《经籍访古志》卷三，上海：上海古籍出版社，2014年版，第97页。

丰富。如宋真宗询问白敏中“今学者易得书籍”时，白敏中回奏说：“国初惟张昭家有三史。太祖克定四方，太宗崇尚儒学，继以陛下稽古好文，今三史、《三国志》《晋书》皆镂板（版），士大夫不劳力而家有旧典，此实千龄之盛也。”[1] 笔者据《古籍版本题记索引》统计，两宋时期刊印的史部图书多达 1500 余部。当然这绝不是宋代刊印史籍的全部。史籍的大量版刻和印刷有力地推动着史书的编撰、传布与普及，也必定为史书的编写及相应史籍的研究奠定基础。总而言之，宋代雕版印刷的快速发展，印本易得，极大地提升了史籍传布的速度，扩大了史籍的传播范围，有力地促进了宋代史学的繁荣。

二、宋代刻书业的繁荣激发了宋人编史的热情，推动了史学创新

中国文人士大夫自古就有着根深蒂固的传世情结。古人著书的目的都是为了传之久远，永垂不朽。唐代刘知几云：“上起帝王，下穷匹庶，近则朝廷之士，远则山林之客，谅其于功也名也，莫不汲汲焉，孜孜焉。夫如是者何哉？皆以图不朽之事也。何者而称不朽乎？盖书名竹帛而已。……苟史官不绝，竹帛长存，则其人已亡，杳成空寂，而其事如在，皎同星汉。”[2] 从刘知几的话中我们不难看出，我国古代上至帝王将相，下至黎庶百姓莫不致力于功名，追求不朽。当然，刘知几更高明的地方在于他认识到史官的著述之于不朽的重要意义。然而在唐代以前，由于文化生产力极其低下，尤其是文化传播媒介非常笨重，制作方法也比较落后，复本极其有限，客观上大大制约了人们著书立说并传之后世的热情。而宋代兴起的雕版印刷“日传万纸”，为宋人“立言”传播提供了强大的物质技术保障。北宋时刻书业就已经渐入佳境，到了南宋刻书业更是全面繁荣，出现了无一路不刻

[1]〔宋〕李焘：《续资治通鉴长编》卷七十四，北京：中华书局，2004 年版，第 1694 页。

[2]〔唐〕刘知几撰，〔清〕浦起龙通释：《史通》，上海：上海古籍出版社，2008 年版，第 215 页。

书的局面。宋代的官刻、家刻、坊刻鼎足而立，相互补充，且各有千秋。印本书物美价廉、方便携带和阅读，复本量大、传播范围广，更重要的是印本书讹误少，知识传播更加准确，因此得到宋代文人的热棒。

宋代版印的普及应用，不仅使图书的复制变得更加容易，也促进了“立言”观及史书编刊意识在宋代进一步转变，调动了宋人著史立说的积极性。两宋官私修史成就突出，尤其是宋当代史籍的编纂与整理。宋朝官方建立了严密的修史制度，修史成就显著。“祖宗崇重国史，国朝因仍彝宪。崇重史职，有日历，有时政记，有起居注，而又有所谓会要、玉牒，非为书之繁也。有国史，有实录院，有敕令所，而又有会要、玉牒所，非建曹之多也。提举以大臣，监修以辅臣，而编修、检讨又以侍从臣，非分职之广也。”[1]上述繁多的名目种类，尽可能把当代史迹网罗殆尽，这无疑开辟了修史的新途径。如北宋司马光主编的《资治通鉴》，南宋初年郑樵编撰的纪传体通史《通志》。所以即使朝廷对官修档案刊刻流通有严格限制，但雕版印刷的繁荣还是让有些档案“不胫而走”，私人修史也取得了辉煌的成就。其中以李焘的《续资治通鉴长编》、徐梦莘的《三朝北盟会编》、李心传的《建炎以来系年要录》最为著名。

大量史书的刊印和传播仿佛让两宋史学家都充满了无限的激情，于是他们对史书的体裁进行了大胆的发展和创新。传统史书主要有纪传体、编年体两种。但前者一事复见数篇，宾主莫辨；后者一事而隔越数卷，首尾难稽，在叙事上均有难以克服的缺憾。司马光曾自言《资治通鉴》修成后，“唯王胜之借一读。他人读未尽一纸，已欠伸思睡”。杨万里具体描述了自己阅读《资治通鉴》时的困难：“予每读《通鉴》之书，见其事之肇于斯，则惜其事之不竟于斯。盖事以年隔，年以事析。遭其初，莫绎其终；揽其终，莫志其初。如山之峨，如海之茫。盖编年系日，其体然也。”[2]南宋袁枢敏锐地抓住《通鉴》“一事之首尾，或散见于数十百年之间，不相缀属，读者

[1]（宋）佚名：《群书会元截江网》卷三〇，文渊阁四库全书本。

[2] 曾枣庄，刘琳：《全宋文》第二三八册卷五三一九，上海：上海辞书出版社，合肥：安徽教育出版社，2006年版，第198—199页。

病之”的关键问题，以“事”为主线，把《资治通鉴》“区别门目，以类排纂，每事各详起讫，自为标题，每篇各编年月，自为首尾”，改编成239个专题，仅42卷的《通鉴纪事本末》。以事件为中心的纪事本末体由此形成。朱熹的《通鉴纲目》，纲仿《春秋》，目仿《左传》，严分正闰之际、明辨伦理纲常，创立纲目体，也开创了新的史书体裁。另外，宋代反映地方风俗且有着现实功用的地方志的编纂刊印之风大行，如大中祥符四年（1011）即颁布的《祥符州县图经》，元丰三年（1080）撰成了《元丰九域志》《吴郡图经续记》《太平寰宇志》《咸淳临安志》《方舆胜览》，等等；具有旁证补充流传史实缺漏作用的金石学著作也日渐兴盛，如欧阳修《集古录》、赵明诚《金石录》、洪适《隶释》《隶续》、王象之《舆地碑记目》、陈思《宝刻丛编》、佚名《宝刻类编》，等等，均为宋代史学创新之体现。一些史学家为了满足普通民众对历史读物的需求，就编写了历史通俗读物。如采用韵语或对偶形式编纂的蒙学类著述。如王令编《十七史蒙求》，黄继善编《史学提要》，杨彦龄编《左氏蒙求》，刘珏编《两汉蒙求》，范镇编《本朝蒙求》，徐子复编《圣宋蒙求》，等等。此类史籍的刊印和传播，让通俗史书逐渐进入宋代都市民间。普及实用类史书编刻促进了历史故事商业化的日渐兴盛，成为两宋史学氛围浓郁的有力助推器。

总之，雕版印刷繁荣促进了史书的生产，加快了史学的传播和接受，拓展了宋人的史学视野，促进了宋代史学的交流和普及，并为后来的史书编写提供了丰富的给养。更重要的是宋代雕版印刷的繁荣让宋代很多文人生前就能获得广泛的社会赞誉，这无疑极大地激发了宋人编史的热情，推动了宋代史学的发展、创新和繁荣。

三、宋代刻书业的兴盛促进了史学研究热点的形成

两宋史书的大量刊印推动了史书版本定型化的进程以及史学热点的形成。官方及私家十分重视前代史籍的刻印和流布，在较短时期内对新兴史

籍体制、新编新刊史籍的持续关注，引起史学家的反思和辩论，进而向更广的范围辐射扩展，形成相对的学术热点。如两宋时《史记》的多次刊刻，即属此类情况。《麟台故事》记载:“淳化五年（994）七月，诏选官分校《史记》、前后《汉书》。虞部员外郎崇文院检讨兼秘阁校理杜镐、屯田员外郎秘阁校理舒雅、都官员外郎秘阁校理吴淑、膳部郎中直秘阁潘慎修校《史记》，度支郎中直秘阁朱昂再校……既毕，遣内侍裴愈赍本就杭州镂版。”[1]为保证质量，校勘有初校、再校等严谨的程序。这是《史记》的首次校勘刻印。至南宋绍兴十年（1140），邵武朱中奉刊刻《史记》，此为私家刊刻之始。总而言之，两宋之间，《史记》摹印不绝，今可考的版本尚有24种。[2]上述版本有官刻、有私刻；有单行的《史记索引》《史记集解》，也有合刻的“二家注”“三家注”；有大字本，也有小字本，可谓形式多样。这些宋人精校精刻的《史记》不断涌现，为宋人研习《史记》提供了不同版本的选择，也自然促使《史记》研究的不断深入和发展。

有些刻印者在重印《史记》时，更是从个人的新颖视角出发，对《史记》篇章进行不同处理。宋孝宗淳熙三年(1176)，张圩于常州合刻《集解》《索引》二家注，云：“旧注谓‘十篇有录无书’，后褚少孙追补之，其文猥妄不经，芜秽至不可读……凡少孙所书者，今皆删阙之。”[3]删去《孝景本纪》等九篇，又删去他篇中怀疑是后人附益的文字。此本追求《史记》文字之真纯，然学人多病其刻本不全，两年后，赵山甫即刻张圩所删削者单行。至淳熙八年（1181），耿秉据张圩刻本重刊，尚叹息求真之难，云：淳熙丙申，郡守张介仲刊《太史公书》于郡斋，凡褚少孙所续悉削去，尊正史也。学者谓非全书，怀不满意，且病其讹舛。越二年，赵山甫守郡，取所削别刊为一帙，示不敢专，而观者复以卷第不相入，览究非便，置而弗印，殆成弃物。信乎流俗染人之深，夺而正之，如是其难。[4]这些刊刻《史记》的勇敢尝试，

[1]〔宋〕程俱撰，张富祥校证:《麟台故事校证》卷二，北京:中华书局，2000年版，第281页。
[2] 张玉春:《〈史记〉版本研究》，北京：商务印书馆，2001年版，第13—36页。
[3] 张玉春:《〈史记〉版本研究》，北京：商务印书馆，2001年版，第215—216页。
[4] 张玉春:《〈史记〉版本研究》，北京：商务印书馆，2001年版，第216页。

当然伴随着巨大争议，也必然引发疑古精神及《史记》研究的进一步深入。

宋代学者新编史书，因雕版印刷术的普遍运用，使其能快速在学界流布，达成所期盼的传播目的，同时也必然会引起学者关注、反思，甚至纠谬补阙。这一点在《新唐书》上表现得尤为突出。刘昫等人依唐代国史，编有《旧唐书》二百卷。然宋人认为此书“纪次无法，详略失中，文采不明，事实零落”，芜杂不足观，至和初，宋仁宗命欧阳修、宋祁等开局重修，至嘉祐五年（1060）《新唐书》乃成。吕夏卿曾预修《新唐书》，其在书局时，对唐代史实及体例多有研究，撰成《唐书直笔》四卷，前三卷论帝纪、列传、志及旧史繁文缺误，第四卷为新例须知，发挥体例，颇为精核。但核之《新唐书》，有合有不合者。可见欧阳修、宋祁当时自有取舍。吕氏之书及其《唐书新例须知》《唐书直笔新例》一卷摘录本在宋代均有版刻传世，可见传播极广，也能看出社会对《新唐书》质量持续关注。《新唐书》编成后，嘉祐间即有刻本传世，为学人阅读提供了方便，并在一定程度上使经典文本定型，统一了学界认识。但宋代史学思想一般而言不会去盲目迷信大家之作，多有自己的想法和见解，史学和经学一样迎来思想的繁荣。就《新唐书》而言，版刻不久学人就进行了大量补阙、补注、删削、节录等工作。吴缜认为，“《唐书》自颁行迨今，几三十载。学者传习，与迁、固诸史均焉。缜以愚昧，从公之隙，窃尝寻阅新书，间有未通，则必反复参究，或舛驳脱谬，则笔而记之”，至元祐四年（1089），编成《新唐书纠谬》，凡二十门，为二十卷，类分条析，并在此基础上归结“修史之初，其失有八”[1]。此书之编，虽有个人恩怨之嫌，亦有失之琐碎、近于吹毛求疵之处，但正如卷首吴元美《跋》所称“今吴君于欧宋大手笔，乃能纠谬、纂误，力裨前阙，殆晏子所谓‘献可替否、和而不同’者。此其忠何如哉？”则其有功于《新唐书》之校勘，确属无疑。此书得到刊印推广，其后不久，窦苹编成《唐书音训》四卷，以训释《新唐书》古文奇字为主。此外，据《宋史》《郡斋读书志》《直斋书录解题》《文献通考》等典籍记载，北宋人所撰尚有《补

[1]（宋）吴缜：《新唐书纠谬·序》，国家图书馆藏明刻本。

注唐书》《新唐书辨惑》《唐书列传辨证》《唐史评》《注唐记》，及南宋人所撰尚有《唐书音义》《唐书释音》《唐书详节》。这些著作针对新出现的史学新著，不遗余力订伪、补阙、注释、评析、节文，以各种方式论辩补正阐释《新唐书》，极大地促进相关史学研究更为深化系统，使受众更为普遍深入地接受史籍，自然而然形成学术热点。这一现象的出现，显然与《新唐书》及相关史籍的刻印流布有莫大的关联。

有些史籍也因便于观览，受到宋代史家推崇、模仿，不断被创作、刊刻。如以百官任免等为叙述主体的图录式史籍，承袭自正史中的表志，即颇受两宋史家关注，如司马光撰《百官公卿表》、陈绎撰《宰辅拜罢图》《枢府拜罢录》、谭世勣撰《本朝宰执表》、蔡幼学撰《续百官公卿表》《续百官表质疑》、李焘撰《历代宰相年表》《天禧以来御史年表》《天禧以来谏官年表》、何异撰《中兴百官题名》、龚颐正撰《宋特命录》、徐自明撰《宋宰辅编年录》，等等，在不断创作、刊刻、传播和接受中自然就形成了系统化的热点。

总而言之，宋代是雕版印刷的黄金时代，不管是旧有史籍的重新刊刻、补正，还是宋人新著史籍的传布，汇成了滚滚洪流，冲破官方史学正统政策甚至禁令的不利限制，有力促进了宋代史学发展、创新和繁荣。

第四节　雕版印刷与宋代的文学创作

宋代是我国雕版印刷的黄金时代，官私刻书蔚然成风，经史子集四部皆备。宋代刻书数量之多，版印图书传播范围之广，刊刻技艺之高，有些方面甚至明清两代也难以望其项背。在宋代印本传媒逐渐成为图书传播的主流，大量图书的雕版印刷和流通，让读书破万卷这一遥不可及的梦想在宋代变成了现实。文学是一种基于媒介的艺术，文学的存在和发展离不开传播和媒介，传播媒介不仅是文学传播的外在物质表现形式，也是构建文学本身的重要组成部分。印刷传媒的崛起，还使图书的质与量都有了大幅度提高，书籍的流通更为便利，知识传播更为准确、便捷，对宋代文学的创作与接受、阅读与欣赏，都产生了前所未有的促进效应。张邦卫先生曾指出："传媒技术的发展大大拓展了文学传播的渠道，以多维度、立体传播的形式推动了文学创作的繁荣。"[1] 雕版印刷作为宋代最先进的传媒技术自然对宋代的文学创作也产生了深远的影响。

一、文集的大量刊印激发了宋人创作的热情

传播媒介的每一次发展进步，都会为文学创作提供极大的方便。简牍出现后，就没有了在甲骨上刻画文学作品的艰难；纸张替代简牍不仅让文学写作更加流畅和容易，同时也降低了文学传播的门槛。用亨利·哈兰的话说，纸张的出现引起了一场极其重要的文化传播革命，如若没有纸的发明，也就不会有这么多的人从事写作。宋代雕版印刷兴旺发达，日传万纸的印刷传媒能让前人和自己的文学作品迅速化身千万，这不仅有利于保存作家的作品，同时有力地促进文学作品的传播。在宋代不管是前代还是本朝的著名作家的文学作品或文集，一经刊印就"不翼而飞"，且无远弗届。

唐代文学博大精深，宋人想从唐人那里汲取营养，自然就大量编纂唐人文集并借助雕版印刷化身千万。在唐集编刊上，宋人可谓殚精竭虑、不遗余力，流传到今天的唐人文集几乎都经过宋人的搜集、编刊，仅南宋临安陈起编刊的唐人文集就不下 50 种。宋人不仅编刊唐人别集，而且还编刊唐人总集。施昌言《唐文粹后序》中说："故姚右史纂唐贤之文百卷，用意精博，世尤重之。然卷帙浩繁，人欲传录，未易为力。临安进士孟琪，代袭儒素，家富文史，爰是摹印，以广流布。观其校之是，写之工，镂之善，勤亦至矣。噫！古之藏书者，必芟竹铲木，殚纽竭毫，盛其蕴，宏其载，乃能有之。今是书也，积之不盈几，秘之不满笥，无烦简札而坐获至

[1] 张邦卫：《媒介诗学：传媒视野下的文学与文学理论》，北京：社会科学文献出版社，2006 年版，第 180 页。

宝，士君子有志于学，其将舍诸？”[1]施昌言对《唐文粹》刊印和雕版印刷的赞美由此可见一斑。宋人希望通过雕版印刷把唐人文集发扬光大，这种想法在宋刻唐集序跋中比比皆是。《李太白文集跋》中曰:“白之诗历世浸久，所传之集，实多讹缺。予得此本，最为完善，将欲镂版，以广其传。”[2]《杜工部集后记》云:“近世学者，争言杜诗，爱之深者……乃益精密，遂镂于版，庶广其传。”[3]笔者根据《古籍版本题记索引》统计，宋代刊刻的唐人文集就有443种、513版种。另据《中国古籍总目》统计，流传至今的宋刻本唐集仍有73个版种。当然这绝不会是宋人刊刻唐集的全部，不过宋代唐人文集的刊刻之多和传播之广由此可以想见。

不仅唐集刊印如此，宋人别集在本朝更是大量刊刻传播，有些著名作家的作品在其生前就已经刊印风行。宋代是一个诗作遍地、文人辈出的时代，宋代文学之盛、文集编刻之多可谓空前。《宋史·艺文志》著录的宋人别集就有1200余部，当然这只是宋人文集的一部分。王岚在《宋人文集编刻流传考》中谈到有文献可考的宋人文集就有2500多家。[4]张秀民先生曾指出:“宋人自著诗文集约有一千五百种，当时多镂版印行。”[5]笔者据《古籍版本题记索引》统计，宋代刊刻的宋人别集就有1000多版种，保存至今的宋刻宋人别集仍有126种、162版种。宋人文集的刊印之多由此亦可见一斑。

宋代文学大家苏轼生前就已有6部诗文集刊行传世。宋人王辟之的《渑水燕谈录》记载:“张芸叟奉使大辽，宿幽州馆中，有题子瞻《老人行》于壁者。闻范阳书肆亦刻子瞻诗数十篇，谓《大苏小集》。子瞻才名重当代，外至夷

[1] 曾枣庄，刘琳：《全宋文》第一九册卷三九二，上海：上海辞书出版社，合肥：安徽教育出版社，2006年版，第101页。
[2] 曾枣庄：《宋代序跋全编》卷一〇六，济南：齐鲁书社，2015版，第2941页。
[3]〔唐〕杜甫：《杜工部集》，沈阳：辽宁教育出版社，1997年版，第416—417页。
[4] 王岚：《宋人文集编刻流传丛考》，南京：江苏古籍出版社，2003年版，第8页。
[5] 张秀民：《中国印刷史》，杭州：浙江古籍出版社，2006年版，第85页。

虏，亦爱服如此。芸叟题其后曰:‘谁题佳句到幽都，逢著胡儿问大苏’。”[1]苏辙《栾城集》中有《神水馆寄子瞻兄四绝》云:“谁将家集过幽都，逢见胡人问大苏。莫把文章动蛮貊，恐妨谈笑卧江湖。”[2]另据苏辙向皇上所进献的《北使还论北边事札子》中云:“本朝民间开板（版）印行文字，臣窃料北界无所不有。臣等初至燕京，副留守邢希古相接送，令引接殿侍元辛传语臣辙云:‘令兄内翰《眉山集》已到此多时。内翰何不印行文集，亦使流传至此？’”[3]考宋史苏辙出使辽国在元祐四年(1089),而张舜民(字芸叟)出使辽国在绍圣元年（1094），可见苏辙出使辽国在张芸叟之前。所以《渑水燕谈录》所记张芸叟所题“谁题佳句到幽都，逢著胡儿问大苏”，很可能是化用了苏辙的诗句。但不管怎样，以上史料都有力地说明苏轼的作品当时在辽地已被刊印，且传播甚广的事实。到底是谁把苏轼等著名作家的诗文集或文学作品传至幽都的呢？用今天传播学的眼光来看，雕版印刷功不可没。苏轼本人也是雕版印刷的忠实信徒，其文集在生前就被编纂刊印过多次。苏轼在《李氏山房藏书记》中说:“余犹及见老儒先生，自言其少时，欲求《史记》《汉书》而不可得，幸而得之，皆手自书，日夜诵读，惟恐不及。近岁市人，转相摹刻诸子百家之书，日传万纸，学者之于书，多且易致如此，其文词学术，当倍蓰于昔人。”[4]苏轼在这段文字中指出雕印图书“日传万纸”，为学者学习和创作提供了极大的方便。客观地说，对于苏轼个人的命运来说，是成也雕版，败也雕版。苏轼《钱塘集》的刊行直接导致了“乌台诗案”的发生，从而改变了苏轼的人生轨迹。当然，从苏轼的文学作品在其生前就获得了那么高的声誉和影响而言，也多是当时的版印传媒之功。

没有传播和接受，文学作品的价值就无法真正实现。雕版印刷和手抄

---

[1]〔宋〕王辟之:《渑水燕谈录》卷七，北京:中华书局，1981年版，第89—90页。

[2]〔宋〕苏辙撰，曾枣庄、马德富校点:《栾城集》卷一六，上海:上海古籍出版社，2000年版，第398页。

[3]〔宋〕苏辙撰，曾枣庄、马德富校点:《栾城集》卷四二，上海:上海古籍出版社，2000年版，937页。

[4]〔宋〕苏轼:《苏轼文集》卷十一，北京:中华书局，1986年版，第359页。

笔录对于文学作品的传播，其效率和威力不可同日而语。宋代版印传媒的繁荣极大地促进了文学作品传播以及文学价值的实现。“若传播的作品种类多，读者阅读的作品多，新一轮创作的作者可以借鉴学习的余地也就增大了许多。所谓‘读书破万卷，下笔如有神’，说的就是这个道理。反之，若作品只凭借抄本流传，其传播范围就极其有限，且不说周朴、杜荀鹤这样名气不大的晚唐诗人，即便是元稹、白居易、韩愈、柳宗元等名家作品，受众若多不能阅读理解，又何以谈及文学意象的继承与后续创作的繁荣。”[1]我们不妨从辛弃疾词作对前人作品的借鉴和化用语典中来看雕版传播的效应。邓广铭笺注的《稼轩词编年笺注》共收录辛词629首，化用他人诗文的地方共有750处，平均每首词借鉴他人诗文一次以上，按化用的多少依次为:《杜工部集》134处、《东坡全集》101处、《文选》84处、《陶渊明集》76处、《楚辞》71处、《韩昌黎集》52处、《李太白集》24处、《白氏长庆集》23处、《山谷集》23处、《樊川文集》19处、《临川集》19处、《欧阳文忠公集》16处，其他共108处。[2]辛弃疾读文集之广博由此可见，这种情况也只有在雕版印刷普及、文集大量刊播的宋代才有可能实现。据《古籍版本题记索引》和《中国古籍总目》统计，宋代有文献记录的杜甫诗文集刻本有19种，流传至今的仍有10种；有文献记录的《文选》宋刻本有15种，流传至今的宋刻本《文选》有9种；有文献可考的苏轼诗文集宋刻本有13种；流传至今的宋刻本《陶渊明集》有5种;流传至今的宋刻本《楚辞》有7种。客观地说，以上统计可能只是这些文集在宋代刊刻的一部分而已，不过文集在宋代刊刻的次数和数量之多由此可见。文集的大量刊印传播为辛弃疾的诗词创作提供了丰富的给养。

雕版印刷促进了文集在宋代的大量刊刻，而印本文集的广泛传播则促进了文学作品以及文学意象在宋代的广泛接受，并为接下来的文学创作提

[1] 苏勇强：《北宋书籍刊刻与古文运动》，杭州：浙江大学出版社，2010年版，第4页。

[2] 胡晓蒙：《稼轩词修辞艺术研究》，厦门大学硕士学位论文，2018年，第45页。

供了各方面的有益借鉴。总之，宋代雕版印刷的普及促进了文集编刊意识由自发向自觉转变。同时雕版印刷还加快了宋代的文学传播和接受，促进了宋代文学的交流以及文学自身意义的实现，并为后来的文学创作提供了丰富的给养。宋代雕版印刷的繁荣让宋代很多作家生前就能获得广泛的社会赞誉，这无疑极大地激发了宋人的创作热情，并激励他们写出更多更好的作品。

二、宋代类书的大量编刊为文学创作提供了丰富的素材

类书是中国传统典籍中非常重要的组成部分，类书的大量出现是一个时代文化繁荣的重要标志，它不仅具有学术史的意义，而且对这个时期的文学创作也会产生较大影响。文章之学的兴起，促进了类书形成；同样，类书的兴起，也会反过来极大地促进文学创作，特别是诗赋创作。宋朝建立之初就“右文”崇儒，并大兴科举，由于士林需求殷切，于是编刊了大量类书。宋代类书的数量十分可观，《四库全书总目提要》所著录和存目的宋代类书数量已经超过了以前各个朝代类书的总和。而宋代类书的修纂与刊刻对于知识传播、文学创作与评论具有激荡催化之功。

北宋时馆阁和国子监就联手编刊了《文苑英华》1000 卷、《册府元龟》1000 卷、《太平御览》1000 卷、《太平广记》500 卷四部类书，号称“宋朝四大书”。其中《文苑英华》载辞章，《册府元龟》载史事，《太平御览》载百家，《太平广记》载小说。这四部大型图书的整理刊刻，不仅堪称宋代文化之盛事，也为文学创作提供了丰富的素材。除上述四大类书外，宋代编纂的类书尚有吴淑《事类赋》三十卷、晏殊《类要》一百卷、刘攽《文选类林》十八卷、方龟年《记室新书》七十卷、吕祖谦《诗律武库前后集》三十卷、詹光大《群书类句》二十七卷、萧元登《古今诗材》八卷、杨万里《四六膏馥》七卷、裴良甫《十二先生诗宗集韵》二十卷、祝穆《事文类聚》一百七十卷、潘自牧《记纂渊海》一百卷、谢维新《古今合璧事类备要》三百六十六卷、黄履翁《源流至论》四十卷、王应麟《小学绀珠》十卷、杨伯嵒《六贴补》

二十卷、阴时夫《韵府群玉》二十卷等。类书往往兼录故事和文辞，熟读类书诗文创作时就可以信手拈来，熟练地使事用典，所以很多类书编刊的目的就是为写诗作文提供方便。同时熟读科举之类书还是写好政论文的前提，正如《四库全书总目》所言，“宋自神宗罢诗赋，用策论取士。以博综古今，参考典制相尚。而又苦其浩瀚，不可猝穷。于是类事之家，往往排比联贯，荟萃成书，以供场屋采掇之用。其时麻沙书坊刊本最多”[1]。方师铎也曾指出：“类书的唯一用途，就在供词章家猎取辞藻之用；至于‘古籍失亡，十不存一；遗文旧事，往往赖此以传。’那止不过是他的意外用途而已。一部类书，无论他编得多么好，收罗得多么广，遗文旧事保存得多么多；充其量，他止不过是一本‘兔园册子’罢了。”[2] 虽然类书有缺陷，但是我们也要看到类书对文化普及和科举作文有着非同寻常的意义。据司马光《温公续诗话》载：“唐明皇以诸王从学，命集贤院学士徐坚等讨集故事兼前世文辞撰《初学记》。刘中山子仪爱其书，曰：‘非止初学，可为终身记。’”[3]《初学记》是唐代为了方便诗文创作而编撰的类书，北宋国子监就有刻本。可见与杨亿齐名的翰林学士刘筠对《初学记》给予了高度评价。

宋代诗文中用典用事之多和宋代经史子集四类图书的刊刻，尤其是类书和佛经的大量刊刻亦有密切的关系。日本学者内山精也在《苏轼文学与传播媒介——试论同时代文学与印刷媒体的关系》中指出：“用典不超出一般士大夫的教养范围，因为如果用非常特殊的典故，大部分读者就不能理解，这意味着作者未能达到其表现目的。如前所述，随着宋代印刷媒体的普及，教育以及科举制度的发展，士大夫的教养达到前所未有的高水品的均质化，因此，诗歌里使用的典故和唐代相比，范围更加开阔。”[4] 可见宋代的“右文”政策、雕版印刷的普及和科举的发展促进宋代社会文化素养的整体提

[1]〔清〕永瑢等：《四库全书总目》卷一三五，北京：中华书局，1965 年版，第 1151 页。
[2] 方师铎：《传统文学与类书之关系》，天津：天津古籍出版社，1986 年版，第 5 页。
[3]〔宋〕司马光：《续诗话》，文渊阁四库全书本。
[4]［日］内山精也：《传媒与真相——苏轼及其周围士大夫的文学》，上海：上海古籍出版社，2005 年版，第 289 页。

升，宋人文学作品中用典数量远远超过前人。王安石和苏轼都喜欢在诗词中大量运用佛老的事典；黄庭坚的诗还善于将禅家的“机锋”手法加入韩、孟的句法之中；范成大是宋代用佛典最多、最内行的著名诗人，这些都和宋代佛经的大规模刊刻不无关系。宋代《大藏经》这样的皇皇巨制就刊印了6次之多，仅杭州有文献可考的刊刻佛经的书坊就有杭州晏家经坊、杭州钱家经坊、临安府众安桥南贾官人经书铺、杭州大街睦亲坊内沈八郎经铺、临安府王八郎家经铺、杭州沈二郎经坊、临安棚南前街西王念三郎经坊等，并且这些书坊基本上都刊刻过《妙法莲花经》。加上家刻和寺院的刊刻，保守估计宋代《妙法莲华经》至少也有30个以上的版本。

我们仍以辛弃疾词的创作为例看看宋人用典和类书大量刊刻传播的关系。《稼轩词编年笺注》中辛词用典出自类书的就有145条，其中《世说新语》124条、《艺文类聚》8条、《类说》7条、《太平御览》4条、《初学记》2条。《世说新语》是南北朝刘义庆撰写的志人小说集，但它是按照类书的形式编排，依内容可分为“德行”“言语”“政事”“文学”“方正”等36类，所以也可称之为类书。《稼轩词编年笺注》中共有94首词用典出自《世说新语》，内容涉及《世说新语》的任诞、简傲、言语、排调、识鉴等。其中21首词两次用到《世说新语》的典故，谢安中年伤别的典故在稼轩词中出现了9次，张翰闻秋风起思家乡鲈鱼鲙而辞官归隐在稼轩词中出现了10次。辛弃疾对《世说新语》的偏爱不言而喻。另外，苏轼词中用典涉及的类书有《初学记》《白氏六帖》《太平广记》《世说新语》等数种。以上类书在宋代大都多次刊刻，笔者据《古籍版本题记索引》统计，《世说新语》在宋代至少刊刻了6次，《白氏六帖》至少刊刻了4次。当我们知道类书在宋代大量刊刻和传播后，我们就更容易理解为何宋代诗词用典现象层出不穷。

三、宋代版印传媒的繁荣拓展了文学创作的内容

宋代刻书业的高度繁荣，为图书的快速传播提供了便利，大量图书的

传播接受开阔了宋代文人的视野。美国著名的文艺批评家M.H. 艾布拉姆斯在《镜与灯：浪漫主义文论及批评传统》一书中指出文学作为一种活动，一般来说“由世界、作家、作品和读者四要素共同构成”[1]。作为文学四要素之一的世界，其实就是我们的生活，而一切文学艺术的都来源于社会生活。毛泽东就曾指出：“作为观念形态的文艺作品，都是一定的社会生活在人类头脑中的反映的产物。”[2] 不同时代的人们生活的世界各不相同，因为生产力在不断地发展，世界也在不断地发展和进步。这个似乎很好理解，然而就是在同一个时代，不同的媒介也会让我们有不同的视野，而人们的视野和眼界又决定着人们各自的“世界”。这主要是因为传播媒介的发展和进步不仅可以拓展传播的深度和广度，影响人们感知世界的方式，同时也改变了人们眼中的世界以及人们的生活方式。美国政治评论家李普曼曾经指出我们今天所处的环境，并不是客观的真实环境，而是大众媒介构建起来的“拟态环境”。[3] 由此可见，媒介在我们生活中的重要作用。从这个意义上来说，传播媒介的发展水平决定着我们眼中的世界，它影响着我们的情感和价值观以及对这个世界的理解。[4] 因此可以说，传媒影响着我们感知外部世界的方式，主宰着人类的视听。宋代雕版印刷的繁荣，不仅为宋人缔造了登峰造极的文化，同时也改变了宋人感知世界的方式。

一切文艺作品都是社会生活的反映。作家要创作出新的文学作品，就必须从世界中去寻找创作的源泉与灵感，而“媒介改变着世界，改变着人类的世界观”[5]。文学作品的内容首先来自于作家的初始创作，作家的初始

[1] [美]M.H. 艾布拉姆斯：《镜与灯：浪漫主义文论及批评传统》，北京：北京大学出版社，1989 年版，第 5—6 页。

[2] 毛泽东：《在延安文艺座谈会上的讲话》，《毛泽东选集》（第 3 卷），北京：人民出版社，1991 年版，第 860 页。

[3] 刘坚：《古代典籍传播与媒介文化的孕育》，《华夏文化论坛》，2012 年第 1 期。

[4] 周宪，许钧：《文化与传播译丛 · 总序》，出自 [美] 马克 · 波斯特：《信息方式——后结构主义与社会语境》，北京：商务印书馆，2000 年版，第 2—3 页。

[5] 聂庆璞：《媒介嬗变中的文明演进》，王岳川主编：《媒介哲学》，开封：河南大学出版社，2004 年版，第 200 页。

创作又来自于对世界的观察和认识，不同的传播媒介会影响甚至决定作者观察和研究世界的方式以及观察世界的广度和深度，进而引导或制约作家对世界的理解和体验。简而言之，媒介影响文学创作的主体，进而自然地影响到文学作品的内容。在传播媒介不发达的时代，作家观察世界的视野狭窄，得到的各种讯息有限，所以创作的内容比较单调，更多的是主观情感的抒发和表达。而宋代雕版印刷的发达以及印本图书的商业化运作，使版印图书呈几何级数增长。据范凤书先生统计，宋代私家藏书达万卷以上的大藏书家共计 214 人，而这只占宋代藏书家总数的三分之一。[1] 宋代藏书家之多，私家藏书数量之大由此也可见一斑。宋代发达的刻书业使民间的图书拥有量不断增加，藏书于是成为一种颇具吸引力的文化活动，甚至成为一部分人终身的事业。而持续旺盛的藏书风气，又促进了宋代刻书事业的进一步壮大。曾有学者指出文字是人类发现的第三宇宙，通过阅读和思考每个人都可以插上想象的翅膀，自由翱翔。其实对宋代文人来说，书籍无疑就是他们的第三宇宙。宋代雕版印刷促进了图书的生产，儒家经典、史学著作、诗词文赋以及佛经道藏纷纷刊印流传。据考证，宋人刊印的图书总量达上万部。宋代雕版印刷降低了图书的价格，加上科举教育大兴，印本图书传播可谓无孔不入。同时雕版印刷还改变了书籍的形制，提高了知识传播的准确性，更有利于知识的储存、传播和阅读。总之，宋代的雕版印刷为图书的普及和文化知识的大众化传播做出了巨大的贡献。这不仅为宋代文人获得丰富的文学创作原料提供了便利条件，而且提高了宋人的文化素养，开拓了宋人的视野。

宋代文学之所以具有浓郁的书卷气息和宋代雕版印刷的兴盛也有着密不可分的关系。宋人对学问和书籍普遍推崇，宋代大规模的文化建设促进了宋代学术风气的兴盛，发达的刻书业使图书访求变得容易，他们的学术成就也远远超过前人。像欧阳修、王安石、苏轼等人既是政治家、文学家，同时也是学问家，从他们的议论、抒情文字中，我们不难看出他们精通经史，学问

[1] 范凤书：《中国私家藏书史》，郑州：大象出版社，2001 年版，第 82 页。

富赡，这就造就了宋人特有的知识结构和文化品格。宋代士人往往讲求明理，具有良好的思辨能力，而较强的思辨能力又赋予了他们批评和创造精神。所以宋人的博学、思辨自然也会表现在文学创作中，并使得宋代文学的特质在很大程度上区别于汉唐。雕版印刷技术的突飞猛进以及出版商的出现，为大量著述的广泛传播和士人学习创造了便利条件，对宋代文学繁荣也产生了深远的影响。“从总体上来看，更使宋代的知识分子在学识的广度和深度上超过前代，许多作家之所以能在他们的作品中创造性地博采广收前人文学之所长，大量而熟练地运用古书中的成语典故，不管是叙事、抒情、议论，都能做到笔之所至，曲随人意，就是建筑在这一坚实基础之上的。”[1] 袁行霈先生主编的《中国文学史》指出，宋人的学术水平空前，宋代读破万卷书的作家不在少数。欧阳修、苏轼、陆游等人都堪称学者型的作家。除了文学作品之外，他们还写了不少经学和史学的著作。这和宋代刻书业繁荣，印本图书大量流通，公私藏书都远远超过前代有着密不可分的关系。[2]

王水照先生在谈到宋型文化与宋代文学时也曾指出，宋代文化之所以能够独辟蹊径，在盛唐之后仍能开创新的局面，首先就得益于宋人对图书的精心研读以及对传统文化的尽情汲取。在宋代文学发展史上，我们时时处处都能感受到前代文学的深刻影响。倾心汲取传统文化是宋代士人步入仕途的敲门砖，凭借印刷术的发达，宋人对书籍研习的深入普及程度也是前代所未有的。随后王先生进一步指出:“印本的广泛流传的确避免了‘耳受之艰’和‘手抄之勤’的辛苦,大大改善了读书条件,这为宋代士人综合型人才的大量涌现,宋代文学中‘学者化’倾向的形成，奠定了基础。”[3] 由以上各家的论述我们不难看出，宋代文学之所以具有浓郁的书卷气息，和各类书籍的大量刊印是密不可分的，而这一切都得益于宋代雕版印刷的普及和繁荣。

以上主要从宏观层面论述了宋代雕版印刷的繁荣对文学创作主体的影

[1] 孙望，常国武：《宋代文学史》，北京：人民文学出版社，1996 年版，第 6 页。
[2] 袁行霈主编：《中国文学史》第三卷，北京: 高等教育出版社，1999 年版，第 5 页。
[3] 王水照：《作品、产品与商品——古代文学作品商品化的一点考察》，《文学遗产》，2007 年第 3 期。

响，也许选取一个微观的角度来看可能更加一目了然。自古以来我国的文学和史学关系密切，到现在仍有“文史不分家”之说。我国宋代史学创作十分繁荣，据统计，《四库全书》著录的宋代史书就占史部总数的四分之一，有著作保存至今的宋代史学家就有130余人，[1]当然这只是宋代史学家的一小部分而已。另据《南宋史稿》统计，仅南宋浙江地区有史著的史学家就达150人左右。[2]王文华先生谈到宋代史学时说：“（宋代）通史、断代史、类书、文献学、方志学、金石学、考据学等，丰富多彩、琳琅满目；编年体、纪传体、纪事本末体，咸为具备。涌现出了一大批史学大师，写出了不少史学名著。宋代的史学空前发达昌盛。”[3]宋代史学的繁荣反映在刻书上就是宋代史学著作刊刻异常兴盛。《史记》等十七史在北宋时就已由国子监刊印发行。据张秀民先生考证，南北两宋《汉书》刊印有文献记载的就多达18次。据贺次君《史记书录》考证，两宋《史记》刻本存于今者尚有16种。笔者据《古籍版本题记索引》统计，两宋雕印的史书多达1400余版种。宋代以前书籍传播多靠手工抄写，传播范围是非常有限的，即使到了唐代，当时社会流传的历史书籍也是屈指可数，原因很简单，手写传播数量有限。到了宋代不仅“十七史”被多次刊印，同时为了适应下层民众的文化需求，书坊还刊刻了用通俗语言写成的《十七史详节》《十七史蒙术》等历史普及读物。宋代史书的大量刊刻使得宋代整个社会读史、评史蔚然成风，史书的编纂也层出不穷。欧阳修纂修《新唐书》《新五代史》，薛居正编了《旧五代史》，司马光编纂了《资治通鉴》，郑樵编纂《通志》，徐梦莘编纂了《三朝北盟会编》，袁枢编纂了《通鉴纪事本末》，李焘编纂了《续资治通鉴长编》，李心传编纂了《建炎以来系年要录》，等等，而且宋人编纂的史书大多在宋代就已经被刊刻流传了。宋代民间刻史也进行得如火如荼，蜀广都费氏进修堂刻《资治通鉴》，建安黄善夫家塾刻《史记》及《汉书》，眉山程舍人

[1] 庞天佑：《考据学研究》，乌鲁木齐：新疆大学出版社，1994年版，第112页。
[2] 何忠礼，徐吉军：《南宋史稿》，杭州：杭州大学出版社，1999年版，第611页。
[3] 王文华：《宋代史学的昌盛发达及其原因》，《郧阳师专学报》，1985年第2期。

宅刻《东都事略》等宋刊本至今仍存，皆堪称善本名椠。宋人不仅刊印正史，诸如诏令奏议、传记年谱、地理方志等史书在宋代也刊印了不少。大量史书的刊刻和传播促进了宋人在史书体裁和史学领域的开拓和创新，同时大量史料也为宋代的文学创作提供了取之不尽、用之不竭的素材。由此可见，雕版印刷是促进宋代史学普及的重要力量。宋代江西诗派的代表诗人黄庭坚曾“于相国寺得宋子京《唐史稿》一册，归而熟观之，自是文章日进”[1]。一册《唐史稿》就对黄庭坚的文学创作产生了如此深远的影响，而两宋史书刊印的册数多以万计，对文学产生的深远影响由此也可以想见。

宋代史书的大量刊刻和传播促进了宋代咏史诗的大量出现。据《全宋诗》统计，宋代的咏史诗有 7349 首，《全宋诗订补》收录的咏史诗还有 41 首，宋代的咏史诗合计共有 7390 首。宋代咏史诗从创作群体看，上至帝王将相下至普通文人，各个阶层的作者皆有；从诗歌体裁上看既有五言、七言古体，又有乐府、五言、七言近体，另外还有创新的集句体、楚辞体及六言体；从吟咏的内容看，既有古代史、近代史又有当代史。咏史诗的繁荣是以宋代史学的繁荣为前提，而史学著作的大量刊印和传播为咏史诗写作提供了必要的素材。据统计，中国诗歌史上存诗最多的宋代诗人陆游创作了《读史》《读陈蕃传》《咏史》《读〈后汉书〉》《读〈唐书〉》《读〈晋书〉》《读〈夏书〉》《读陈善传》《读华佗传》《读阮籍传》等咏史诗多达 75 首，王安石创作的咏史诗有 70 余首，范成大创作的咏史诗也约有 60 首。文学作品借古讽今并非宋代所独有，“远在汉魏之际就出现了‘咏史诗’，后辈作者代不乏人。然而宋以前这类作品‘简陋单调，殊不足以动人。虽有新奇可喜之意，瑰丽俊伟之笔，于此无所施其技’。但是，这一题材到了宋人手里，面貌为之一新”[2]。宋代不仅咏史诗多，而且宋人的咏史诗还突破了前代咏史诗无病呻吟的窠臼，饱蘸爱国主义情怀。如陆游的《读〈唐书・忠义传〉》云:“志士慕古人，忠臣挺奇节。就死有处所，天日为无色。太义孰不知，

[1]〔宋〕朱弁：《曲洧旧闻》卷四，北京：中华书局，2002 年版，第 142 页。

[2] 张大同：《论宋代史学的普及化倾向》，《山东社会科学》，1987 年第 2 期。

临难欠健决。我思杲卿发，可配嵇绍血。”[1] 陆游这首诗极力赞颂了颜杲卿和嵇绍的忠义英勇，抒发了自己的景仰之情以及爱国主义情怀。李清照的《夏日绝句》亦是一首脍炙人口的咏史诗：“生当作人杰，死亦为鬼雄。至今思项羽，不肯过江东。”这首诗开门见山地赞美了项羽宁愿壮烈死去也不愿忍辱偷生的英雄气概，在爱国主义情感的表达上可谓巾帼不让须眉。苏轼也写了不少咏史诗，如《读开元天宝遗事三首》《读〈晋史〉》《读〈王衍传〉》《读后魏〈贺狄干传〉》，从这些咏史诗的题目我们一眼就能看出这些诗歌都是苏轼读史书后的有感而发。宋代文人不仅以史入诗，并且以史入词、入文，无论是在思想性和艺术性上，还是广度和深度上，都可以说是空前绝后的。如果没有史学的繁荣，没有雕版印刷的普及和大量史书的刊印传播，宋代文学中就绝不会出现这么多历史题材的作品。

四、雕版印刷促进宋代文学体裁的多样化

在宋代以前，文学体裁主要以诗文为主，唐末出现的“曲子词”不过是歌者的“唱辞”而已，并未真正成为一种文学样式。在唐宋以前，文学基本上是贵族的消遣品，由于文化水平所限下层民众很难触及。雕版印刷的兴盛不仅促进了宋代社会文化水平的整体提升，而且也促进了宋代文学样式多样化的发展。在雕版印刷加持下文学走下神坛，流传于市井的民间说唱文学——“曲子词”凭借版印传媒的威力也走进了文人的创作视野，并逐步登上文学的大雅之堂。

唐之诗、宋之词被王国维先生称为“一代之文学”。然而词这种文学体裁诞生于晚唐五代的民间，是一种配乐演唱的长短句，又称曲子词，主要靠歌姬传播。今天我们所说的文体意义上的词，其实是当时歌妓的唱辞。所以晚唐五代的词与其说是一种文学样式，倒不如说是视听艺术更为准确。

[1]〔宋〕陆游撰，钱仲联校注：《剑南诗稿》卷六十五，上海：上海古籍出版社，2005 年版，第 3667 页。

到了宋代，词逐渐被文人所喜爱，在版印传媒的推动下，词和曲逐渐分离并日趋繁荣，最终成为一代之文学。据《全宋词》和《全宋词补辑》统计，现存宋词就有20155首，有名氏可考的宋代词人就有近1500人。晏殊、柳永、周邦彦、李清照、苏轼、辛弃疾、姜夔等一个个宋词巨匠的名字如雷贯耳，他们的作品不仅光耀宋代，而且泽被后世。宋词的雅化和繁荣原因是多方面的，词自身的发展、市民文化的兴起以及上层文人对词的接受等都促进了宋词的发展，而雕版印刷对宋词的影响也是举足轻重的。北宋初期，词多在民间靠歌妓依律传唱。随着曲子词的流行和雕版印刷的兴盛，到了北宋中叶，曲子词的脚本开始凭借雕版印刷在社会上广泛传播，并逐步进入上层文人的视野。词在创作上逐步突破音律的藩篱，语言变得更加典雅，内容也更加丰富。到了南宋，随着词的地位的提高以及雕版印刷的全面繁荣，大量词人的作品开始结集刊印传播，词也逐渐摆脱音乐的附庸而独立发展成为文人所喜爱的案头文学，并由此登上了文学的殿堂。可见在词的发展演变过程中，雕版印刷发挥了推波助澜的重要作用。

宋代雕版印刷的繁荣还促进了话本小说的兴起。宋代文化和都市生活的繁荣使说话艺术异常兴盛火爆，据胡士莹先生统计，汴京和临安有文献可考的说话人就达124人，[1] 而话本就是说话人表演的脚本。宋代雕版印刷的繁荣为说话人提供了大量的说话素材，说话内容之一“讲史”就与宋代笔记小说的广泛刊印传播有很大关系。据考证，南宋临安太庙前尹家书籍铺就以刊刻售卖逸闻小说出名，其刊印的小说有《续幽怪录》《北户录》《述异记》《剧谈录》《钓矶立谈》《茅亭客话》《曲洧旧闻》《却扫编》《渑水燕谈录》等等，这些笔记小说的刊行和普及，对于历史题材的市井话本小说的创作显然有直接的影响。随着宋代说话的日益繁荣，故事内容日益丰富，一些说话人和文人组织了书会，还专门为说话人编撰话本。有些较受欢迎的话本被书坊雕版发行，供人阅读并以此谋利。“有的则经过加工，照顾到读者的需要，描写更加细腻，这就是话本小说了。与此同时，一些文人模

[1] 参见胡士莹：《话本小说概论》，北京：中华书局，1980年版。

仿话本的形式，专门创作故事以供书商出版，有人把这类话本称作拟话本小说，成为脱离说话的纯粹的文学作品。这个由记录说话到创作话本小说的过程，就是中国通俗小说成长的一段过程。”[1] 可见在话本小说的发展演进中，雕版印刷功不可没。版印传媒不仅影响到话本的内容创作和形式演变，同时也扩大了话本的传播范围，使长篇叙事成为可能。于是普通百姓的生活、感情、思想、愿望也开始成为文学作品描摹和关注的内容。正是在雕版印刷的助推下，话本小说这一通俗文学样式才逐步兴起，并为明清长篇小说的繁荣奠定了坚实的基础。

宋代雕版印刷的繁荣让版印传媒成为宋代最先进的传播媒介，对宋代文学乃至文化的影响是不言而喻的。邓广铭先生曾说："印刷术的发明及广泛使用无疑导致了中国知识分子态度的变迁。”[2] 需要指出的是，这种“变迁”是指多方面的，就文学而言，阅读心态、思维方式、创作方式、接受模式，以及文学的语言、风格甚至内容都会因印刷传媒的普及和繁荣而做出调整和改变。文学媒介的转变不仅影响文学的传播，而且也会引导文学受众的审美口味，进而影响下一轮文学创作的倾向。总而言之，宋代雕版印刷不仅为文学传播和接受提供了极大的便利，而且为宋代文学的创作提供了丰厚的给养，深刻影响了宋代文学创作的内容、样式和走向。

第五节　雕版印刷与宋代文化社会的转型

宋代是我国古代学术史上乃至我国历史上非常重要的一个转型期，汉学向宋学的转变应该是中国经学史上乃至学术史上的最大变革。钱穆先生在谈到唐中叶以后我国社会的变迁时也曾说："论中国古今社会之变，最要在宋代。宋以前，大体可称为古代中国。宋以后，乃为后代中国……就宋

[1] 刘扬忠主编：《中国古代文学通论·宋代卷》，北京：人民出版社，2010年版，第157页。

[2] 李弘祺：《宋代官学教育与科举》，台北：联经出版事业公司，1994年版，第31页。

代言之，政治经济，社会人生，较之前代，莫不有变。”[1]而这个转型和宋代雕版印刷有很大的关系。宋代雕版印刷既是文化转向的重要组成部分，又是宋代文化和社会转向的动力助推器。

宋代雕版印刷的兴盛，使文化传播由写本时代步入印本时代，进而促进了宋代学术、文化乃至社会的转型。文化史学者柳诒徵也曾说：“自唐迄宋，变迁孔多。……而雕板（版）印刷之术之勃兴，尤于文化有大关系。故自唐室中晚以降，为吾国中世纪变化最大之时期。前此犹多古风，后则别成一种社会。综而观之，无往不见其蜕化之迹焉。”[2]张高评先生的说法更为简明扼要，一针见血：“吾人皆知宋型文化不同于唐型文化，笔者以为：‘其中重大关键在印本文化之影响。’”[3]钱穆在《国史大纲》中指出，学术文化传播更广泛，渐为社会所公有，是社会变迁的重要原因之一。随后钱先生又作了进一步的解释：一是雕版印书术发明，书籍之传播愈易愈广，至宋又有活字版之发明，读书者亦自方便。此等机会，已不为少数人所独享。就著作量而论，亦较唐代远胜。二是读书人既多，学校书院随之而起，学术空气，始不为家庭所囿。三是社会上学术空气渐浓厚，政治上家室传袭的权益渐缩减，足以刺激读书人的观念，渐从做子孙家长的兴味，转移到做社会师长的心理上来。四是书本流传既多，学术兴味扩大，讲学者渐从家庭礼教及国家典制中解放到对于宇宙人生整个问题上来，于是和宗教发生接触与冲突，所以自宋代以来的学术，改变了南北朝、隋唐以来态度，都带有一种严正的淑世主义。[4]可见，宋代雕版印刷的繁荣、版印传媒的兴起是促进宋代文化和宋代社会转型的重要原因之一。

戴元光等在《传播学原理与应用》中也提出一个很有建设性的观点：“文化的特征，主要决定于在该文化中，偏重使用某种或某些媒介的人的比

[1] 钱穆：《理学与艺术》，《宋史研究集》第七辑，台北：“中华丛书编审委员会”，1974年版，第2页。
[2] 柳诒徵：《中国文化史》，北京：中国人民大学出版社，2012年版，第569页。
[3] 张高评：《印刷传媒与宋诗特色》，台北：里仁书局，2008年版，第108页。
[4] 钱穆：《国史大纲》，北京：商务印书馆，2010年版，第786—793页。

例。”[1] 确实如此，北宋时印本在传播上虽然具有一定的优势，但写本仍和印本相互争辉；而到了南宋，印本图书基本上取代了写本而成为流通的主流媒介，而宋代理学也是到了南宋后更加繁荣。可见雕版印刷在宋代的普及和发达，确为宋代文化和社会转型的关键触媒。日本学者清水茂也指出：“因印刷术的发展而导致书籍的广泛普及，其结果是使经书走出了特权阶层教养的畛域，成为一般民众寻求生活伦理的思想资源，因此较之五经，四书更受到重视，同时经书的注解方式也为了适应这种时代的要求而发生了变化，朱子学于是应运而生。而其之所以植根、成长于福建，应该和福建是当时印刷出版的中心有很大的关联。”[2]

总而言之，宋代的版印传媒作为当时世界上最先进的传播媒介，为宋代文化的普及和兴盛提供了源源不断的动力。田建平先生就曾说：“宋代出版业既是宋代文化的重要部分，也是宋代文化兴盛的重要原因，是宋代文化的主要生产者之一。”[3] 张高评先生亦指出：“由于政策的倡导，社会的需求，学术之思潮，文学之风尚，消费的导向，商品经济之促成，雕版印刷作为文化产业，乃应运而生。印本图书相对于写本，有价廉、物美、精致、便利诸优点；相较于传统之抄本藏本，印本更利于知识之接受与传播，士人可以随时随地阅读、接受、传播，较不受时间与空间之限制。……因此，两宋文化与文明之登峰造极，印本之繁荣，与写本争辉，是一大催化剂。”[4] 张先生所言极是。宋代雕版印刷是宋代文化兴盛的原动力之一，它犹如一架文化播种机，把宋人用心培育并筛选出来的文化种子撒遍了当时中国乃至东亚的每一片土地。雕版印刷是促使我国传统文化在宋代得以转型的根本动力，也是促进宋代文化登峰造极的一大功臣。

[1] 戴元光等：《传播学原理与应用》，兰州：兰州大学出版社，1988 年版，第 242 页。

[2] [日] 清水茂著，蔡毅译：《清水茂汉学论集·印刷术的普及与宋代的学问》，北京：中华书局，2003 年版，第 98 页。

[3] 田建平：《宋代出版史》，北京：人民出版社，2017 年版，第 58 页。

[4] 张高评：《印刷传媒与宋诗特色》，台北：里仁书局，2008 年版，第 102 页。

参考文献

一、古代典籍

1.〔汉〕司马迁．史记．北京：中华书局，1982.

2.〔南朝宋〕范晔．后汉书．北京：中华书局，1965.

3.〔唐〕杜甫著．仇兆鳌注．杜诗详注．北京：中华书局，1979.

4.〔唐〕杜甫．杜工部集．沈阳：辽宁教育出版社，1997.

5.〔唐〕李白著．翟蜕园，朱金城校注．李白集校注．上海：上海古籍出版社，2016.

6.〔唐〕刘知几撰．〔清〕浦起龙通释，史通．上海:上海古籍出版社，2008.

7.〔唐〕释道宣．广弘明集．四库丛刊初编本．

8.〔唐〕欧阳询．艺文类聚．上海：上海古籍出版社，1965.

9.〔唐〕魏征．隋史．北京：中华书局，1973.

10.〔唐〕姚思廉．梁书．北京：中华书局，1973.

11.〔宋〕蔡襄．蔡襄全集．福州：福建人民出版社，1999.

12.〔宋〕蔡绦．铁围山丛谈．北京：中华书局，1983.

13.〔宋〕晁公武．郡斋读读书志．上海：上海古籍出版社，2005.

14.〔宋〕晁冲之．晁具茨先生诗集．北京：中华书局，1985.

15.〔宋〕陈骙等撰．张富祥点校．南宋馆阁录·续录．北京：中华书局，1998.

16.〔宋〕陈造，江湖长翁集，文渊阁四库全书本．

17.〔宋〕陈振孙．直斋书录解题．台北：台湾商务印书馆，1983.

18.〔宋〕陈振孙．直斋书录解题．上海：上海古籍出版社，1987.

19.〔宋〕程俱撰．张富祥校证．麟台故事校证．北京：中华书局，2000.

20.〔宋〕邓肃，栟榈集．文渊阁四库全书本．

21.〔宋〕范成大．吴郡志．南京：江苏古籍出版社，1999.

22.〔宋〕方大琮，宋宝章阁直学士忠惠铁庵方公文集．北京图书馆古籍珍本丛刊本．北京：书目文献出版社，1990.

23.〔宋〕郭若虚．图画见闻志．上海：上海人民美术出版社，1964.

24.〔宋〕黄震．黄氏日抄．文渊阁四库全书本．

25.〔宋〕何薳．春渚纪闻．北京：中华书局，1983.

26.〔宋〕洪迈．容斋随笔．北京：中华书局，2005.

27.〔宋〕江少虞．宋朝事实类苑．上海：上海古籍出版社，1981.

28.〔宋〕黎靖德．朱子语类．北京：中华书局，1986.

29.〔宋〕李焘．续资治通鉴长编．北京：中华书局，2004.

30.〔宋〕李心传．建炎以来系年要录．北京：中华书局，1988.

31.〔宋〕李心传．建炎以来朝野杂记．北京：中华书局，2000.

32.〔宋〕李攸．宋朝事实．北京：中华书局，1955.

33.〔宋〕李弥逊．筠溪集．文渊阁四库全书本．

34.〔宋〕刘斧．青琐高议．西安：三秦出版社，2004.

35.〔宋〕陆游．陆游集．北京：中华书局，1976.

36.〔宋〕陆游．老学庵笔记．北京：中华书局，1979.

37.〔宋〕罗璧．识遗．文渊阁四库全书本．

38.〔宋〕罗愿．新安志．文渊阁四库全书本．

39.〔宋〕陆游撰．钱仲联校注．剑南诗稿．上海：上海古籍出版社，2005.

40.〔宋〕毛居正．六经正误．文渊阁四库全书本．

41.〔宋〕孟元老撰．邓之诚注．东京梦华录注．北京：中华书局，

1982.

42.〔宋〕孟元老撰．伊永文笺注．东京梦华录笺注．北京：中华书局，2006.

43.〔宋〕耐得翁．都城纪胜．北京：中国商业出版社，1982.

44.〔宋〕欧阳修．归田录．北京：中华书局，1991.

45.〔宋〕欧阳修．欧阳修全集．北京：中华书局，2001.

46.〔宋〕邵伯温．邵氏闻见录．北京：中华书局，1983.

47.〔宋〕邵博．邵氏闻见后录．北京：中华书局，1983.

48.〔宋〕司马光．涑水记闻．北京：中华书局，1989.

49.〔宋〕司马光．续诗话．文渊阁四库全书本．

50.〔宋〕沈括．梦溪笔谈．上海：上海书店出版社，2003.

51.〔宋〕史尧弼．莲峰集．影印文渊阁四库全书本．

52.〔宋〕史绳祖．学斋占毕．北京：中华书局，1985.

53.〔宋〕宋敏求．春明退朝录．北京：中华书局，1980.

54.〔宋〕苏易简．文房四谱．北京：中华书局，1985.

55.〔宋〕苏辙撰．曾枣庄，马德富校点．栾城集．上海：上海古籍出版社，2000.

56.〔宋〕苏轼．苏轼文集．北京：中华书局，1986.

57.〔宋〕王明清．玉照新志．上海：上海古籍出版社，1991.

58.〔宋〕王明清．挥麈录．上海：上海书店出版社，2001.

59.〔宋〕王辟之．渑水燕谈录．北京：中华书局，1981.

60.〔宋〕王应麟．玉海．扬州：广陵书社，2003.

61.〔宋〕王应麟著．武秀成，赵庶祥校证．玉海艺文校证．南京：凤凰出版社，2013.

62.〔宋〕魏了翁．鹤山集．文渊阁四库全书本．

63.〔宋〕魏了翁．重校鹤山先生大全文集．四部丛刊影宋本．

64.〔宋〕吴曾．能改斋漫录．北京：中华书局，1985.

65.〔宋〕吴缜．新唐书纠谬．国家图书馆藏明刻本．

66.〔宋〕吴自牧．梦粱录．北京：中华书局，1985.

67.〔宋〕徐照等撰．陈增杰校点．永嘉四灵诗集．杭州：浙江古籍出版社，1985.

68.〔宋〕杨万里撰．辛更儒笺校．杨万里集笺校．北京：中华书局，2007.

69.〔宋〕姚铉．唐文粹．光绪癸未江苏书局刻本．

70.〔宋〕叶梦得．石林燕语．北京：中华书局，1984.

71.〔宋〕叶适．叶适集．北京：中华书局，2010.

72.〔宋〕姚铉．唐文粹．光绪癸未江苏书局刻本．

73.〔宋〕岳珂．愧郯录．北京：中华书局，1985.

74.〔宋〕袁褧．枫窗小牍．文渊阁四库全书本．

75.〔宋〕佚名．道山清话．北京：中华书局，1985.

76.〔宋〕佚名．宋大诏令集．北京：中华书局，1962.

77.〔宋〕佚名．群书会元截江网．文渊阁四库全书本．

78.〔宋〕张邦基撰．孔凡礼校注．墨庄漫录．北京：中华书局，2002.

79.〔宋〕张津．乾道四明图经．台北：成文出版社，1983.

80.〔宋〕张镃．仕学规范．上海：上海古籍出版社，1993.

81.〔宋〕郑刚中．北山文集．北京：中华书局，1985.

82.〔宋〕郑虎臣．吴都文粹．文渊阁四库全书本．

83.〔宋〕朱熹．楚辞集注．上海：上海古籍出版社，1979.

84.〔宋〕朱熹．朱子文集．北京：中华书局，1985.

85.〔宋〕朱熹．朱子全书．上海：上海古籍出版社，合肥：安徽教育出版社，2002.

86.〔宋〕朱弁．曲洧旧闻．北京：中华书局，2002.

87.〔宋〕朱弁．风月堂诗话．北京：中华书局，1988.

88.〔宋〕周紫芝．太仓稊米集．文渊阁四库全书本．

89.〔宋〕周密．齐东野语．北京：中华书局，1983.

90.〔宋〕周密．癸辛杂识．北京：中华书局，1998.

91.〔宋〕祝穆．方舆胜览．文渊阁四库全书本．

92.〔元〕马端临．文献通考．北京：中华书局，1986.

93.〔元〕脱脱等．宋史．北京：中华书局，1985.

94.〔元〕吴澄．吴文正集．文渊阁四库全书本．

95.〔明〕冯继科等．嘉靖建阳县志．上海：上海古籍书店影印本，1962.

96.〔明〕胡应麟．少室山房笔丛．北京：中华书局，1958.

97.〔明〕焦竑．焦氏笔乘续集．上海：上海古籍出版社，1986.

98.〔明〕李濂．汴京遗迹志．北京：中华书局，1999.

99.〔明〕邱浚．大学衍义补．北京：京华出版社，1999.

100.〔明〕陶宗仪．说郛．文渊阁四库全书本．

101.〔明〕王夫之．宋论．北京：商务印书馆，1936.

102.〔明〕谢肇淛．五杂俎．北京：中华书局，1959.

103.〔清〕毕沅．续资治通鉴．上海：上海古籍出版社，1987.

104.〔清〕崔述著．顾颉刚编订．崔东壁遗书．上海:上海古籍出版社，1983.

105.〔清〕董钦德．康熙会稽县志．台北：成文出版社，1983.

106.〔清〕黄之隽等．乾隆江南通志．扬州：广陵书社，2010.

107.〔清〕嵇璜等撰．钦定续通典．上海：上海图书集成局，光绪二十七年版．

108.〔清〕彭定求等．全唐诗．北京：中华书局，1960.

109.〔清〕彭元瑞．天禄琳琅书目后编．上海：上海古籍出版社，2007.

110.〔清〕钱泰吉．曝书杂记．北京：中华书局，1985.

111.〔清〕吴任臣．十国春秋．北京：中华书局，1983.

112.〔清〕徐松．宋会要辑稿．北京：中华书局，1957.

113.〔清〕严可均．全上古三代秦汉三国六朝文．北京：中华书局，1958.

114.〔清〕叶昌炽．藏书纪事诗．上海：上海古籍出版社，1999.

115.〔清〕叶德辉．叶德辉诗文集．长沙：岳麓书社，2010.

116.〔清〕叶德辉．书林清话．上海：上海古籍出版社，2012.

117.〔清〕永瑢等．四库全书总目．北京：中华书局，1965.

118.〔清〕张廷玉等．明史．北京：中华书局，1974.

二、今人著作

1. 北京图书馆编．中国版刻图录．北京：文物出版社，1960.

2. 曹之．中国古籍版本学．武汉：武汉大学出版社，1992.

3. 曹之．中国印刷术的起源．武汉：武汉大学出版社，1994.

4. 曹之．中国古籍编撰史．武汉：武汉大学出版社，2006.

5. 陈汉才．中国古代教育诗选．济南：山东教育出版社，1985.

6. 陈坚，马文大．宋元版刻图释．北京：学苑出版社，2000.

7. 陈力丹．传播学是什么．北京：北京大学出版社，2007.

8. 陈寅恪．隋唐制度渊源略论稿．北京：三联书店，1956.

9. 陈寅恪．寒柳堂集．上海：上海古籍出版社，1980.

10. 陈寅恪．金明馆丛稿二编．北京：三联书店，2001.

11. 程民生．宋代地域文化．开封：河南大学出版社，1997.

12. 程民生．宋代物价研究．北京：人民出版社，2008.

13. 戴元光等．传播学原理与应用．兰州：兰州大学出版社，1988.

14. 范凤书．中国私家藏书史．郑州：大象出版社，2001.

15. 方师铎．传统文学与类书之关系．天津：天津古籍出版社，1986.

16. 傅璇琮，谢灼华．中国藏书通史．宁波：宁波出版社，2001.

17. 傅增湘．藏园群书经眼录．北京：中华书局，2009.

18. 葛金芳．南宋手工业史．上海：上海古籍出版社，2008.

19. 葛金芳．宋代经济史讲演录．桂林：广西师范大学出版社，2008.

20. 龚延明．宋代官制辞典．北京：中华书局，1997.

21. 顾志兴．浙江印刷出版史．杭州：杭州出版社，2011.

22. 何忠礼，徐吉军．南宋史稿．杭州：杭州大学出版社，1999.

23. 胡士莹．话本小说概论．北京：中华书局，1980.

24. 黄镇伟．坊刻本．南京：江苏古籍出版社，2002.

25. 黄镇伟．中国编辑出版史．苏州：苏州大学出版社，2003.

26. 冀淑英．冀淑英文集．北京：北京图书馆出版社，2004.

27. 来新夏等．中国图书事业史．上海：上海人民出版社，2009.

28. 李昉等．太平御览．北京：中华书局，1960.

29. 李弘祺．宋代官学教育与科举．台北：联经出版事业公司，1994.

30. 李瑞良．中国古代图书流通史．上海：上海人民出版社，2000.

31. 李之檀．中国版画全集．北京：紫禁城出版社，2008.

32. 李致忠．中国古代书籍史．北京：文物出版社，1985.

33. 李致忠．古书版本学概论．北京：北京图书馆出版社，1990.

34. 李致忠．宋版书叙录．北京：北京图书馆出版社，1994.

35. 李致忠等．中国典籍史．上海：上海人民出版社，2004.

36. 李致忠．古代版印通论．北京：紫禁城出版社，2000.

37. 李致忠．中国出版通史．北京：中国书籍出版社，2008.

38. 林平．宋代禁书研究．成都：四川大学出版社，2010.

39. 林申清．宋元书刻牌记图录．北京：北京图书馆出版社，1999.

40. 刘国钧著．郑如斯订补．中国书史简编．北京：书目文献出版社，1982.

41. 刘琳，沈治宏．现存宋人著述总录．成都：巴蜀书社，1995.

42. 刘扬忠主编．中国古代文学通论·宋代卷．北京：人民出版社，

2010.

43. 刘玉珺．越南汉喃古籍的文献学研究．北京：中华书局，2007.

44. 柳诒徵．中国文化史．北京：中国人民大学出版社，2012.

45. 罗树宝．中国古代印刷史．北京：印刷工业出版社，1993.

46. 罗树宝．中国古代图书印刷史．长沙：岳麓书社，2008.

47. 毛泽东．毛泽东选集．北京：人民出版社，1991.

48. 蒙文通．蒙文通文集．成都：巴蜀书社，1995.

49. 苗春德．宋代教育．开封：河南大学出版社，1992.

50. 潘吉星．中国造纸技术史稿．北京：文物出版社，1979.

51. 庞天佑．考据学研究．乌鲁木齐：新疆大学出版社，1994.

52. 戚福康．中国古代书坊研究．北京：商务印书馆，2007.

53. 漆侠．宋代经济史．北京：中华书局，2009.

54. 钱存训．中国古代书籍纸墨及印刷术．北京：北京图书馆出版社，2002.

55. 钱存训著．郑如斯编订．中国纸和印刷文化史．桂林：广西师范大学出版社，2004.

56. 钱基博．版本通义．北京：古籍出版社，1957.

57. 宋史座谈会编．宋史研究集第七辑．台北:“中华丛书编审委员会”，1974.

58. 钱穆．中国史学名著．北京：三联书店，2000.

59. 钱穆．国史大纲．北京：商务印书馆，2010.

60. 乔衍琯．宋代书目考．台北：文史哲出版社，2008.

61. 宋洪，乔桑．蒙学全书．长春：吉林文史出版社，1991.

62. 宋史座谈会编．宋史研究集第八辑．台北:“中华丛书编审委员会”，1976.

63. 瞿冕良．中国古籍版刻辞典．济南：齐鲁书社，1999.

64. 苏勇强．北宋书籍刊刻与古文运动．杭州：浙江大学出版社，

2010.

65. 宿白．唐宋时期的雕版印刷．北京：文物出版社，1999.

66. 孙望，常国武．宋代文学史．北京：人民文学出版社，1996.

67. 上海新四军历史研究会印刷印钞分会编．雕版印刷源流．北京：印刷工业出版社，1990.

68. 上海新四军历史研究会印刷印钞分会编．装订源流和补遗．北京：中国书籍出版社，1993.

69. 唐圭璋编纂．孔凡礼补辑．全宋词．北京：中华书局，1999.

70. 田建平．宋代出版史．北京：北京：人民出版社，2017.

71. 万曼．唐集叙录．北京：中华书局，1980.

72. 王国维．王国维遗书．上海：上海书店出版社，1983.

73. 王国维著．傅杰编校．王国维论学集．北京:中国社会科学出版社，1997.

74. 王国维．闽蜀浙粤刻书丛考．北京：北京图书馆出版社，2003.

75. 王岚．宋人文集编刻流传丛考．南京：江苏古籍出版社，2003.

76. 王水照．宋代文学通论．开封：河南大学出版社，1997.

77. 王余光．藏书四记．武汉：湖北辞书出版社，1998.

78. 王渊等．历代文房四宝谱选译．北京：中国青年出版社，1998.

79. 王岳川主编．媒介哲学．开封：河南大学出版社，2004.

80. 王重民．中国目录学史论丛．北京：中华书局，1984.

81. 魏隐儒．中国古籍印刷史．北京：印刷工业出版社，1988.

82. 吴涛．北宋都城东京．郑州：河南人民出版社，1984.

83. 夏君虞．宋学概要．北京：商务印书馆，1934.

84. 肖东发，杨虎．插图本中国图书史．桂林：广西师范大学出版社，2005.

85. 谢水顺，李珽．福建古代刻书．福州：福建人民出版社，1997.

86. 杨玲．宋代出版文化．北京：文物出版社，2012.

87. 杨渭生等．两宋文化史．杭州：浙江大学出版社，2008.

88. 杨新勋．宋代疑经研究．北京：中华书局，2007.

89. 姚伯岳．中国图书版本学．北京：北京大学出版社，2004.

90. 姚瀛艇．宋代文化史．开封：河南大学出版社，1992.

91. 余嘉锡．余嘉锡古籍论丛．北京：国家图书馆出版社，2010.

92. 袁行霈主编．中国文学史．北京：高等教育出版社，1999.

93. 曾枣庄，刘琳．全宋文．上海：上海辞书出版社，合肥：安徽教育出版社，2006.

94. 曾枣庄．宋代文学与宋代文化．上海：上海人民出版社，2006.

95. 曾枣庄等．宋代文学编年史．南京：凤凰出版社，2010.

96. 曾枣庄．宋代序跋全编．济南：齐鲁书社，2015.

97. 张邦炜．宋代政治文化史论．北京：人民出版社，2005.

98. 张邦卫．媒介诗学：传媒视野下的文学与文学理论．北京：社会科学文献出版社，2006.

99. 张富祥．宋代文献学研究．上海：上海古籍出版社，2006.

100. 张高评．印刷传媒与宋诗特色．台北：里仁书局，2008.

101. 张丽娟．宋代经书注疏刊刻研究．北京：北京大学出版社，2013.

102. 张丽娟，程有庆．宋本．南京：江苏古籍出版社，2022.

103. 张树栋等．简明中华印刷通史．桂林：广西师范大学出版社，2004.

104. 张秀民．中国印刷史．杭州：浙江古籍出版社，2006.

105. 张秀民．中国印刷术的发明及其影响．上海：上海世纪出版集团，2009.

106. 张玉春．《史记》版本研究．北京：商务印书馆，2001.

107. 张元济．张元济全集．北京：商务印书馆，2009.

108. 章宏伟．十六—十九世纪中国出版研究．上海：上海人民出版社，2011.

109. 郑士德 . 中国图书发行史 . 北京 : 中国时代经济出版社，2009.

110. 仲富兰 . 民俗传播学 . 上海 : 上海文化出版社，2007.

111. 中国典籍与文化编辑部 . 中国典籍与文化论丛（第一辑）. 北京 : 中华书局，1993.

112. 周宝珠 . 宋代东京研究 . 开封 : 河南大学出版社，1992.

113. 周生杰 . 鲍廷博藏书与刻书研究 . 合肥 : 黄山书社，2011.

114. 周心慧 . 中国古代佛教版画集 . 北京 : 学苑出版社，1998.

115. 周裕锴 . 第六届宋代文学国际研讨会论文集 . 成都 : 巴蜀书社，2011.

116. 朱迎平 . 宋代刻书产业与文学 . 上海 : 上海古籍出版社，2008.

117. 诸葛忆兵 . 宋代宰辅制度研究 . 中国社会科学出版社，2000.

118. 祝尚书 . 宋人别集叙录 . 北京 : 中华书局，1999.

119. 祝尚书 . 宋集序跋汇编 . 北京 : 中华书局，2010.

120. 庄晓东 . 文化传播 : 历史、理论与现实 . 北京 : 人民出版社，2003.

121. 庄晓东 . 传播与文化概论 . 北京 : 人民出版社，2008.

122. [加] 哈罗德 • 伊尼斯著 . 何道宽译 . 帝国与传播 . 北京 : 中国人民大学出版社，2003.

123. [加] 麦克卢汉 . 理解媒介 : 论人的延伸 . 南京 : 译林出版社，2011.

124. [加] 伊尼斯著 . 何道宽译 . 传播的偏向 . 北京 : 中国人民大学出版社，2003.

125. [美] 卡特著 . 吴泽炎译 . 中国印刷术的发明和它的西传 . 北京 : 商务印书馆，1991.

126. [美]M. H. 艾布拉姆斯 . 镜与灯:浪漫主义文论及批评传统 . 北京: 北京大学出版社，1989.

127. [美] 马克•波斯特 . 信息方式——后结构主义与社会语境 . 北京:

商务印书馆，2000.

128.［美］威尔伯·施拉姆，威廉·波特．传播学概论．北京：中国人民大学出版社，2010.

129.［日］内山精也．传媒与真相——苏轼及其周围士大夫的文学．上海：上海古籍出版社，2005.

130.［日］清水茂著．蔡毅译．清水茂汉学论集．北京：中华书局，2003.

131.［日］涩江全善等著．杜泽逊等校．经籍访古志．上海：上海古籍出版社，2014.

132.［英］李约瑟．中国科学技术史．北京：科学出版社，1975.

133.［英］李约瑟．中国科学技术史．北京：科学出版社，上海：上海古籍出版社，1990.

三、学术论文

1. 曹之．略论宋代图书事业的繁荣及其原因．四川图书馆学报，2002（6）.

2. 邓广铭．谈谈有关宋史研究的几个问题．社会科学战线，1986（2）.

3. 范军．两宋时期的书业广告．出版科学，2004（1）.

4. 方厚枢．中国出书知多少？．出版工作，1981（5）.

5. 高文超．文化价值：宋代编辑繁荣的原因．河南大学学报（社会科学版），1992（4）.

6. 耿相新．书与出版及其影响力．寻根，2010（5）.

7. 顾宏义．宋朝与高丽佛教文化交流述略．西藏民族学院学报（社会科学版），1996（3）.

8. 顾宏义．宋代国子监刻书考论．古籍整理研究学刊，2003（4）.

9. 顾廷龙．唐宋蜀刻本简述．四川图书馆学报，1979（3）.

10. 郭孟良．论宋代的出版管理．中州学刊，2000（2）.

11. 何朝晖．试论中国传统雕版书籍的印数及相关问题．浙江大学学报（人文社会科学版），2010（1）．

12. 何忠礼．科举制度与宋代文化．历史研究，1990（5）．

13. 胡晓蒙．稼轩词修辞艺术研究．厦门大学硕士学位论文，2018.

14. 黄焕明．传媒：一种新的发展工具．出版经济，2004（10）．

15. 刘坚．古代典籍传播与媒介文化的孕育．华夏文化论坛，2012（1）．

16. 陆费逵．书业商会二十周年纪念册序．进德季刊，1924，3（2）．

17. 彭清深．宋明刻书文化精神之审视．故宫博物院院刊，2001（4）．

18. 钱存训．印刷术在中国传统文化中的作用．文献，1991（2）．

19. 清飏．媒介技术的发展与宋代出版传播方式的变革．浙江大学学报（人文社会科学版），2001（5）．

20. 时永乐，门凤超．古籍散亡原因初探．图书馆工作与研究，2010（10）．

21. 田建平．宋代书籍出版业发展与繁荣原因探析．出版发行研究，2010（2）．

22. 田建平．宋代书籍出版史研究．河北大学博士学位论文，2012.

23. 王晟．北宋时期的古籍整理．史学月刊，1983（3）．

24. 王水照．作品、产品与商品——古代文学作品商品化的一点考察．文学遗产，2007（3）．

25. 王文华．宋代史学的昌盛发达及其原因．郧阳师专学报，1985（2）．

26. 吴夏平．谁在左右学术——论古籍数字化与现代学术进程．山西师大学报（社会科学版），2010（3）．

27. 肖东发．汉文《大藏经》的刻印及雕版印刷术的发展——中国古代出版印刷史专论之二（上）．编辑之友，1990（2）．

28. 徐吉军．论宋代文化高峰形成的原因．浙江学刊，1988（4）．

29. 姚广宜．宋代国家藏书事业的发展．河北大学学报（哲学社会科学版），2001（2）．

30. 姚伟钧．宋代私家目录管窥．文献，1999（3）．

31. 叶坦．宋代社会发展的文化特征．社会学研究，1996（4）．

32. 于兆军．论北宋汴梁民间刻书的繁荣．图书情报工作，2009（21）．

33. 于兆军．北宋汴梁刻书兴盛的原因．兰台世界，2010（15）．

34. 于兆军．汴梁国子监刻书及其贡献．新世纪图书馆，2010（4）．

35. 于兆军．北宋汴梁的版画刊印及其贡献．图书情报工作，2011(13).

36. 于兆军．北宋汴梁刻书及其贡献．图书馆论坛，2011（4）．

37. 于兆军．宋代版印与图书传媒革命．郑州航空工业管理学院学报，2015（4）．

38. 于兆军．宋代版印图书的商业传播．河南图书馆学刊，2020（6）．

39. 于兆军．宋代出版业的历史贡献．新闻爱好者，2020（4）．

40. 于兆军．论宋代版印图书的传播优势，新闻爱好者，2021（5）．

41. 于兆军．雕版印刷与宋人的图书编刊，新闻爱好者，2022（10）．

42. 袁逸．唐宋元书籍价格考——中国历代书价考之一．编辑之友，1993（2）．

43. 张大同．论宋代史学的普及化倾向．山东社会科学，1987（2）．

44. 张希清．论宋代科举取士之多与冗官问题．北京大学学报（哲学社会科学版），1987（5）．

45. 周生春，孔祥来．宋元图书的刻印、销售价与市场．浙江大学学报（人文社会科学版），2010（1）．

附录一

王国维《五代两宋监本考》北宋国子监刻书一览表

类别		书名卷数	编撰	备注
经部	易类	《周易》九卷附《略例》一卷	王弼注	
		《周易正义》十四卷		
	书类	《尚书》十三卷	孔氏传	
		《尚书正义》二十卷		
		《书义》十三卷		杭州刻版
	诗类	《毛诗》二十卷	郑氏笺	
		《毛诗正义》四十卷		
		《新经诗义》三十卷		杭州刻版
	礼类	《周礼》十二卷	郑氏注	
		《仪礼》十七卷	郑氏注	
		《礼记》二十卷	郑氏注	
		《礼记正义》七十卷		
		《周礼疏》五十卷		杭州刻版
		《仪礼疏》五十卷		杭州刻版
		《周礼新义》二十二卷		杭州刻版

（续表）

类别		书名卷数	编撰	备注
经部	春秋类	《春秋经传集解》三十卷	杜氏	
		《春秋公羊经传解诂》十二卷	何休学	
		《春秋谷梁传》十二卷	范甯集解	
		《春秋左传》三十六卷		
		《春秋公羊传疏》三十卷		杭州刻版
		《春秋谷梁传疏》十二卷		杭州刻版
	孝经类	《孝经》一卷	御制序并注	
		《孝经正义》三卷		杭州刻版
	五经总义类	《经典释文》三十卷		
	四书类	《论语》十卷	何晏集解	
		《论语正义》十卷		杭州刻版
		《孟子》十四卷附《音义》一卷		
	小学类	《尔雅》三卷	郭璞注	
		《五经文字》三卷		
		《九经字样》一卷		
		《尔雅疏》十卷		杭州刻版
		《群经音辨》七卷		

（续表）

类别		书名卷数	编撰	备注
经部	小学类	《輶轩使者绝代语释别国方言》十三卷		
		《说文解字》十五卷		
		《大广益会玉篇》三十卷		
		《字说》		
		《大宋重修广韵》五卷		
		《集韵》十卷		
		《韵略》五卷		
		《礼部韵略》五卷		
史部	正史类	《史记》一百三十卷		
		《汉书》一百二十卷		
		《后汉书》九十卷		
		《后汉书志》三十卷		
		《三国志》六十五卷		
		《晋书》一百三十卷		
		《宋书》一百卷		杭州刻版
		《南齐书》五十九卷		杭州刻版

（续表）

类别		书名卷数	编撰	备注
史部	正史类	《梁书》五十六卷		杭州刻版
		《陈书》三十六卷		杭州刻版
		《魏书》一百十四卷		杭州刻版
		《北齐书》五十卷		杭州刻版
		《后周书》五十卷		杭州刻版
		《南史》八十卷		
		《北史》一百卷		
		《隋书》八十五卷		
		《唐书》二百二十五卷		杭州刻版
		《五代史记》七十五卷		
	编年类	《资治通鉴》二百九十四卷		杭州刻版
	政书类	《律文》十二卷附《音义》一卷		
		《五服年月解》		
		《唐律疏义》三十卷		
	地理类	《地理新书》三十二卷		
子部	儒家类	《荀子》二十卷		
		《扬子法言》十三卷附《音义》一卷		

（续表）

类别		书名卷数	编撰	备注
子部	道家类	《道德经》二卷		
		《冲虚至德真经》八卷		
		《南华真经》十卷		
		《孙子七书》		
	医家类	《黄帝内经素问》二十四卷		
		《难经》二卷		
		《巢氏诸病源候论》五十卷		
		《重广补注黄帝内经素问》二十四卷		
		《黄帝内经大素》三十卷		
		《灵枢经》十二卷		
		《甲乙经》八卷		
		《黄帝三部针灸甲乙经》十二卷		
		《新编金匮要略方论》三卷		
		《伤寒论》十卷		
		《脉经》十卷		
		《备急千金要方》三十卷		
		《千金翼方》三十卷		

（续表）

类别		书名卷数	编撰	备注
子部	医家类	《外台秘要方》四十卷		
		《太平圣惠方》一百卷		
		《庆历善救方》一卷		
		《皇祐简要济众方》五卷		
		《神医普救方》		
		《铜人针灸图经》		
		《铜人腧穴针灸图经》三卷		
		《开宝新详定本草》二十卷		
		《开宝重定本草》二十一卷		
		《补注本草》二十一卷		
		《本草图经》二十一卷		
	天文算法类	《周髀算经》二卷		
		《九章算术》九卷		
		《孙子算经》三卷		
		《术数记遗》一卷		
		《海岛算经》一卷		
		《五曹算经》五卷		

类别		书名卷数	编撰	备注
子部	天文算法类	《夏侯阳算经》三卷		
		《张丘建算经》三卷		
		《五经算术》二卷		
		《缉古算经》一卷		
	类书类	《初学记》三十卷		
		《太平御府》[①]一千卷		
		《册府元龟》一千卷		
		《太平广记》五百卷附《目录》一卷		
		《初学记》		
		《六帖》		
		《韵对》		
	农书类	《齐民要术》十卷		
集部	总集类	《文苑英华》一千卷		
		《文选》六十卷		

① 应为《太平御览》。

附录二

王国维《五代两宋监本考》南宋国子监刻书一览表

类别		书名卷数	备注
经部	易类	《周易正文》	
		《周易》九卷附《略例》一卷	王弼注
		《周易正义》十四卷	
		《周易程氏传》六卷	
		《周易义海撮要》十卷	
	书类	《尚书正义》二十卷	
		《尚书》十三卷	孔氏传
		《尚书正文》	
	诗类	《毛诗正文》	
		《毛诗》二十卷	郑氏笺
		《毛诗正义》四十卷	
	礼类	《周礼正文》	
		《仪礼正文》	
		《礼记正文》	
		《周礼》十二卷	
		《仪礼》十七卷	

（续表）

类别		书名卷数	备注
经部		《礼记》二十卷	并郑氏注
		《周礼疏》五十卷	
		《仪礼疏》五十卷	
		《礼记正义》七十卷	
	春秋类	《春秋正经》	
		《公羊正文》	
		《谷梁正文》	
		《春秋经传集解》三十卷	杜氏
		《春秋公羊传解诂》十二卷	何休学
		《春秋谷梁传》十二卷	范宁集解
		《春秋左氏传正义》三十六卷	
		《春秋公羊传疏》三十卷	
		《春秋谷梁传疏》十二卷	
	孝经类	《孝经正文》	
		《孝经》一卷	御制序并注
		《孝经正义》三卷	
	四书类	《论语正文》	
		《论语》十卷	何晏集解
		《孟子章句》十四卷	赵氏
		《论语正义》十卷	
	小学类	《左传正文》	

（续表）

类别		书名卷数	备注
经部	小学类	《尔雅》三卷	郭璞注
		《尔雅疏》十卷	
		《淳熙礼部韵略》五卷	
		《增修互注礼部韵略》五卷	
史部	正史类	《史记》一百三十卷	
		《汉书》一百二十卷	
		《后汉书》一百二十卷	
		《三国志》六十五卷	
		《晋书》一百三十卷	
		《宋书》一百卷	
		《南齐书》五十九卷	
		《梁书》五十六卷	
		《陈书》三十六卷	
		《魏书》一百十四卷	
		《北齐书》五十卷	
		《后周书》五十卷	
		《南史》八十卷	
		《北史》一百卷	
		《隋书》八十五卷	
		《唐书》二百五十卷	
		《五代史记》七十四卷	

类别		书名卷数	备注
史部	史评类	《唐写纠缪》[1]二十卷	
		《五代史纂误》五卷附《杂录》一卷	
	编年类	《资治通鉴》二百九十四卷	
		《通鉴纲目》五十九卷	
	杂史类	《国语》二十一卷	
子部	儒家类	《荀子》二十卷	
		《孔子家语》十卷	
	道家类	《列子》	
		《亢桑子》	
		《文子》	
		《庄子》	

① 据上海古籍出版社 1987 年版《直斋书录解题》，此书应为《唐书纠缪》。